FAS - Schriftenreihe - Heft 9

H. Venzmer
(Hrsg.)

Putzinstandsetzung

Vorträge

9. Hanseatische Sanierungstage
im November 1998
im Ostseebad Kühlungsborn

Verlag für Bauwesen Berlin

Die Deutsche Bibliothek – CIP-Einheitsaufnahme
Putzinstandsetzung: Vorträge anläßlich der 9. Hanseatischen Sanierungstage im November 1998 im Ostseebad Kühlungsborn / Helmuth Venzmer (Hrsg). – Berlin: Verlag für Bauwesen. 1998 (Schriftenreihe: Feuchte und Altbausanierung e.V. Heft 8)
ISBN 3 – 3456 – 00670 - 7

FAS - Schriftenreihe
Die FAS - Schriftenreihe wird alljährlich vom Fachverband Feuchte und Altbausanierung e.V. anläßlich der Hanseatischen Sanierungstage im Ostseebad Kühlungsborn herausgebracht. Die Teilnehmer der Veranstaltung erhalten dieses Heft vor dieser Veranstaltung. Weitere Exemplare werden über den Buchhandel vertrieben.

FAS - Geschäftsstelle
Dipl.-Ing. Jörg Beck, Geschäftsführer
13086 Berlin, Roelckestraße 15
Tel / Fax: 030 - 9246960

Herausgeber der FAS - Schriftenreihe
P. Friese / H. Venzmer

Schriftleitung
H. Venzmer
Dahlberg - Institut für Diagnostik und Instandsetzung historischer Bausubstanz e.V.

Redaktion Heft 9
N. Lesnych / L. Kots
Dahlberg - Institut für Diagnostik und Instandsetzung historischer Bausubstanz e.V.
23952 Hansestadt Wismar ; Philipp – Müller - Str. / Postfach 1210
Tel.: 03841 - 75 32 31 / 75 32 26

Umschlaggestaltung
D. Venzmer
Wittenbeck

ISBN – 3 – 345 – 00670 – 7
1998 Verlag für Bauwesen Berlin

Herstellung
Crivitz-Druck, Crivitz

Grußwort

Im November 1998 finden nunmehr die 9. Hanseatischen Sanierungstage zur Problematik der Putzinstandsetzung statt.

Auch in diesem Jahr haben wir uns bemüht, Ihnen ein möglichst anspruchsvolles Programm zu bieten. Wie auch in den vergangenen Jahren ging es uns bei der Vorbereitung um Ausgewogenheit. Forschungsergebnisse sollten ebenso vertreten sein wie auch Probleme der Produktherstellung und der -verarbeitung. Auch Instandsetzungsbeispiele sollten nicht fehlen.

Putze, d.h. Putz- und Fugenmörtel, die im Zuge von Instandsetzungen eingesetzt werden, finden in diesem Jahr eine verstärkte Beachtung.

Wenn insbesondere historische Bauwerke instandgesetzt werden, bildet die neue Putzfassade gewissermaßen den Abschluß. Diese Putzfassade ist entscheidend für die Gewinnung eines Gesamteindrucks. Vielfach wird von diesem äußeren Eindruck auf die Qualität der Instandsetzung des gesamten Bauwerks geschlossen. Es geht aber natürlich nicht nur um diesen Gesamteindruck, sondern in erster Linie um die Funktionalität einer Putzfassade. Putze haben viele Teilfunktionen zu erfüllen. Wir machen mit unserer Veranstaltung den Versuch, auf einige dieser Funktionen einzugehen. Alle Aspekte können wir Ihnen natürlich nicht anbieten. Die Teilnehmer haben aber die Möglichkeit, nicht angesprochene Probleme in der Diskussion anzusprechen. Insbesondere die Workshops sind dazu geeignet.

Herzlichen Dank sage ich meinen beiden Mitarbeitern Frau Dr. Natalia Lesnych und Herrn Lev Kots, die sich der Mühe unterzogen haben, aus den vielen Manuskripten ein Buch zu machen, das Ihnen mit dem heutigen Tage der Eröffnung der 9. Hanseatischen Sanierungstage zur Verfügung steht. Gleich von vornherein möchten wir uns für eventuell vorhandene Fehler entschuldigen, die sich eingeschlichen haben könnten, denn auch in diesem Jahr wurde mit einer besonders heißen Nadel genäht, um die Termine halten zu können.

Im Namen des Vorstandes wünsche ich Ihnen auch diesmal einen angenehmen Aufenthalt im Ostseebad Kühlungsborn und einen interessanten Verlauf der Veranstaltung. Außerdem möchten wir bereits an dieser Stelle darauf hinweisen, daß im Jahre 1999 unsere 10. Hanseatischen Sanierungstage stattfinden werden. Dieses Jubiläum soll inhaltlich zu einem Höhepunkt des Fachverbandes Feuchte & Altbausanierung e.V. gestaltet werden. Wir rufen Sie bereits heute dazu auf, Anregungen und Vorschläge zur inhaltlichen Ausgestaltung einzubringen.

H. Venzmer

Inhaltsverzeichnis

Putzmörtel mit hydraulischen Kalken im Bereich der Denkmalpflege

Erhärtungsverhalten, Carbonatisierung und Schadenvermeidung

Prof. Dr. G. Strübel
Justus-Liebig-Universität Gießen, Technische und Angewandte Mineralogie

M. Sc. Sh. Dai
Changchun Universität für Wissenschaften und Technik, VR China

Zusammenfassung

Mörtel mit natürlichem hydraulischem Kalk als Bindemittel, nachgestellt im Sinne der Vorgaben historischer Bauwerke, haben als Putze auch auf problematischen Untergründen auf Musterflächen viele Jahre schadlos überstanden.

Lokal kommt es jedoch vor allem in stark beregneten Bereichen zu Schäden, die auf eine Verringerung der Frostbeständigkeit aufgrund einer Störung des Abbindeverhaltens zurückgeführt werden können. In diesem Zusammenhang wird das Erhärtungs- und Erstarrungsverhalten verschiedener Mörtelmischungen aus hydraulischem Kalk sowie die Entwicklung der Carbonatisierung und Druckfestigkeit bei unterschiedlichen hydraulischen Anteilen, Zuschlägen und Zusatzmitteln untersucht und diskutiert.

1 Einleitung

Aus vielerlei Gründen, die nicht zuletzt in der Kurzlebigkeit moderner Baustoffe und der Unverträglichkeit mit Bindemitteln historischer Gebäude liegen, wird heute in zunehmendem Maße, vor allem im Bereich der Denkmalpflege, ein natürlicher hydraulischer Kalk als Bindemittel für Putze und Mauermörtel eingesetzt.

Dieser wird aus mergeligen Kalken in einem Brennprozeß unterhalb der Sintergrenze hergestellt. Dabei entstehen puzzolanische Kieselsäureverbindungen, die, z.T. mit dem gebrannten Kalk zu hydraulischem Dicalciumsilikat reagieren.

Das mit Wasser gelöschte Material hat niedrige Alkali- und Sulfatgehalte, meßbare Frühfestigkeiten, gute Endfestigkeiten, den für Kalkmörtel typisch niedrigen E-Modul und ist durch kolloidale Kieselsäureverbindungen auch gut verarbeitbar.

An zahlreichen Objekten, an denen in den letzten 10 Jahren Musterflächen angelegt worden sind, haben Putzmörtel mit hydraulischem Kalk mehrere Jahre schadlos überstanden (historische Mörtel, denen sie nachgestellt worden sind, partiell an denselben Orten, z. T. seit 1000 Jahren erhalten).

Obwohl hinreichend bekannt sein sollte, daß bei der Verwendung von Kalkmörteln eine Reihe von Faktoren zur Schadensvermeidung unbedingt zu beachten ist, traten an einigen Okjekten an Fugen und Mauermörteln, vor allem in Mauerkronen und in stark beregneten Bereichen, vermeidbare Schäden auf.

Zur Entwicklung und Anwendung von Mörtel mit hydraulischem Kalk liegen eine Reihe neuerer Untersuchungsergebnisse vor. [1, 2, 3, 4, 5, 6] Hieraus ergibt sich, daß ein höherer Feinkornanteil der Zuschläge, bzw. ein höherer Gehalt an Bindemittel, das Schwinden des Mörtels geringfügig erhöht, so daß insbesondere bei stark saugenden Untergründen abgewogen werden muß, ob ggfs. der Einsatz von Zusatzmitteln oder ein mehrlagiger Putzauftrag erforderlich ist. Bei saugendem Untergrund kann man von einem festigkeitserhöhenden Einfluß auf die angrenzenden Putze ausgehen, im Fall zu schützender, sehr empfindlicher Naturwerksteine, ist zu prüfen, ob Putze, wie sie auf der Basis von hydraulischem Kalk vorliegen, auch weich genug sind. Vor allem erfordert ihr Einsatz eine sehr sorgfältige Vor- und Nachbehandlung, um die zur Ausbildung seiner Eigenschaften notwendige Carbonatisierung bei gleichzeitig ausreichender Hydratisierung zu gewährleisten. Besonders wichtig ist dabei die Beachtung der Schichtdicke, vor allem in Verbindung mit schlecht saugenden Natursteinen (z.B. dichter Basalt).

Bei Wasserüberschuß durch zu große Schichtdicken oder verdichteten Oberflächen, kommt der Abbindeprozeß zum Stillstand, die Carbonatisierung wird verhindert, die Festigkeit bleibt gering, bzw. auf die oberflächliche Schicht begrenzt, was schließlich bei Frost zu Abschuppungen und Abblätterungen und zur Zerstörung des gesamten Mörtelgefüges führen kann. Jahreszeitliche Planung, frühzeitiger Beginn und rechtzeitiger Abschluß des Abbindevorganges vor Einsetzen der ersten Nachtfröste, sind daher eine zwingende Voraussetzung zur Vermeidung solcher Schäden. Bei hohen Untergrundbelastungen durch bauschädliche Salze und Feuchte sind flankierende Maßnahmen erforderlich. Die Verwendung von weiteren Bindemittelkomponenten, wie B. Sumpfkalk, setzt sowohl die Festigkeit, als auch die Frostbeständigkeit deutlich herab und ist daher nur in Ausnahmefällen zu erwägen.

Hinweise auf das Auftreten von ausblühfähigen Salzen oder unzureichendem Sulfatwiderstand infolge des C_3A-Gehaltes [8] gab es bei Verwendung eines hydraulischen Kalkes auch nach mehrjähriger Exposition von Musterflächen im Rahmen des Forschungsprojektes nicht.

Bei Laboruntersuchungen an Prüfprismen mit hydraulischem Kalk wurde festgestellt, daß nur bei unvollständiger Carbonatisierung eine Verringerung des Sulfatwiderstandes nachweisbar ist.

2 Zur Diagnose und Überprüfung von natürlichen hydraulischen Kalken

Denkmalpfleger, die Wert auf einen natürlichen hydraulischen Kalk legen, sind gut beraten, Produkte zu überprüfen, die als hydraulische Kalke angeboten werden oder mit dem Zusatz „hydraulisch verstärkter Kalk“ versehen sind. Auch durch natürliche Beimengungen, wie Traß oder Bims, werden unerwünscht hohe Alkaligehalte eingebracht. Durch Zumischung von Zement erhöht sich der Sulfatanteil und der Gehalt an C_3S (Alit). Auch natürlichen hochhydraulischen Kalken wird häufig zur Erhärtungsregelung Gips oder Anhydrit zugesetzt.

Ein wesentlicher Unterschied zwischen natürlichen hydraulischen Kalken und künstlichen Mischungen besteht in einem abnehmenden Portlandit- und zunehmenden Calcitgehalt sowie einem höheren Anteil an hydraulischen Phasen.

Die polarisationsmikroskopische Überprüfung von Siebrückständen ist dabei eine gute Methode zur Beurteilung. Während die hydraulischen Phasen in einem natürlichen hydraulischen Kalk aufgrund der niedrigen Brenntemperaturen meist submikroskopisch klein ausgebildet sind, sind daneben geringe Calciumsilikat-Anteile aufgrund lokal überhöhter Brenntemperaturen in größeren Partikeln gut nachweisbar, vor allem Alit neben Belit in einer aus C_3A und C_4AF bestehenden feinkörnigen Matrix. Demgegenüber zeichnen sich die Zementklinkerbeimischungen in der Regel durch eine gleichmäßige Verteilung von idiomorphen Alit- und Belitpartikeln bei relativ großen Anteilen an C_3A und C_4AF-Grundmasse aus. Als zweckmäßig für die Anreicherung der zu untersuchenden Partikel aus Siebfraktionen hat sich dabei auch die Magnetscheidung erwiesen [7].

Festigkeitsentwicklung und Carbonatisierungsverhalten von Mörteln mit hydraulischen Kalken sind Gegenstand neuerer Untersuchungen, auf die im folgenden näher eingegangen wird.

3 Untersuchungen zum Erhärtungsverhalten von Mörteln aus hydraulischem Kalk

Die Prüfungen erfolgten an 4 Mischungen, die nach DIN 1060 gem. der nachstehenden Tabelle 1 mit einem natürlichen Kalk der Fa. Hessler in der Folge als NHK bezeichnet und verschiedenen Sanden hergestellt wurden.

Tabelle 1: Kurzbezeichnung und Zusammensetzung der Mischungen zur Untersuchung des Erhärtungsverhaltens

Bezeichnung der Mischung	Zuschlag	Körnung (mm)	B/Z (in Masseanteilen)	B/Z (in Raumanteilen)	Wasser/ Bindemittel-Wert
NHK	-	-	-	-	0,45
LS13	Lahnsand	0-4	1:3	1:1,5	*
LS15	Lahnsand	0-4	1:5	1:2,5	*
RS13	Rockenberger Sand	0-2	1:3	1:1,7	*
BS13	Buntsand-steinsand	0-8	1:3	1:1,8	*

* entsprechend Ausbreitmaß von ca. 15 cm.

Das Erhärtungsverhalten wurde in Anlehnung an DIN EN 196-3 (05-95) mit dem Nadelgerät nach Vicat ermittelt. Die Meßergebnisse sind in der nachstehenden Bild 1 dargestellt.

Der Erstarrungsvorgang des reinen NHK mit einem W/B-Wert von 0,45 beginnt nach ca. 4 h und ist nach 8 h abgeschlossen (Eindringtiefe < 1 mm).

Die Meßergebnisse machen deutlich, daß der Erhärtungsvorgang eng mit dem Zuschlag, dem Mischungsverhältnis und der Rezeptur zusammenhängt. Bei gleichem Mischungsverhältnis (1 : 3 in MA %) erhärtet ein Mörtel mit Lahnsand (Körnung 0-4) von allen untersuchten Rezepturen am schnellsten. Bereits 2 Tage nach dem Anmachen hat sich die Eindringtiefe auf weniger als 1 mm reduziert, während die Rezepturen mit anderen Sanden hier noch relativ weich waren. Der Grund dürfte in erster Linie in den geringen abschwemmbaren Anteilen liegen, da, wie die nachstehenden Untersuchungen zeigen, die Erhärtung der Druckfestigkeit durch zunehmende Tonmineralgehalte deutlich reduziert wird. Ein weiterer wesentlicher Faktor ist das Bindemittel-/Zuschlagsverhältnis.

Während der reine hydraulischer Kalk bereits nach 8 Std. keine meßbaren Werte hinsichtlich der Eindringtiefe mehr liefert, ist der Erhärtungsvorgang der Mischung LS 13 (B/Z = 1:3) erst nach 7

Tagen, bei der Mischung LS 15 (B/Z = 1:5) erst nach 28 Tagen abgeschlossen. Daß das Erhärtungsverhalten nicht unmittelbar mit dem Austrocknungsverhalten der Mörtelmischungen zusammenhängt, ergibt sich aus der nachstehenden Bild 2, die den Massenverlust bei 20°C und 80% rel.

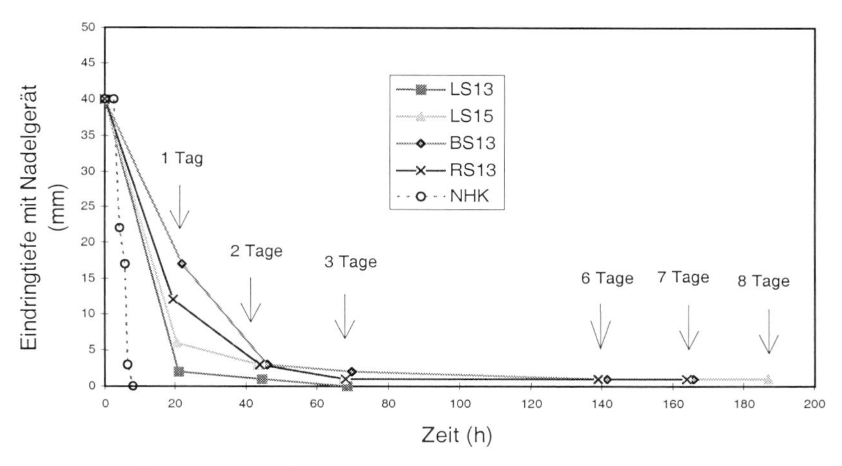

Bild 1: Erhärtungsverhalten der Mörtelmischungen

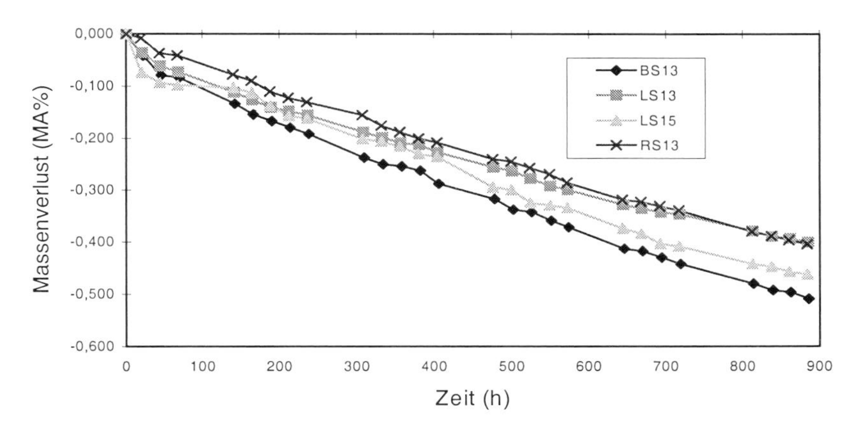

Bild 2: Massenverluste der Mörtelmischungen

Luftfeuchtigkeit in Abhängigkeit von der Zeit wiedergibt. Danach gibt die Mischung BS 13 mit Buntsandsteinmehl sehr viel schneller Wasser ab, als die Mischungen mit Lahnsand LS 13 und LS 15 und Rockenberger Sand RS 13, die ein deutlich höheres Wasserrückhaltevermögen (ca. 90 %) haben, als die Mörtelmischung mit Buntsandsteinmehl (80 %).

4 Druckfestigkeits- und Carbonatisierungsentwicklung

Die Bestimmung der Druckfestigkeit erfolgte gemäß DIN 18 555, Teil 3. Die Carbonatisierungstiefe wurde durch Spülen mit Phenolphthalein auf die frische Bruchfläche der Mörtel bestimmt. Die Untersuchungen wurden an den Mörteln mit unterschiedlichen hydraulischen Anteilen und den NHK-Mörteln mit unterschiedlichen Zuschlägen und Zusatzmitteln durchgeführt.

Kurzbezeichnung der Mischungen, das Bindemittel, der Sandzuschlag, das B/Z-Verhältnis und die Zusatzmittel sind in der nachstehenden Tabelle 2 dargestellt.

Tabelle 2: Mörtelmischungen zur Bestimmung der Druckfestigkeit zur Carbonatisierungsentwicklung

Bezeichnung der Mischung	Bindemittel	Zuschlag/Sandmischung	Bindemittel/Zuschlag-verhältnis	Zusatzmittel
WKH+TU	Weißkalkhydrat mit Traßkalk, (Tubag)	Normsand	1:4	-
WKH+W	Weißkalkhydrat mit Weißzement			-
HKH	NHK [1)]			-
HHK Sit	Hochhydraulischer Kalk, (Sit)			-
HHK TrK	Hochhydraulischer Kalk (Traßkalk, Tubag)			-
B/Z1:3	NHK	Normsand	1:3	-
B/Z1:4			1:4	-
B/Z1:5			1:5	-
B/Z1:7			1:7	-
NS	NHK	Normsand	1:5	-
ST2		GW(Grubensand), BN3 (Bims/Neuwied)		-
HGR		FR (Flußsand/Rhein), GW (Grubensand/Wiesloch)		-
HGRRK		TR(Terrassensand/Rockenberg), FR (Flußsand/Rhein), GW (Grubensand/Wiesloch) +Kalksteinmehl		-
WT1/1		F32(Quarzsand/Frechen), FL4 (Flußsand/Lahn), BM (Buntsandsteinsand)		-
WT1/2		FL4(Flußsand/Lahn), BM(Buntsandsteinsand)		-
HK	NHK	Normsand	1:4	-
HK+2% Kstm				2 MA% Kstm*
HK+3% Kstm				3 MA% Kstm*
HK+4% Kstm				4 MA% Kstm*
HK+0,025%LP	NHK	Normsand	1:4	0,025 MA% LP*
HK+0,05%LP				0,05 MA% LP*
HK+0,1%LP				0,1 MA% LP*
HK+ 0,125%MC	NHK	Normsand	1:4	0,125 MA% MC*
HK+0,25%MC				0,25 MA% MC*
HK+0,5%MC				0,5 MA% MC*

* bez. auf das Bindemittel in Massenprozent

NHK = natürlicher Hydraulischer Kalk (Hessler); Kstm = Kalksteinmehl,

LP = Luftporenbildner, MC = Methylcellulose

4.1 Mörtel aus hydraulischen Kalken mit unterschiedlichen hydraulischen Anteilen

Die Ergebnisse der Druckfestigkeits- und Carbonatisierungsprüfungen an ausgleichsfeuchten Mörtelprismen mit unterschiedlichen hydraulischen Anteilen nach 28, 90, 120 und 240 Tagen ergeben sich aus den nachstehenden Bilder 3, 4 und 5.

Während die Mischungen aus Weißkalkhydrat mit Traß bzw. Zement, ebenso wie die hydraulischen Kalke, nach 28 Tagen 40 % ihrer Endfestigkeit erreicht haben, liegt diese für den hochhydraulischen Kalk bereits bei > 70 %, die aus Wasserkalk und hydraulischem Kalk jedoch erst bei 25 %. Hinsichtlich der Carbonatisierung ist festzustellen, daß diese den geringsten Fortschritt bei den Mörtelmischungen mit Weißkalk aufweist, während die Mischungen mit hochhydraulischen Kalken am schnellsten carbonatisieren und NHK dazwischen liegt.

Gemäß Bild 5 liegt der Carbonatisierungsfortschritt von Weißkalk nach 28 Tagen bei ca. 1 mm, bei NHK bei ca. 3 mm, bei den Mischungen mit hochhydraulischem Kalk bei 6-7 mm. Auch ist mit der zunehmenden Carbonatisierung eine deutliche Erhöhung der Mörtelfestigkeit bei den Mischungen mit höheren hydraulischen Anteilen gegenüber den Mischungen mit Weißkalk festzustellen.

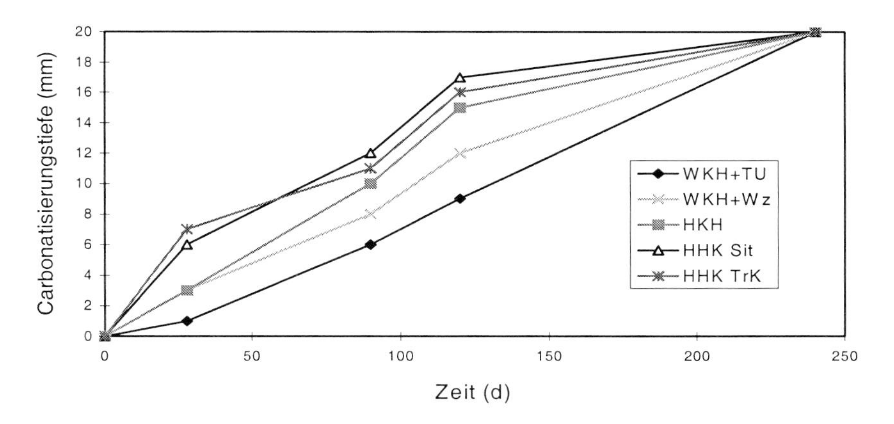

Bild 3: Entwicklung der Druckfestigkeiten von Labormörteln aus Kalk mit unterschiedlichen hydraulischen Anteilen bei B/Z = 1:4 (alle in Massenanteilen)

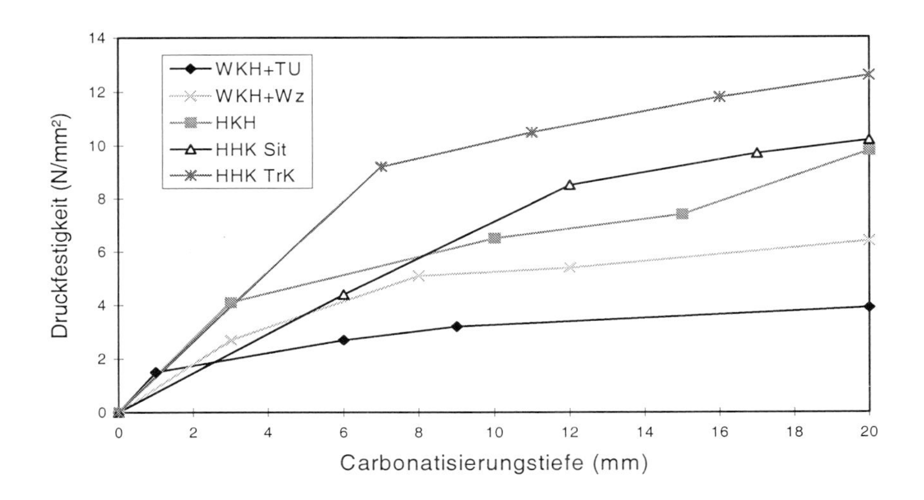

Bild 4: Entwicklung der Carbonatisierung von Labormörteln aus Kalk mit unterschiedlichen-hydraulischen Anteilen bei B/Z = 1:4.

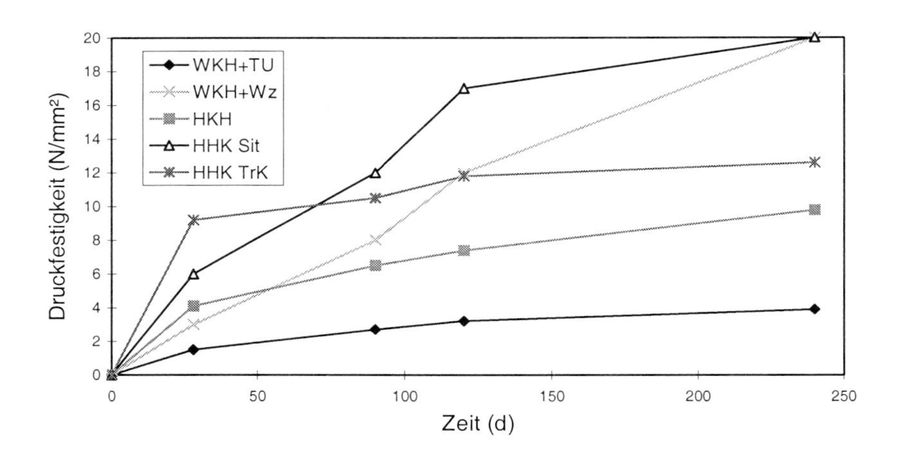

Bild 5: Korrelation zwischen Druckfestigkeitsentwicklung und Carbonatisierung von Labormörteln aus Kalk mit unterschiedlichen hydraulischen Anteilen bei B/Z = 1:4 (Abkürzung s. Bild 3)

4.2 Mörtel mit unterschiedlichen Zuschlägen

Das Carbonatisierungsverhalten von Mischungen mit unterschiedlichen handelsüblichen Sandzuschlägen, Korrelation zwischen Druckfestigkeit und abschlämmbaren Anteilen sowie der Zusammenhang zwischen der Druckfestigkeit der Mischungen und der Feinkornanteile der Zuschläge sind in den nachstehenden Bilder 6, 7 u. 8 dargestellt.

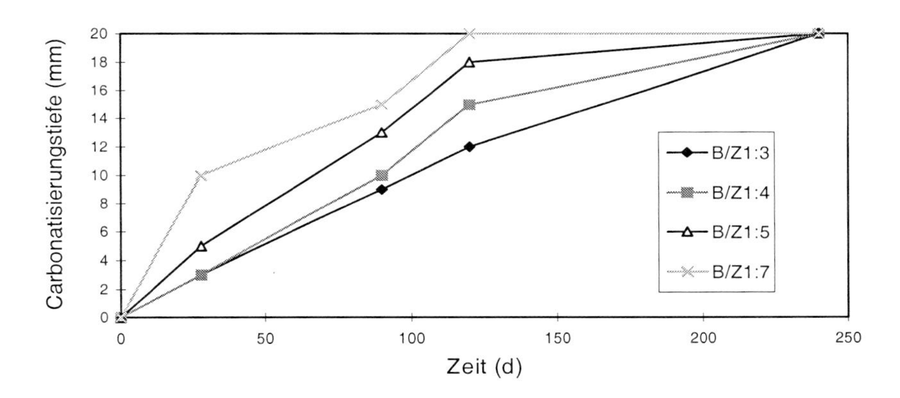

Bild 6: Carbonatisierung der Mörtel mit Normsand bei unterschiedlichen B/Z-Verhältnissen

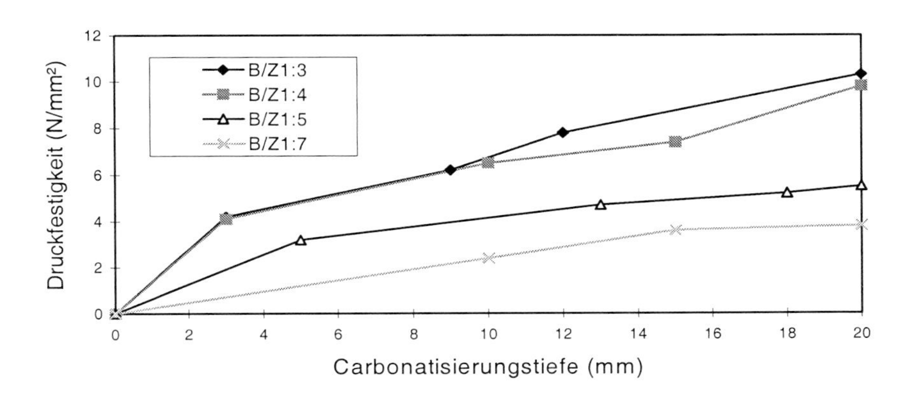

Bild 7: Korrelation zwischen Carbonatisierung und Druckfestigkeit der Mörtel mit unterschiedlichen B/Z-Verhältnissen

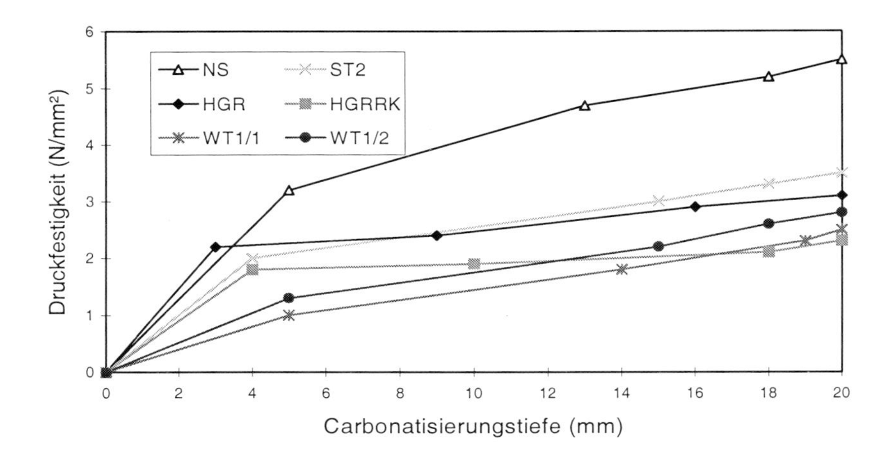

Bild 8: Carbonatisierung der Mörtelmischungen aus hydraulischem Kalk mitunterschiedlichen handelsüblichen Sandmischungen bei B/Z=1: 5 (Kurzbezeichnung s. Tabelle 2)

Es zeigt sich, daß ein Mörtel mit Normsand bei einer relativ rasch verlaufenden Carbonatisierung die höchsten Druckfestigkeitswerte aufweist. Der Mörtel mit höherem Zuschlag (Normsand) erreicht aber eine niedrigere Druckfestigkeit bei schnellerer Cabonatisierung. (Bilder 6 und 7) Mischungen mit Buntsandsteinmehl carbonatisieren zwar noch schneller, jedoch erreichen sie eine geringere Festigkeit. (Bild 8) Der Zusammenhang mit den abschlämmbaren Anteilen wird aus Bild 9 deutlich, wonach den Anteilen an Feinkorn keine entscheidende Rolle zukommt. (Bild 10)

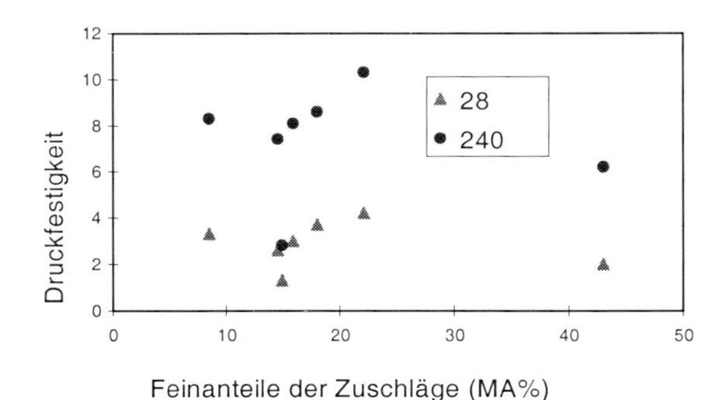

Bild 9: Korrelation zwischen Druckfestigkeit und abschlämmbaren Anteilen (<63µm Fraktion) in den Zuschlägen (Kurzbezeichnung s. Tabelle 2)

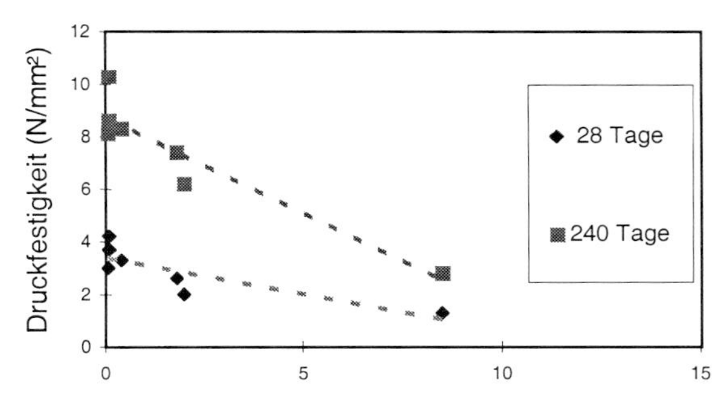

Bild 10: Zusammenhang zwischen Druckfestigkeit der Mörtelmischungen und Feinanteilen (<0,25mm) der Zuschläge

4.3 Hydraulischer Kalk mit unterschiedlichen Zusatzmitteln

Gegenüber den NHK-Mörteln zeigen alle modifizierten Mörtel deutlich niedrigere Druck- und Biegezugfestigkeiten sowie geringere E-Moduln. Beimischungen von Kalksandsteinmehl beschleunigen, besonders im frühen Stadium des Erhärtungsprozesses die Carbonatisierung deutlich (Bild 11), während Luftporenbildner und Methylcellulosen einen kaum nachweisbaren Einfluß auf die Carbonatisierung haben. (Bilder 12 und 13)

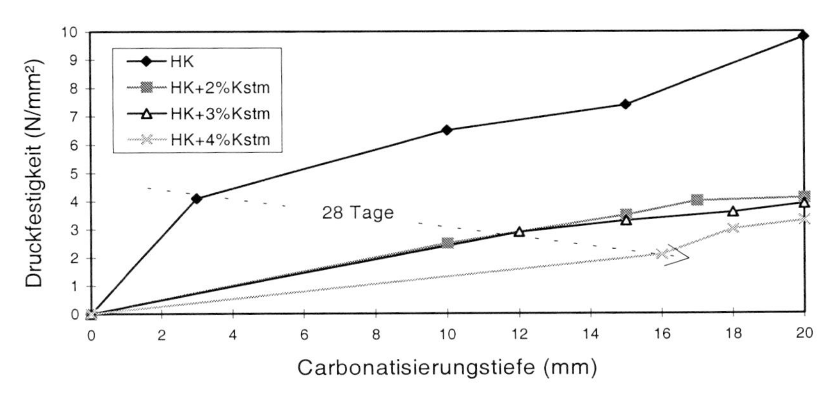

Bild 11: Zusammenhang zwischen Carbonatisierung und Druckfestigkeit der Mischungen mit Kalksandsteinmehl B/Z 1:4

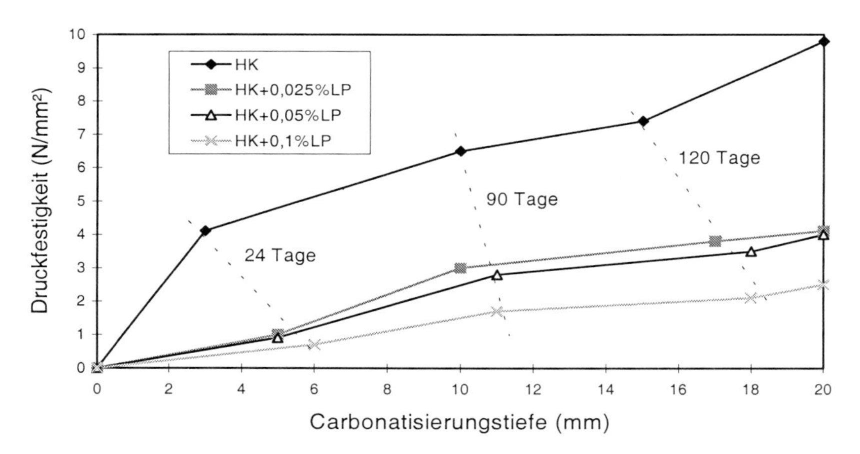

Bild 12: Luftporenbildner erniedrigen sehr deutlich die Druckfestigkeit bei geringfügigerBeschleunigung der Carbonatisierung (B/Z 1:4)

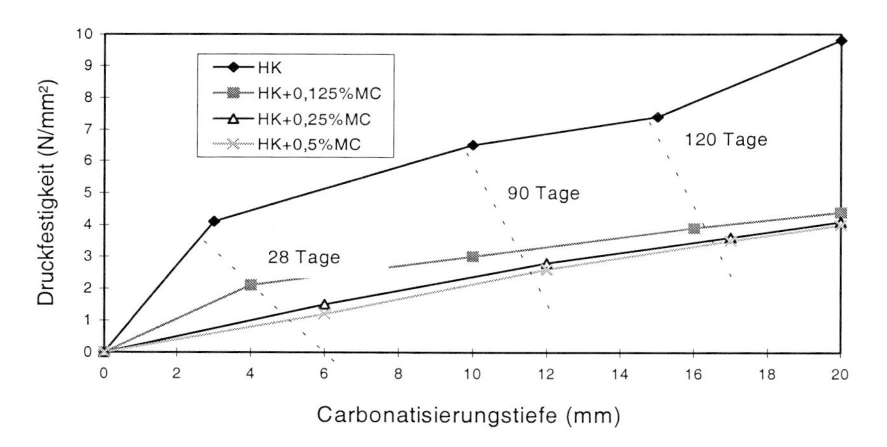

Bild 13: Korrelation zwischen Druckfestigkeit und Carbonatisierung bei der Verwendung von Methylcellulose (B/Z 1:4)

5 Schlußfolgerungen

Die Anwendung von hydraulischem Kalk als Bindemittel in Putzmörteln erfordert sorfältige Maßnahmen, um die zur Ausbildung seiner Eigenschaften notwendige Hydratisierung und Carbonatisierung bei gleichzeitiger Abgabe des beim Carbonatisierungsprozess freiwerdenden Wassers zu gewährleisten. Das Erstarrungs- und Erhärtungsverhalten im Frühstadium ist in erster Linie auf die

Hydratation der hydraulischen Phasen zurückzuführen, die zur Druckfestigkeitsentwicklung im Frühstadium wesentlich beitragen.

Um diesen Erhärtungsvorgang nicht zu stören oder zu verzögern ist es zweckmäßig, vor allem in kritischen Bereichen, Flußsande mit geringen anschlämmbaren Anteilen einzusetzen. Auch sollten zu magere Mischungen bzw.Kalke mit zu geringen hydraulischen Anteilen vermieden werden. Da der gesamte Erhärtungsprozess jedoch erst abgeschlossen ist, wenn auch der Portlanditanteil des Kalks völlig carbonatisiert und das dabei freiwerdende Wasser vollständig abgegeben ist, ist erst dann eine ausreichende Frostbeständigkeit gegeben. Die jahreszeitliche Planung, die einen rechzeitigen Abschluß des gesamten Abbindevorgangs des Putzes vor Einsetzen des ersten Nachtfrostes gewährleistet, ist daher eine Grundvoraussetzung für die Anwendung hydraulischer Kalke.

Zumischungen von Kalksteinmehl zu den Putzmörteln können die Carbonatisierung deutlich beschleunigen bei einer gleichzeitigen Erniedrigung der E-Module, was sich günstig hinsichtlich der Vermeidung von Rißbildungen auswirkt. Ungünstig für einen optimalen CO_2-Tranport zur Carbonatisierung sind sowohl zu feuchte (nasse), als auch zu trockene Verhältnisse. Putze auf der Bindemittelbasis eines natürlichen hydraulischen Kalks erfüllen mit einer 28-Tage Druckfestigkeit von ca.1-2 N/mm² die in der Putznorm DIN 18 555–01 [9]. gestellte Festigkeitanforderung von >1N/mm². Stark saugende Untergründe (Buntsandstein, Ziegel, usw.) mit höheren Wasseraufnahmekoeffizienten und Dampfdurchlässigkeitswerten haben aufgrund der besseren Carbonatisierungsbedingungen einen festigkeitserhöhenden Einfluß auf den angrenzenden Putzmörtel. Allerdings muß bei stark saugenden Untergründen abgewogen werden, ob der Einsatz von Zusatzmitteln erforderlich oder gegebenenfalls ein mehrlagiger Putzauftrag zweckmäßiger ist.

6 Literatur

[1] M. Auras; T. Gödicke-Dettmering, u. G., Strübel, *Restaurierungskonzepte für Baudenkmäler aus nordhessischem Lapillituff - Mörteltechnische Empfehlungen zur Restaurierung der ehemaligen Klosterkirche von Spieskappel,* 4. Internationales Kolloquium, Werkstoffwissenschaften und Bauinstandsetzen, Techn. Akademie Esslingen, 1996, Vol. 2, S. 891-907.

[2] G. Strübel; K. Kraus; O. Kuhl, u. T. Gödicke-Dettmering, *Hydraulische Kalke in der Denkmalpflege*, Institut für Steinkonservierung e.V., 1992, Bericht Nr.1, Wiesbaden.

[3] T. Gödicke-Dettmering u. G. Strübel, *Vorgaben und Erwartungen an Putz aus der Sicht der Denkmalpflege*, WTA-Schriftenreihe, Heft 14: „Anwendung von Sanierputzen in der baulichen Denkmalpflege", Aedificatio Verlag, 1997, Stuttgart, S. 43-60

[4] T. Gödicke-Dettmering, u. G. Strübel, *Mineralogische und Technologische Eigenschaften von hydraulischen Kalken als Bindemittelfür Restaurierungsmörtel in der Denkmalpflege,* Gießener Geologische Schriften, 1996, Heft Nr. 56, S. 131-154.

[5] T. Gödicke-Dettmering, K. Kraus, G. Strübel, *Der Einfluß des Zuschlags bei der Verwendung von hydraulischem Kalk als Bindemittel von Mörteln zur Restaurierung von Baudenkmälern aus Naturstein,* International Journal for Restauration of Buildings and Monuments, Aedificatio Verlag, IRB Verlacy, 1995, Vol. 1, No. 2, S.97-112.

[6] T. Gödicke-Dettmering, *Mineralogische und technologische Eigenschaften von hydraulischem Kalk als Bindemittel für Restaurierungsmärtel für Baudenkmäler aus Naturstein,* Dissertation, *1996*

[7] E. Müßig, T. Gödicke-Dettmering u. G. Strübel: Untersuchung hydraulischer Kalke als Restaurierungsmaterial in der Denkmalpflege--zur Unterscheidung von zementfreien, natürlichen (NHL) und gemischten, künstlichen hydraulischen Kalken, 1998, OHG, Band 59 (im Druck)

[8] F. Winnefeld, K.G. Böttger & D. Knöfel, *Eigenschaften von Baukalken mit unterschiedlich hohen hydraulischen Anteilen - eine kritische Betrachtung hinsichtlich des Einsetzes für die Denkmalpflege,* 1996, 4. Internatinales Kolloqium Werkstoffwissenschaften und Bauinstandsetzen, Technische Akademie Esslingen, 17.- 19. Dez. 1996, S. 801-815

[9] DIN 18555-01: 1985-01: *Putz; Begriffe und Anforderungen*

7 Danksagung

Unser Dank gilt dem Institut für Steinkonservierung e.V. und der Deutschen Bundesstiftung Umwelt e. V. für die finanzielle Unterstützung, sowie Herrn Dr. W. Wilmers und Herrn Dr. O. Kuhl von der Baustoff- und Bodenprüfstelle des Hessischen Landesamtes für Straßenbau in Wetzlar, an der die Druckfestigkeitsprüfungen durchgeführt wurden.

Gefügeveränderungen beim Verwittern von kalkgebundenen Putzmörteln

Dr.-Ing. K. Niesel
Bundesanstalt für Materialforschung und -prüfung (BAM)

Zusammenfassung

Das Erreichen des eigentlichen Ziels, eine Dosis-Wirkungs-Beziehung für die SO_2-Reaktion von im Freien gelagerten Putzmörtel-Platten aufzustellen, ist daran gescheitert, daß im Untersuchungszeitraum die tatsächliche Immission ziemlich abgenommen hat, weshalb sich zwischen den Luftmeßstationen nahe den Berliner Auslagerungsstandorten kaum noch nennenswerte Konzentrationsunterschiede zeigen. Dennoch lassen sich durchaus quantitative Veränderungen von physikalisch-technischen Kenndaten über eine Expositionsdauer von 4,5 Jahren feststellen, die allerdings eher den natürlichen Verwitterungseinflüssen zuzuschreiben sind. Daher ist es ratsam erschienen, die entsprechenden Phänomene vorzugsweise an Bauwerksproben zu studieren, in denen sich die Wirkungen der letzten emissionsintensiveren Jahrzehnte aufsummiert haben. Eine Lösung der gestellten Aufgabe müßte deshalb einem umfassenden Forschungsprogramm vorbehalten bleiben, das sowohl eklatante Unterschiede der Standorte im anthropogen verursachten SO_2-Angebot wie auch die keineswegs selbstverständliche Übertragbarkeit der an den Mörtelplatten gewonnenen Ergebnisse auf die jeweiligen mikroklimatischen Besonderheiten am Bauwerk gewährleistet, um vor allem auch dem Beitrag der anderen Verwitterungsfaktoren, wie z.B. der kombinierten Einwirkung von Feuchtigkeit und Frost, ihr offensichtliches Übergewicht zu nehmen.

1 Einführung

Wenn man über Dosis-Wirkungs-Beziehungen spricht, muß man sich zunächst klarmachen, welche Art von Kennwerten überhaupt geeignet ist, unter Bedingungen der Freilagerung Veränderungen zu erfahren und welche Faktoren Gefüge und Bindungsfestigkeit eines solchen porösen Systems, wie es ein Putzmörtel darstellt, merklich beeinflussen. Dieser besteht seinerseits aus einem Gerüst von Sandkörnern, die mit einem mineralischen Bindemittel untereinander verbunden sind. Schon lange ist bekannt, daß beileibe nicht nur die chemische Reaktion der Kalkkomponente zu Sulfat eine Gefügezerstörung hervorrufen kann, wobei sich die Verwendung von hydratisiertem Dolomit als Bindemittel auftretende Magnesia in dieser Hinsicht noch empfindlicher verhält, sondern vielmehr die physikalischen Faktoren, wie zum Beispiel die Frosteinwirkung. Im Gegensatz zu anderen Baustoffen wie Metall, Glas oder Kunststoff spielt hier besonders die Heterogenität eine Rolle. So werden Anisotropien während des Auftrags von Putzmörteln angelegt, und ein Bindemittelfilm entsteht auf seiner Oberfläche. Natürlich kann man der Abdichtung als Folge einer solchen Anreicherung durch Kratzen der Putzoberfläche begegnen. Das ist an den Platten für die Freilagerung und am Bauwerk üblicherweise geschehen, woher aber andererseits auch eine Beeinträchtigung des Gefüges herrührt. Ebenso sind hier Unterschiede in der schichtweise stattfindenden Erhärtung und Hydratation von Bedeutung. Da die Verwitterung einen schichtenbildenden Prozeß an sich darstellt, lassen sich jedoch eine örtliche und zeitliche Überlappung beider Aspekte feststellen, zumal sie einander parallel verlaufen. Für die bei einer quantitativen Kennzeichnung durchzuführenden Versuche liegen also komplizierte Verhältnisse vor, die durch einander überlagernde Faktoren beeinflußt, mitunter das Materialgefüge verfestigen oder aber schwächen können. Allerdings lassen sich mit der Zeit ihre Einzelbeiträge nicht mehr unterscheiden.

Bei der Auslagerung, insbesondere der Luftkalkmörtel, geht zunächst eine Erhärtung von deren Oberfläche aus vor sich. Das hat aber keineswegs allein mit der Carbonatisierung der Kalkkomponente bzw. der Überführung von MgO in $Mg(OH)_2$ zu tun, die ja an den zugänglichen reaktiven Partien des Bindemittels durch eine 90tägige Vorlagerung bei 85 % r.F. ziemlich weit fortgeschritten sind. Nichtsdestoweniger verhalten sich Mörtel dieser Art wegen ihrer Dispersität in der Regel empfindlicher gegen SO_2-Angriff als die meisten kalkhaltigen Sedimentgesteine mit ihrer verhältnismäßig hohen Verdichtung. Es scheint aber hier jene von P. Ney [1] beschriebene Umkristallisation der Carbonatkomponente bei Anwesenheit von CO_2-haltigem Wasser stattzufinden, die mit einer Kristallvergröberung zusammenhängt, und zwar unter Auflösung und Wiederausscheidung des Bindemittels. Eine solche Entwicklung ist beispielsweise mit Hilfe der Quecksilberporosimetrie - hier: spezifisches Porenvolumen und andere diskrete Werte derselben im

Bereich < 120 µm Porendurchmesser - über eine Dauer von 4,5 Jahren Freibewitterung (Bild 1) gut zu verfolgen.

Bild 1: Nach Süden ausgerichtetes Gestell zur Freibewitterung von Putzmörtelplatten (Luftmeßstation im Hintergrund links)

Gleichzeitig erkennt man einen geringfügigen Zuwachs von Sulfat, wobei dessen Wirksamkeit jedoch infragesteht, da es sich um weniger als 0,15 % bezogen auf die Mörtelmasse der äußeren 5 mm handelt. Irgendwann einmal wird sich dann auch die Kornbindungsfestigkeit auf diesem Wege verringern können, und zwar unter den derzeitig herrschenden Bedingungen der SO_2-Immission (Konzentration ca. 14 - 22 $\mu g/m^3$ Luft im Jahresmittel) innerhalb von Zeitspannen, die möglicherweise sogar mit der üblichen Gebrauchsdauer von Putzmörteln zusammenfallen. Natürlich spielt dabei die jeweils vorliegende Dispersität der Kalkkomponente eine Rolle. Nach der Stillegung der für das Einzugsgebiet Berlin größten Emittenden, nämlich der Kombinate des mitteldeutschen Industriegebiets im Zuge der Wiedervereinigung, dürfte also die noch verbleibende Kontamination der Atmosphäre mit den infragekommenden Luftverunreinigungen allein kaum ausreichen, eine nachhaltige Schädigung des Gefügezusammenhalts von Putzmörteln zu bewirken. Das wiederum bedeutet aber eine Dominanz der anderen Verwitterungsfaktoren, wie der kombinierten Einwirkung von Feuchtigkeit und Frost, der Aktion von ausblühfähigen Salzen und der Temperaturwechselbeanspruchung. Unter solchen Umständen erscheint es im nachhinein als eine weise Entscheidung, schon gegen Beginn der im Rahmen eines vom Umweltbundesamt (UBA), Berlin, geförderten Forschungsvorhabens durchgeführten Arbeiten den Schwerpunkt von den freigelagerten, aber vor Regeneinwirkung geschützten Platten auf ältere geputzte Bauwerksoberflächen verlagert zu haben. Übrigens sind jene Probekörper von ca. 2 cm Dicke auf überdachten, nach Süden ausgerichteten Gestellen befestigt worden und spiegeln so mehr oder weniger die Bedingungen der sogenannten trockenen Deposition wider. Denn weder konnte man zu diesem Zeitpunkt wissen, wieviel SO_2 tatsächlich mit dem Material reagiert, noch daß sich im Verlaufe der nächsten zehn Jahre dessen Pegel gegenüber dem Zeitraum von 1977 - 1988 noch einmal halbieren würde. Außerdem war natürlich unbekannt, daß im Gegensatz zum NO_x-Einfluß, wie später zu zeigen sein wird, praktisch gar keine Richtungsabhängigkeit der SO_2-Immission besteht, dafür aber sehr wohl eine von der Himmelsrichtung bestimmte Sulfatumverteilung senkrecht zur Oberfläche. Bei dem sich ständig abschwächenden SO_2-Angebot lassen sich dementsprechend die Differenzen zwischen den einzelnen Auslagerungsgestellen innerhalb Berlins kaum mehr unterscheiden. (Bild 2)

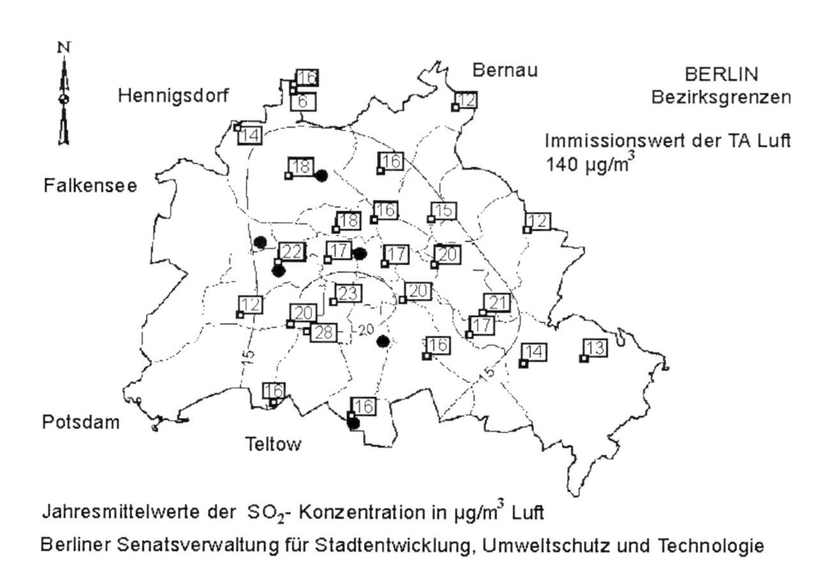

Bild 2: Berliner Luftgüte-Meßnetz (BLUME) 1996: Jahresdurchschnittskonzentration von SO_2 in µg/m³ Luft sowie schwarze Punkte für die Auslagerungsorte

So bleibt eigentlich nichts anderes übrig, als die für alle Standorte praktisch innerhalb des Streubereichs liegenden Ergebnisse zu mitteln und bei umfassenden Studien zum Vergleich Orte mit stärkerer Kontamination durch SO_2 einzubeziehen. Erkenntnisse über die also eher durch andere Faktoren hervorgerufene Verwitterung lassen sich jedoch sehr wohl aus den gewonnenen

Ergebnisse herleiten und sollen im folgenden vorgestellt werden. Somit würde sich eine Betrachtung über Dosis-Wirkungs-Beziehungen notwendigerweise auch mehr auf die Veränderung der physikalisch-technischen Kenndaten, insbesondere der porenraumbezogenen verlagern.

2 Ergebnisse

2.1 Auslagerungsversuche

Für SO_2 kommen Mitarbeiter der Berliner Senatsverwaltung für Stadtentwicklung, Umweltschutz und Technologie zu folgendem Schluß: „Im Gegensatz zu früheren Jahren ist die räumliche Belastungsverteilung weitgehend homogen. Die höchsten Konzentrationen treten an den Straßenmeßstationen auf, obwohl der Straßenverkehr nur geringe Schwefeldioxidmengen emittiert. Darin zeigt sich, daß die Auswirkung der stationären Heizanlagen stark zurückgegangen ist. " Eine ständige Abnahme im Laufe der letzten Jahre haben auch Schwebstaub und in geringerem Umfang die hier besonders interessierende NO_x-Konzentration erfahren. Das hieße aber, daß klimatisch bedingte Faktoren, wie z.B. Nullgraddurchgänge und „time of wetness" durchaus noch lokale Unterschiede hätten bewirken können, was sich jedoch zumindest für Porendaten des Mikrogefüges von Weißkalkmörtel keineswegs bestätigen läßt. Die beiden extremen Auslagerungsorte - Schichauweg am südlichen Stadtrand in nahezu ländlicher Umgebung und Lerschpfad an einer stark befahrenen Autobahn im Westen Berlins gelegen - liefern hierfür jedenfalls kaum Anhaltspunkte, zumal sie vergleichbare Werte für das spezifische Porenvolumen, den Median (Größe der 50 %-Fraktile der Häufigkeitskurve) und die Mikroporosität (Anteil der offenen Poren $\leq$ 5 µm Durchmesser [2]) aufweisen.

Grundsätzlich gilt, daß alle Luftkalkmörtel mit zunehmender Expositionszeit dichter werden. Gleichzeitig verlagern sich von den diskreten Werten der Porengrößenverteilung der Median zu gröberen Poren hin, während das spezifische Porenvolumen und die Mikroporosität, wobei die letztere allerdings darauf bezogen und durch Quecksilber-Druckporosimetrie ermittelt worden ist, sowie der Wasseraufnahmekoeffizient w_o kleiner werden. Es zeigen sich jedoch nur geringfügige Differenzen zwischen den einzelnen Orten. Letzteres gilt auch, wenn man den Kalkmörteln eine geringe Menge Weißzement zusetzt. (Bild 3) Zwar weisen nach 1,5 Jahren Auslagerung die spezifischen Porenvolumina der Mörtel von Schichauweg und Lerschpfad einige Unterschiede auf, die aber nach 4,5 Jahren so gut wie eingeebnet sind. Auch die Werte für Mikroporosität und Median sind zu jedem Zeitpunkt nahezu gleich.

Eine andere Art der Darstellung läßt durch Vergleich verschiedener Größenbereiche Unterschiede deutlicher hervortreten, indem man Porenradienklassen zwischen 60 bis 5 µm, 5 bis 0,1 µm, 100 bis 30 nm und < 10 nm als jeweilige relative Veränderung gegenüber dem Ausgangsmaterial aufträgt.

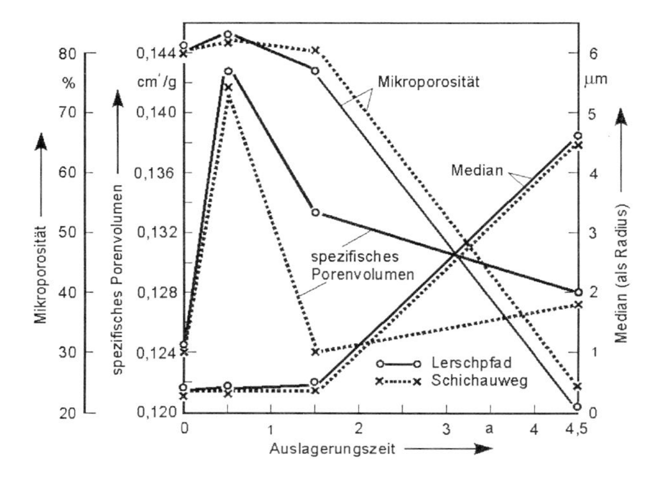

Bild 3: Veränderung der porenbezogenen Parameter in einem Kalkmörtel mit Zementzusatz an zwei Orten nach unterschiedlichen Auslagerungszeiten

Festzustellen sind zeitliche und örtliche Differenzen zwischen Mörteln auf Basis von Weißkalk und von Sumpfkalk, wobei der letztere bereits im Ausgangszustand durch den doppelten Betrag der spezifischen Oberfläche auffällt. Kalkmörtel mit Zementzusatz als ein weitverbreitetes Material zur Bedeckung von Außenwänden zeigt innerhalb von 1,5 Jahren einen spontanen Anstieg der Poren im Feinbereich, und zwar besonders < 10 µm Radius, deren Anteil gelegentlich bis zu 60 % größer als vor der Auslagerung werden kann. (Bild 4)

Bemerkenswert scheint, daß dieser Vorgang mit einer Erhöhung des gesamten mit Quecksilber-Porosimetrie erfaßten Porenvolumens bis zu 15 % zusammenfällt, wofür offenbar die Nachhydratation der Zementbestandteile verantwortlich ist. Der Feinporenanteil verringert sich jedoch mit der Zeit wieder, so daß nach 4,5 Jahren nur noch Poren > 30 nm übrigbleiben. Erwähnt sollte werden, daß sich grundsätzlich und im vorliegenden Falle ziemlich ausgeprägt bei praktisch gleichem spezifischen Porenvolumen der Grobporenanteil zwischen 5 und 60 µm sogar vervierfacht hat, so daß nach diesem Zeitraum ein erheblich grobporigerer Mörtel als zu Versuchsbeginn existiert.

Eine Sulfatanreicherung findet nur im ersten äußeren Millimeter statt und zeigt an beiden Orten 0,6 bzw. 0,7 % bezogen auf die Mörtelmasse. Auch die Dampfdiffusion weist keinen klimabeeinflußten Gradienten auf. (Bild 5)

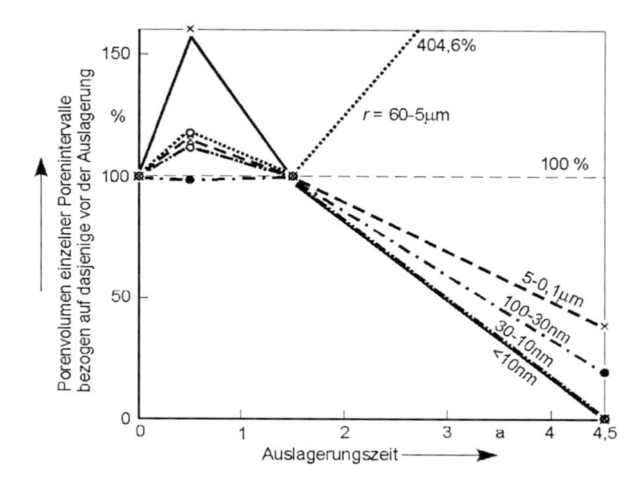

Bild 4: Relative Veränderungen der jeweiligen Porenradienintervalle eines Kalkmörtels mit Zementzusatz am Schichauweg nach unterschied-lichen Auslagerungszeiten (100 % = Material vor seiner Auslagerung)

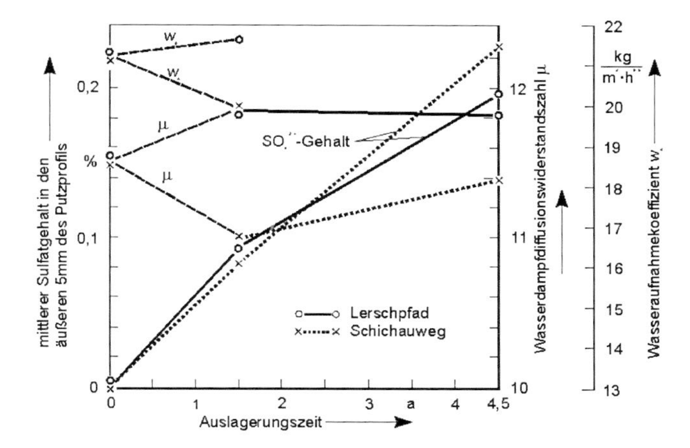

Bild 5: Veränderung von physikalisch-technischen Parametern und des mittleren Sulfatgehalts in einem Kalkmörtel mit Zementzusatz an zwei Orten nach unterschiedlichen Auslagerungszeiten

2.2 Bauwerksproben: Richtungsabhängige Veränderungen

An den vier Gebäudeseiten eines freistehenden dreistöckigen Wohnhauses in unmittelbarer Nähe der Bundesanstalt erfolgte zusätzlich eine Entnahme von jeweils charakteristischen Proben für die

Quecksilber-Porosimetrie. Der Außenwandputz bestand überall aus Kalkmörtel mit Zementzusatz mit vergleichbarem Mischungsverhältnis. Von dem in annähernd gleicher Höhe gesammelten Material wurden dann schichtenweise die oberen 5 mm und der darunter befindliche Teil gewonnen und untersucht. Als Kenndaten dienten spezifisches Porenvolumen, Mikroporosität, Ravaglioli-Intervall (Porenanteil zwischen 0,25 und 1,4 µm Durchmesser [3], [4]) sowie der d_{10m}-Wert als Porendurchmesser der oberen 10 %-Fraktile des ermittelten spezifischen Porenvolumens [5].

Da die Konzentrationsprofile beweisen, daß der eigentliche Verwitterungsvorgang lediglich in den oberen 4 bis 5 Millimetern stattfindet, lohnt ein Vergleich der Oberflächenschichten. Hierbei unterscheiden sich die Gefügedaten der SSE-Fassade auffällig von denen der anderen Seiten. (Bild 6)

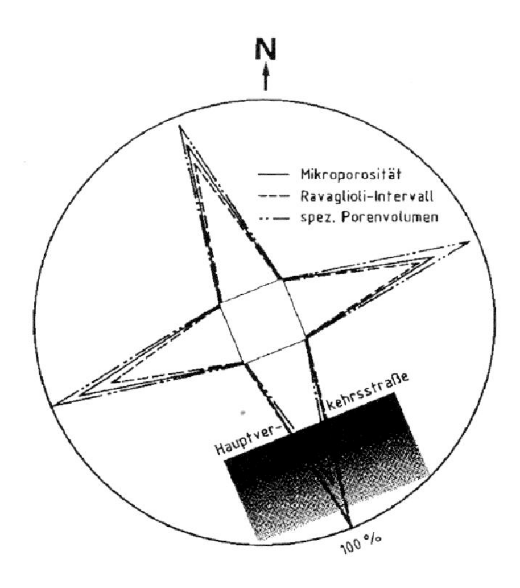

Bild 6: Porengrößenverteilung von ungefähr 30 Jahre alten Außenputzmörteln: diskrete Werte, deren Maxima gleich 100 % gesetzt worden sind, dargestellt für die Fassaden eines Wohnhauses

Außer dem Auffüllen des Porenraums mit Reaktionsprodukten spielen hierbei offenbar die Orientierung gegenüber der vielbefahrenen Berliner Verkehrsstraße "Unter den Eichen", gleichermaßen aber Sonnenlicht sowie Temperaturunterschiede und Taubildung eine wesentliche Rolle. Sowohl der Wasseraufnahmekoeffizient w_o wie auch die Wasserdampf-Diffusionswiderstandszahl µ ist in Proben aus der ENE-Fassade am höchsten, fällt über die SSE- und

NNW-Fassaden ab und erreicht schließlich auf der nach WSW weisenden Gebäudeseite ihren niedrigsten Wert.

Die chemische Analyse der abgetragenen Schichten zeigt in allen Fällen eine Abnahme des Sulfatanteils mit zunehmendem Abstand von der Probenoberfläche, wobei in dem äußersten Millimeter des Kratzputzes der ENE- und der SSE-Fassade die höchsten Gehalte von mehr als 2 % (bezogen auf die Trockenmasse), dagegen im entsprechenden Material der NNW-Seite die niedrigsten Anteile auftreten. Nicht weiter bemerkenswert scheint der steile Abfall des Sulfatgehalts innerhalb der ersten Millimeter von Tiefenprofilen mit einer Kalkkomponente. Auch ist keineswegs auffällig, daß dessen Absolutwerte bei ein und demselben Material mit der Himmelsrichtung unterschiedlich sein können. (vgl. Bild 7)

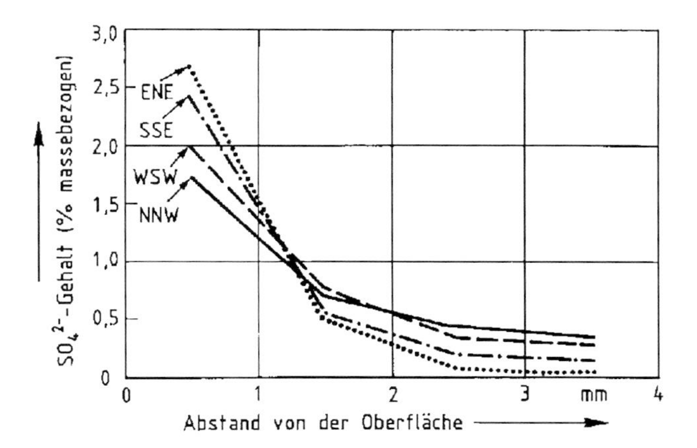

Bild 7: Sulfatverteilung im Außenwandputz desselben Wohnhauses, von dem Proben auf allen Gebäudeseiten entnommen worden sind

Was es bei einer solchen Darstellung zu berücksichtigen gilt, ist eine offenbar systematische Änderung der Reihenfolge in den Gehalten über die Gesamtprofile. Daß also niedrige Werte im Abtrag des 1. Millimeters mit relativ erhöhten beim 4. Millimeter Hand in Hand gehen, sowie umgekehrt hohe Sulfatgehalte an der Oberfläche mit niedrigen in der Tiefe, stimmt schon nachdenklich! Wird nämlich das arithmetische Mittel der zu jedem Profil gehörigen vier Gehalte gebildet, so liegt dieses einheitlich bei nahezu 0,8 % massebezogen. Setzt man vergleichbares Material an allen Gebäudeseiten sowie eine genügende Feuchtigkeitszufuhr für einen Lösungstransport voraus, braucht zur Erklärung für jenes gegenseitige Überschneiden der einzelnen Konzentrationskurven keineswegs eine einseitige Immission als Ursache herangezogen werden, wie sie durch Lage des Gebäudes zu deren Quelle bedingt wäre. Vielmehr drängt sich die Vermutung auf, daß - ausgehend von einer anfänglich miteinander vergleichbaren Verteilung in den ersten vier Millimetern des Profils - durch mehr oder weniger intensive Verdunstung - Sulfat mit der Zeit angereichert worden ist. Sofern sich ein solcher Befund anhand von mehr Analysendaten auch an anderen allseitig bemusterten Gebäude bestätigen läßt, müßte man allerdings von einer unterdessen liebgewordenen Vorstellung Abschied nehmen. Dies hieße wenigstens im Falle von Sulfat, daß man die gesamte geputzte Bauwerksoberfläche ein und derselben Höhenlage praktisch als einheitliche Reaktionsfront zu verstehen hätte, an der jedoch - abhängig vom Mikroklima - die Entstehung eines unterschiedlichen Konzentrationsgefälles erst nachträglich infolge Auflösung, Transport und Wiederausscheidung stattfinden würde.

Im allgemeinen lag Nitrat nur in Spuren von 0,03 % bis kleiner als 0,01 % vor und war lediglich in den gekratzten Oberflächen der ENE- und SSE-Fassade festzustellen. (Bild 8)

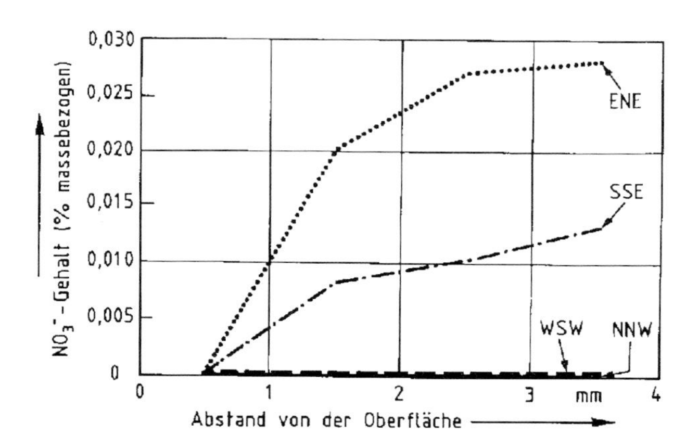

Bild 8: Vergleichendes Tiefenprofil der Nitratverteilung im Außenwandputz am selben Gebäude

Die Ursache dafür ist offenbar in der Ausrichtung dieses Gebäudeteils in Richtung auf eine der meistbefahrenen Straßen zu suchen. So enthält auch nur eine der beiden Glattputzflächen des Gebäudes, nämlich die nach SSE weisende, erwartungsgemäß geringe Nitratmengen. Nitrit ließ sich nicht nachweisen. Chloridkonzentrationen zwischen 0,02 % und kleiner 0,01 % konnten ebenfalls ermittelt werden, jedoch erwies sich ihre Verteilung nicht so systematisch wie die der anderen Anionen. In manchen Fällen schien zwischen der Quelle der Luftverunreinigungen und der Fassadenausrichtung nach SSE und ENE eine direkte Beziehung zu bestehen.

Die Chemie erlaubt, da pulverförmiges Material bzw. wäßrige Auszüge davon benötigt werden, die Ermittlung von in Millimetern abgestuften Konzentrationsprofilen für die verschiedenen Luftverunreinigungen. Gefügeveränderungen lassen sich, da für die Quecksilber-Porosimetrie eine bestimmte Menge stückigen Materials zur Verfügung stehen muß, die auch nur mühsam aus dem bröckeligen Material gewonnen werden können, dagegen leider nur integral im Bereich zwischen 0 - 5 mm Abstand von der Probenoberfläche bzw. > 5 mm erfassen. Demgegenüber gibt das Verschleißverhalten eines Materials hierüber aber indirekt Auskunft. Es zeigt erwartungsgemäß ebenfalls große Unterschiede, was die Expositionsrichtung anbelangt. (Bild 9)

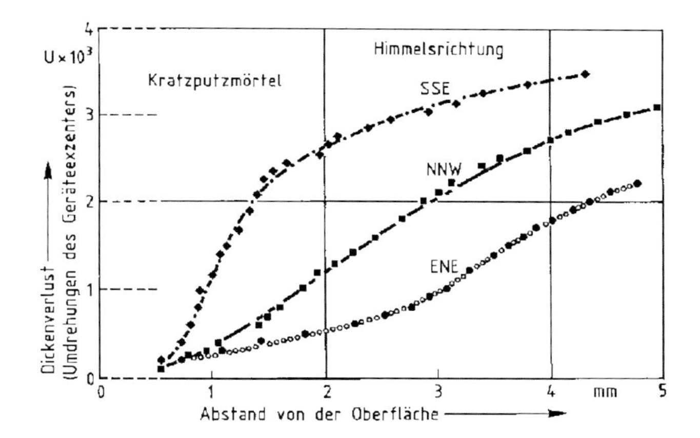

Bild 9: Verschleißverhalten von Außenwandputz am selben Gebäude in Abhängigkeit von der jeweiligen Himmelsrichtung

Deutlich sichtbar ist eine ausgeprägte Verhärtung in der als Rauhputz ausgeführten Schicht (gekratzte Oberfläche) bis in etwa 2 cm Tiefe an der SSE-Fassade, die an der NNW-Seite nur noch in geringem Umfang und an der ENE-Seite überhaupt nicht mehr auftritt. D.h. es liegt bei letzterem sowohl an der Oberfläche wie auch in 3 - 5 mm Tiefe eine vergleichbare Festigkeit vor, was einem nahezu linearen Anstieg der Summenkurve entspricht. Dieses Verhalten läßt sich ebenfalls aus dem Gefüge herleiten. Die SSE-Seite weist den höchsten Anteil an Feinporen, jedoch gleichzeitig das geringste Porenvolumen auf, während sich an der ENE-Seite die Verhältnisse umkehren (hohes spezifisches Porenvolumen, geringer Anteil an Mikroporen). Dabei scheint der Einfluß der Carbonatisierung bzw. die auf deren Kosten stattfindende Sulfatisierung nicht so bedeutend zu sein.

2.3 Bauwerksproben: Höhenabhängige Veränderungen

Bei der Bemusterung eines anderen Bauwerks ohne Pflanzenbewuchs (Sträucher, Bäume) in unmittelbarer Fassadennähe ist darauf geachtet worden, auch Putzproben aus Bereichen zu nehmen, die möglichst senkrecht übereinander liegen. Zur Gefügekennzeichnung dienen die erwähnten diskreten Werte der Porengrößenverteilung, der Wasseraufnahmekoeffizient w_o und die Wasserdampfdiffusionswiderstandszahl μ. Trägt man w_o gegen die Entnahmehöhe auf, so erfährt dieser mit größerem Abstand vom Erdniveau eine merkliche Steigerung, was als Hinweis auf eine stärkere Verwitterung im Bereich der oberen Gebäudeteile zu werten ist. Über erste Ergebnisse solcher Versuche zur Höhenabhängigkeit ist schon vor Jahren an diese Stelle berichtet worden [6], weshalb das Thema in seinen wesentlichen Zügen hier nur gestreift werden soll.

Konstruiert man für dieses Gebäude ein Diagramm aus den diskreten Werten der Quecksilber-Porosimetrie, w_o und μ, so zeigen die gegen die Entnahmehöhe der Proben aufgetragenen Werte die folgende Tendenz. (Bild 10)

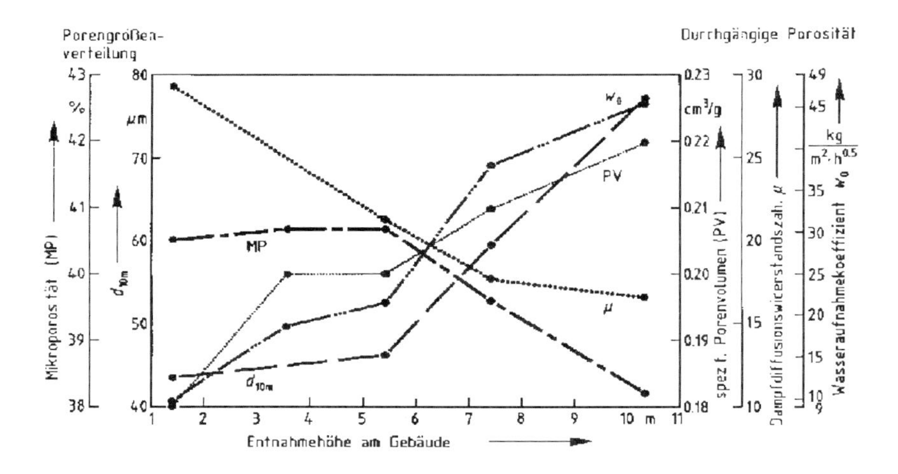

Bild 10: Porenmerkmale eines ungefähr 50 Jahre alten Putzmörtels auf der Basis von Weißkalk mit Zementzusatz von der Westfassade eines Wohnhauses sowie deren Veränderungen mit der Gebäudehöhe

Das spezifische Porenvolumen und der Wasseraufnahmekoeffizient nehmen zu, der Anteil an Poren < 5 µm Durchmesser (Mikroporosität) sowie der Dampfdiffusionswiderstand dagegen ab. Deutlich verlagert sich der d_{10m}-Wert, der ja ein Maß für die Veränderung der groben Poren darstellt, zu größeren Durchmessern hin. Sichtbar wird dies besonders beim Vergleich der Porenspektren von Proben aus 1,4 m und 10,5 m Höhe.

Mit zunehmendem Abstand vom Erdniveau nimmt der Gesamtsulfatgehalt der äußeren 5 mm dicken Mörtelschicht von > 3 % in 1,4 m Höhe auf ca. 1,7 % bei 7,4 m ab, und es verschiebt sich dementsprechend der d_{10m}-Wert der - allerdings aus größerer Tiefe stammenden - Proben von 40 µm auf 80 µm. Diese Gleichstellung ist zulässig, da die beobachtete Tendenz auch in größerem Abstand von der Oberfläche erhalten bleibt. So sind in einer Tiefe von > 5 mm in 1,4 m Höhe noch Gehalte > 1 % vorhanden, während Proben aus 7,4 m Höhe in entsprechender Tiefe nur noch ca. 0,5 % zeigen. Auch die Gegenläufigkeit von Sulfatgehalt und d_{10m} deutet darauf hin, daß Mineralneubildungen (Gipsbildung) bevorzugt in gröberen Poren anzutreffen sind.

Möglicherweise spielen zusätzlich Auslaugungsprozesse eine Rolle. In diesem Zusammenhang muß nämlich daraufhingewiesen werden, daß an den oberen Gebäudepartien die Putzoberfläche erheblich abgewittert ist und somit nicht die Originaloberfläche für die Untersuchung zur Verfügung gestanden hat. Wahrscheinlich ist, daß auch der Pflanzenbewuchs in Form von Bäumen und Sträuchern auf die unteren Gebäudeteile eine Art Schutzfunktion ausübt, was Schlagregen bzw. Wind aber auch SO_2 anbetrifft. Darüber ist an dieser Stelle schon einmal berichtet worden [7]. In Bild 11 sind die entsprechenden Konzentrationsprofile dargestellt. Wie eigentlich immer, verringert sich dabei der Sulfatanteil mit zunehmender Tiefenlage.

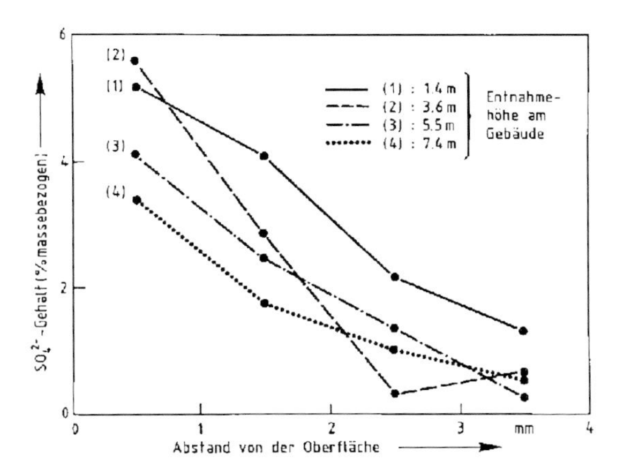

Bild 11: Sulfatverteilung im Putzmörtel vom selben Gebäude, in verschiedenen Höhen entnommen

Daß Nitrat und Chlorid im Mörtelinneren angereichert werden, läßt sich auch auf die Gebäudehöhe übertragen. Jedoch treten hier nennenswerte Nitratmengen vor allem nur an den unteren Gebäudeteilen bis zu 4 oder 5 m Höhe auf. Ähnliches gilt für die Verteilung und Konzentration von Chlorid.
So entsteht mit zunehmender Höhe am Bauwerk nicht nur der Eindruck einer Gefügeauflockerung, sondern man trifft dort aufgrund des Abwitterns auch nicht mehr die Originaloberfläche des Mörtels an - ein Verdacht, der sich durch visuelle Begutachtung der entsprechenden Proben belegen läßt. So nimmt eine zonare Gliederung am Bauwerk Gestalt an, die ihren Ausdruck in der unterschiedlichen Verwitterungsintensität nach gleicher Standdauer findet, sei es nun als Sulfatanreicherung, wie von Grün im Jahre 1933 [8] und später [9] beschrieben, oder aber in Form einer erhöhten Immissionsrate, wie sie bereits von Luckat im Jahre 1974 für den Niederschlag von gasförmigen Luftverunreinigungen herangezogen worden ist. ([10], [11]) Nähere Einzelheiten zum Thema finden sich auch im Internet [12].

3 Schlußfolgerung

Faßt man die Ergebnisse für alle ausgelagerten Putzmörtelplatten zusammen, die allerdings aufgrund ihrer verhältnismäßig geringen Abmessungen zu nicht mehr dienen können als Modelle, läßt sich feststellen, daß eine Quantifizierung grundsätzlich möglich ist, jedoch nicht im Sinne einer Dosis-Wirkungs-Beziehung im Hinblick auf die Sulfatreaktion. Ebenso würde sich mit der Verlangsamung dieses Prozesses durch einen als deren Folge gebildeten, diffusionshemmenden Überzug zusätzlich die Chance hierfür verringern. Es sind aber auch Hindernisse anderer Art als die SO_2-Absenkung während des Untersuchungszeitraums, die zu Vorbehalten Anlaß geben: spezifische Klimabedingungen, die durch die verschiedenen Seiten und die Höhe an einem Gebäude sowie auch von vorhandenem Pflanzenwuchs beeinflußt, einschließlich des Abstands von Gebäudeecken und -vorsprüngen hervorgerufen werden. So sind die Möglichkeiten für einen echten Vergleich von entnommenen Mörtel gleicher Zusammensetzung ziemlich eingeschränkt, zumal verschiedene Grade des Schutzes vor atmosphärischen Einflüssen die Reproduzierbarkeit der Ergebnisse herabsetzen.

4 Literatur

[1] P. Ney, *Die Erhärtung von Luftkalkmörteln als Kristallisationsvorgang,* Zement-Kalk-Gips 20 (1967) 429 - 434.

[2] D. B.Honeyborne; P. B. Harris, *The structure of porous building stone and its relation to weathering behaviour. The structure and properties of porous materials,* in: Proc. Tenth Symp. of the Colston Research Society, London: Butterworths Scientific Publications 1958, 343 - 365.

[3] A. Ravaglioli; G. Vecchi, *Assessment of frost resistance of ceramic bodies by means of porosity meter tests,* in: Proc. RILEM/IUPAC Internat. Symp. on Pore Structure and Properties of Materials, Prague 18/09/-21/09/1973, hrsg. v. S. Modrý and M. Svatá, Prague: Academia 1974, final report, part IV, vol. VI, F-117 - F-127.

[4] A. Ravaglioli, *Il problema della gelività nei cotti ceramici: parametri chimico-fisici connessi col fenomeno e metodi di misura,* Ceramica Informazione 12 (1977) No. 10, 543 - 557.

[5] R. D'Havé; H. Motteu, *Étude de la résistance au gel des matériaux de construction,* build, bâtiment international 1 (1968) No. 2, 18 - 23.

[6] K. Niesel, *Möglichkeiten zur Erfassung des kapillaren Flüssigkeitsaufstiegs in Baustoffen,* in: Ber. 4. Hanseatische Sanierungstage, Kühlungsborn, 11/11/-13/11/1993, hrsg. v. Feuchte- & Altbausanierung e.V. Fachverband für Bautenschutz Berlin; Berlin 1993 18 pp.

[7] D. Hoffmann, *Zur Erhärtung und Verwitterung von Putzmörtel an der Fassade,* in: Ber. 6. Hanseatische Sanierungstage des Bauwesens „Instandsetzung von umweltbelasteten Denkmalfassaden“, Kühlungsborn, 09/11/ - 11/11/1995, hrsg. v. P. Friese und H. Venzmer; Berlin: FAS-Feuchte- u. Altbausanierung e.V. 1995, 57 - 66.

[8] R. Grün, *Die Verwitterung der Bausteine vom chemischen Standpunkt,* Chemiker-Ztg. 57 (1933) No. 41, 401 - 404.

[9] S. Barcellona; L. Barcellona Vero; F. Guidobaldi, *The front of S. Giacomo degli Incurabili Church in Rome: Biological and chemical surface analyses,* Istituto di Fisica Tecnica - Consiglio Nazionale delle Ricerche, Roma: Centro di Studio Cause de Deperimento e Metodi di Conservazione delle Opere d'Arte 1972, No. 15.

[10] Y. Efes; S. Luckat, *Relations between corrosion of sandstones and uptake rates of air pollutants at the Cologne cathedral.* in: 2nd Internat. Symp. on the Deterioration of Building Stones, Athens 27/09/ - 01/10/1976. Athens: The Chair of Physical Chemistry of the National Technical University of Athens 1977, 193 - 200.

[11] S. Luckat, *Die Einwirkung von Luftverunreinigungen auf die Bausubstanz des Kölner Domes. II*, Kölner Domblatt 38/39 (1974) 95 - 106.

[12] D. Hoffmann; K. Niesel, *Quantifying the effect of air pollutants on rendering and also moisture-transport phenomena in masonry including its constituents,* httm://www.bam.de/a_vii/moisture/transport.htm

Gipsmörtel im historischen Mauerwerk

Dr. Bernhard Middendorf
Universität Gesamthochschule Kassel, Fachbereich Bauingenieurwesen, Fachgebiet Baustoffkunde

Zusammenfassung

Gips ist in verschiedenen Gebieten Deutschlands ein traditionell eingesetzter Baustoff. Überwiegend wurde er als Mauermörtel verwendet, zum Teil bestehen aber auch Mauersteine aus Gips oder Anhydrit. Während in der modernen Bautechnik Gips nur im Innenbereich bei im wesentlichen „trockener" Umgebung üblich ist, gibt es eine große Zahl historischer Gebäude, in denen Gipsbaustoffe im Außenbereich bereits seit Jahrhunderten dauerhaft der Verwitterung widerstehen.
Bei der Erhaltung historischer Bausubstanz wird der Authentizität angewendeter Methoden und eingesetzter Stoffe zunehmende Bedeutung eingeräumt. Dies äußert sich im Bemühen, historische Stoffe „nachzustellen", was aber angesichts unbekannter Handwerkstechniken und nicht mehr verfügbarer Ausgangsstoffe nur in Ausnahmefällen gelingt. So ist es heute in der Denkmalpflege Stand der Technik, unter Verwendung „moderner" Ausgangsstoffe auf authentischer Materialbasis „denkmalverträgliche" Instandsetzungen, d.h. Verträglichkeit der physikalisch-mechanischen und chemischen Eigenschaften mit der Originalsubstanz, anzustreben. Schäden an norddeutschen Kirchenbauten infolge Zementinjektionen in gipshaltiges Mauerwerk führten zur Entwicklung sogenannter sulfatwiderstandsfähiger Bindemittel mit Zementen mit hohem Sulfatwiderstand, bzw. geringem Aluminat-Gehalt, sowie Einsatz von Traß-Zement- oder Traß-Kalk-Mischungen. Da auch diese keine Gewähr für Schadensfreiheit bieten, erscheinen heute witterungsresistente Gipsbaustoffe für die Instandsetzung als geeigneter Weg.
Es wird erläutert, welche Kriterien beim Einsatz von im wesentlichen calciumsulfatgebundenen Mauermörteln im historischen Ziegelmauerwerk zu beachten sind. Des weiteren werden die Möglichkeiten zur Erhöhung der Witterungsresistenz calciumsulfatgebundener Mauermörtel für deren Einsatz in der Denkmalpflege aufgezeigt und über langjährige Bewitterungsversuche optimierter Mischungen an Versuchsflächen berichtet.

1 Einleitung

Die Verwendung von Gips mit seinen verschiedenen Eigenschaften als Baustoff war schon den Ägyptern beim Bau der Cheops-Pyramide etwa 2500 v. Chr. bekannt. In Deutschland erreichte die Verwendung von Gips als Estrich und Mauermörtel im 12. Jahrhundert ihre Blütezeit. Mitte des 19. Jahrhunderts ging aber mit dem verstärkten Aufkommen der hydraulischen Bindemittel das Wissen um Materialgewinnung, -aufbereitung und –eigenschaften verloren [1]. Da Gips gegenüber hydraulischen Bindemittel aber wesentliche Vorteile hat, zu nennen sind u.a. die energiegünstige Herstellung, das steuerbare Erstarren, die gute Haftung am Mauerstein und die einfache Verarbeitung, erscheint es sinnvoll, auch wieder gipsgebundene Mauermörtel zur Restaurierung historischer Gebäude, die ursprünglich mit gipsgebundenen Baustoffen errichtet worden sind, einzusetzen. Nachteilig bei gipsgebundenen Baustoffen ist allerdings die hohe Wasserlöslichkeit von 2,6 g/l [2] und die geringe Druckfestigkeit im durchfeuchteten Zustand [3], wodurch ein Einsatz im witterungsbeanspruchten Außenbereich nahezu unmöglich erscheint.

Aus den Ergebnissen zahlreicher Mörteluntersuchungen [2, 4-7] kann aber u. a. abgeleitet werden, daß Gipsmörtel im Mittelalter in Deutschland auch im Außenbereich verarbeitet worden sind. Für die Verarbeitung sprach neben technologischen Eigenschaften sein Vorkommen, d.h., dort wo Gips in großen Mengen anstand, wurde er auch als Baustoff verwendet. Obwohl in ganz Mitteleuropa Gipsvorkommen bekannt sind, beschränkt sich dessen Verarbeitung als Mauermörtel zum größten Teil auf Norddeutschland [8]. Möglicherweise erscheint uns dies deshalb so, weil die meist aus Ziegelmauerwerk bestehenden Bauwerke im Norden erhalten sind, während andere mit weniger beständigen Gipsmörtelmischungen längst zerstört sind.

In neuerer Zeit nimmt das Interesse an traditionellen Baustoffen, z. B. für Kalk- und Gipsbaustoffe für den restaurativen Einsatz an geschädigten Gebäuden wieder zu, da bei der Erhaltung historischer Bausubstanz die Authentizität angewendeter Methoden und eingesetzter Stoffe zunehmende Bedeutung eingeräumt wird. Die Problematik bei Restaurierungsarbeiten von mit Gipsmörtel gemauertem Ziegelmauerwerk ist, einen wasserresistenten Mörtel auf der Basis von Gips herzustellen, der zum einen eine gute Verträglichkeit mit der Originalsubstanz des Mauerwerks hat, und zum anderen mit den bautechnologischen und -physikalischen Ansprüchen ans Mauerwerk angepaßt ist.

In diesem Beitrag werden Untersuchungsergebnisse historischer Mörtel [2, 4-7] zusammenfassend dargestellt, die genutzt werden, um ein Anforderungsprofil für Restaurierungsmörtel auf der Basis von Gips für geschädigte und zu restaurierende Ziegelbauwerke zu erstellen. Schwerpunkt ist es, die Möglichkeiten zur Erhöhung der Wasserresistenz von calciumsulfatgebundenen Baustoffen aufzuzeigen. Es sollen den Vertretern der Denkmalpflege und der gipsverarbeitenden Industrie die Möglichkeiten der Einsatzfähigkeit wasserresistenter Gipsbaustoffe dargestellt werden.

2 Untersuchungsergebnisse historischer Mörtel

Die Untersuchungen von ca. 100 verschiedenen norddeutschen und niederländischen Mörtelproben haben gezeigt [4], daß in der Vergangenheit neben reinen Kalkmörteln auch Kalk-Gips- bzw. Gips-Kalk-Mörtel im Mauerwerksbau eingesetzt worden sind. Die in [4] untersuchten Gips-Kalk-Mörtel entstammen ausschließlich sakralen Bauwerken, die Kalkmörtel dagegen stammen im wesentlichen aus Profan- und untergeordnet auch aus Sakralbauten.

Da sich Gipsmörtel in ihrem Abbindeverhalten steuern lassen und eine deutlich höhere Anfangs- und Endfestigkeit haben als Mörtel mit Kalk als Bindemittel, lassen sie sich für den Bau komplexerer Bauteile wie Gewölbe oder Rundbögen problemloser einsetzen. Dies erscheint als Hauptgrund für den Einsatz in sakralen Bauwerken, was auch durch die Aussagen von Cioni [9] bestätigt wird, welcher Gipsmörtel in den Rundbögen und Gewölben von Sakralbauten in der italienischen Toskana fand, obwohl die Grundmauern der Gebäude mit Kalkmörtel gemauert worden sind.

Vergleicht man die untersuchten Kalkmörtel mit den Gipsmörteln, so kommt man zu folgender Erkenntnis: Je höher der Gipsgehalt der untersuchten Mörtel, desto geringer deren Gehalt an Zuschlag. Vereinzelt enthielten die gipshaltigen Mörtel nur sehr geringe Mengen an Zuschlag, so daß man von Verunreinigungen der Mörtel sprechen muß, da diese geringen Zuschlagzugaben aus bautechnologischer Sicht keinen Sinn ergeben.

Die Druckfestigkeit der untersuchten Mörtel hängt stark vom Bindemittelgehalt ab, wie man Bild 1 entnehmen kann. Die Druckfestigkeit der untersuchten historischen Kalkmörtel schwankt zwischen 4 – 10 N/mm², und die der Gips-Kalk-Mörtel liegt im Mittel bei ca. 20 N/mm². Je höher der Gipsgehalt der untersuchten Mörtelproben war, desto höher waren auch deren Druckfestigkeiten.

Die Gesamtporosität der untersuchten Mörtel nimmt mit steigendem Gipsgehalt ab, siehe Bild 2. Der Anteil an Kapillarporen ist deutlich geringer als bei Kalkmörteln, was ein dichteres Gefüge zur Folge hat, wodurch sich die hohen Druckfestigkeiten und die hohe Wasserresistenz der Gipsmörtel erklären lassen. Vergleicht man rasterelektronenmikroskopische Aufnahmen von frisch hergestellten Gips-Mörtel-Proben mit denen aus historischem Mauerwerk [4], so erkennt man deutliche Unterschiede in der Gefügeausbildung. Die historischen Gipsproben sind deutlich dichter und die Kristalle sind – verglichen mit denen von frisch hergestellten Proben – deutlich größer, was auf eine mehrfache Rekristallisation hindeutet. Die höhere Dichtigkeit und die damit verbundene geringere Kapillarporosität der historischen Proben bewirkt, daß von außen angreifende Wässer nur in geringfügigem Umfang in das Mörtelgefüge eindringen können und dieses anlösen.

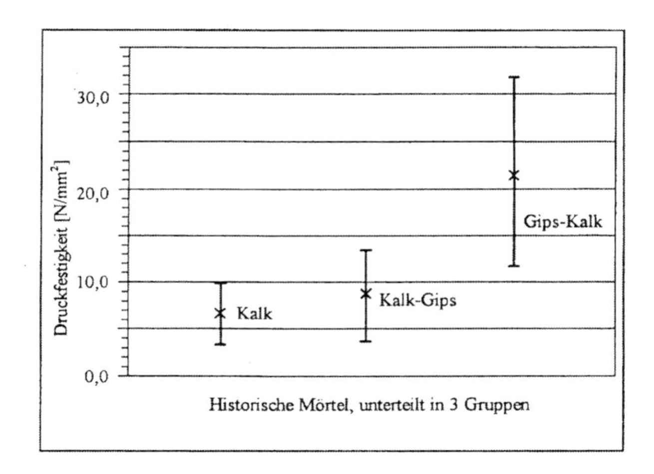

Bild 1: Druckfestigkeiten historischer Mauermörtel und deren Standardabweichung

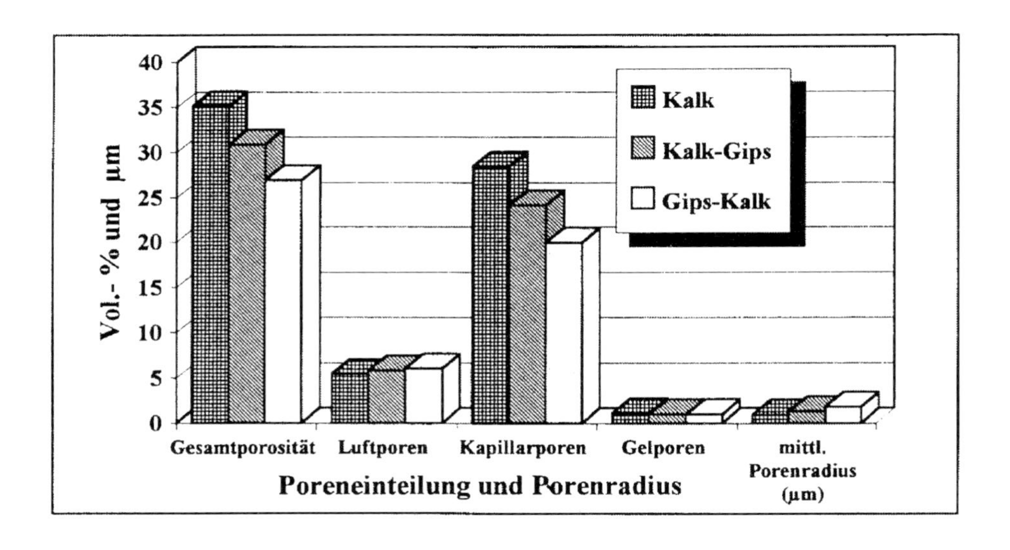

Bild 2: Darstellung der Gesamtporosität und Porenradienverteilung der untersuchten Mörtel

Die Untersuchungen der historischen Mörtel haben gezeigt, daß neben Kalk- auch Gipsmörtel in früheren Zeiten im Außenbereich eingesetzt worden sind, welche auch nach einer Bewitterung über mehrere Jahrhunderte noch in einem guten Zustand waren. Vermutlich handelt es sich um Hochbrand-Gipse, welche durch Rekristallationsprozesse während zahlreicher Durchfeuchtungsphasen ihren ursprünglichen Phasenbestand und ihr Gefüge verändert haben.

3 Anforderungsprofil für Restaurierungsmörtel

In Forschungsprojekten wurde sich zum Ziel gesetzt, witterungswiderstandsfähige und schwindarme Fugenmörtel auf der Basis von Gips für die dauerhafte Instandsetzung geschädigter Mauerwerke zu entwickeln und zu erproben. Der Gipsanteil der Instandsetzungs-Mauermörtel sollte möglichst denen historischer Gipsmörtel [4] angeglichen sein, so daß versucht wurde, Mörtel mit möglichst hohen calciumsulfathaltigen Bindemittelgehalten herzustellen. Für das Anforderungsprofil der zu entwickelnden Mörtel wurde im folgenden eine Wichtung der gewünschten Eigenschaften vorgenommen. Unter Berücksichtigung dieser Wichtung wurde versucht, durch den Vergleich zwischen den einzelnen Kennwerten aus der Gruppe der untersuchten Mörtel eine entsprechende Rezeptur zu ermitteln.

Für Frischmörtel-Eigenschaften erfolgt keine Wichtung, da es sich hier um Mindestanforderungen handelt.

Abnehmende Wichtung von oben nach unten, bzw. mit größer werdenden Ziffern:

1. Hohe Wasserresistenz
2. Verträglichkeit mit der Originalsubstanz
3. Dynamischer Elastizitätsmodul (nach 28 d) ca. 10 kN/mm²
4. Geringe Schwindverformung (<< 0,5 mm/m)
5. Druckfestigkeit (nach 28 d) ca. 10 – 15 N/mm²
6. Gute Verarbeitungseigenschaften
7. Hoher Frost-Tauwechsel-Widerstand
8. Geringe Ausblühneigung
9. Geringe Quellverformung
10. Möglichst langsame Wasseraufnahme
11. Möglichst schnelle Wasserabgabe
12. Verarbeitbarkeitszeit (> 1 h)
13. An die Originalsubstanz angepaßte Farbe.

Es werden im folgenden Möglichkeiten zur Erhöhung der Wasserresistenz calciumsulfatgebundener Mörtel vorgestellt. Vertieft wird über die Ergebnisse von Gips-Kalk-Mörteln mit hoher Wasserresistenz berichtet, die dem o. g. Anforderungsprofil entsprechen und sich über mehrere Jahre an exponierten Außenflächen von historischem Ziegelmauerwerk bewährt haben.

Die vorgestellten Ansätze sollen der Baustoff- bzw. Mörtelindustrie als Anregung für Produktentwicklungen dienen, welche für die Denkmalpflege von immensem Nutzen sind.

4 Erhöhung des Feuchtewiderstandes calciumsulfatgebundener Baustoffe

4.1 Kenntnisstand

Zahlreiche Publikationen und Patente beschäftigen sich mit der Erhöhung des Feuchtewiderstands calciumsulfatgebundener Baustoffe. Sie lassen im wesentlichen drei unterschiedliche Ansätze erkennen.

Der erste Ansatz beschreibt die Zugabe von Zusatzmitteln zur Erhöhung der Widerstandsfähigkeit gegen den lösenden Angriff von Wasser. Die Zusatzmittel wirken meist imprägnierend und plastifizierend und verbessern außerdem die mechanischen Eigenschaften der Baustoffe. In [10] werden Versuche beschrieben, in denen Zusätze aus makromolekularen, hydrophilen und kapillaraktiven Verbindungen, die Wasseraufnahmefähigkeit von Gipsbaustoffen bis auf 1% senken sollen. In weiteren Veröffentlichungen [11-14] wird über Polymethylwasserstoffsiloxane, Alkylwasserstoffpolysiloxane etc. berichtet, die Gipsmischungen hydrophobierende Eigenschaften verleihen sollen.

Der zweite Ansatz zur Erhöhung des Feuchtewiderstandes calciumsulfatgebundener Baustoffe wendet sich hydraulischen, latent-hydraulischen und puzzolanischen Zusatzstoffen zu. Neben reaktivem Microsilica [15] werden auch Traß [15], Flugasche [16, 17] und Hüttensand [17-21] als Zusatzstoffe genannt. Den Publikationen kann entnommen werden, daß durch die Zusatzstoffe CSH-Phasen und z. T. primärer Ettringit gebildet werden, die gefügeverstärkend wirken sollen. Schlüssige Modelle zum Verständnis der Reaktionsmechanismen der Erhöhung der Feuchteresistenz gibt es aber bisher nur ansatzweise.

Der dritte Ansatz beschreibt Mörtelmischungen aus Kalk und Calciumsulfathalbhydraten mit feinem quarzitischen und/oder calcitischen Zuschlägen [22], die durch Bewitterung im Außenbereich selbstverdichtend wirken und dadurch wasserresistent sind.

Im folgenden werden die grundsätzlichen Möglichkeiten zur Erhöhung der Feuchteresistenz calciumsulfatgebundener Baustoffe, mit Schwerpunkt Mauermörtel für die Denkmalpflege, vorgestellt und bewertet. Alle beschriebenen Mischungen sind durch umfangreiche Versuche im Labor geprüft worden.

4.2 Erhöhung der Wasserresistenz von calciumsulfatgebundenen Baustoffen durch Gefügemodifizierung mit Hilfe von Zusatzmitteln und/oder Zusatzstoffen

Zusatzmittel können die Größe und Tracht der sich durch die Hydratation bildenden Gipskristalle derart beeinflussen, daß sich das Mikrogefüge verändert, und so eine Abnahme der Kapillarporosität und damit verbunden eine Erhöhung der Wasserresistenz resultiert. Bereits sehr kleine Mengen von z. B. Citronensäure bewirken unmittelbar nach dem Anrühren des calciumsulfatgebundenen Baustoffs eine selektive Adsorption des Calciumcitrats an Kristallkeimen und wachsenden Dihydratkristallen mit hemmender Wirkung auf die Kristallwachstumgeschwindigkeit und mit Einfluß auf die Tracht der entstehenden Dihydratkristalle. Durch partielle Blockade aktiver Keimzellen wird die Anzahl der entstehenden Dihydratkristalle herabgesetzt, was sich in einer Änderung der Tracht und Größe der Kristalle äußert. Die Wasserresistenz der mit Citronensäure verzögerten Gipse ist trotz gleicher Wasserlöslichkeit wegen der Verringerung anlösbarer Oberflächen größer. Würde man die Wirkungsmechanismen und deren Einflüsse auf das Gefüge der im wesentlichen eingesetzten Zusatzmittel im Detail kennen, so ließe sich die Mikrostruktur von calciumsulfatgebundenen Baustoffen für die jeweils gewünschte Anwendung gleichsam maßschneidern. Dies wäre wirkliches Produktdesign.

Eine weitere Möglichkeit zur Gefügeverdichtung und Senkung der Kapillarporosität und Erhöhung der Wasserresistenz bietet die Zugabe von feinst aufgemahlener reaktionsinerter Zusatzstoffe, z. B. von feinst aufgemahlenem Kalkstein. Alternativ kann auch Microsilica eingesetzt werden. Microsilica hat zusätzlich den Vorteil, daß es puzzolanisch reagiert, wenn dem calciumsulfathaltigen Bindemittel definierte Mengen an $Ca(OH)_2$ zugesetzt werden. Rasterelektronenmikroskopische Aufnahmen von mit Microsilica versetzten calciumsulfatgebundenen Baustoffen zeigen, daß eine feine und Porosität verringernde Verteilung des Microsilica in den Zwickeln zwischen den Gipskristallen gegeben ist [23].

Durch die kombinierte Zugabe von Zusatzmitteln mit bekannter Wirkungsweise und porenfüllenden Zusatzstoffen läßt sich ein dichter und porenarmer calciumsulfatgebundener Baustoff mit hohem Feuchtewiderstand herstellen. Dieser Baustoff hat neben hoher Feuchteresistenz auch hohe Festigkeit, benötigt allerdings eine relativ lange Abbindezeit, der bei der Anwendung Rechnung getragen werden muß.

4.3 Definierte Phasenneubildungen durch Zugabe von hydraulischen, latent-hydraulischen und/oder puzzolanischen Zusatzstoffen

Durch die definierte Zugabe hydraulischer, latent-hydraulischer und/oder puzzolanischer Zusatzstoffe lassen sich Phasenneubildungen anregen, die wasserunlöslich sind und gefügeverstärkend wirken. In Veröffentlichungen und Patenten wird über wasserresistente Gipsbinder aus Halbhydrat, fein aufgemahlenem Hüttensand und geringen Mengen Portlandzement berichtet. Während der Hydratation bilden sich aus diesen Mischungen neben Dihydrat auch CSH-Phasen und primäre Ettrin-

gite, wodurch die Porosität herabgesetzt wird und die Festigkeit steigt. In Bild 3 lassen sich solche wasserunlöslichen und gefügeverstärkenden neugebildeten Phasen erkennen.
Versuche mit hydraulischen (Spezialzementen) und puzzolanischen Zusatzstoffen führen bei richtiger Dosierung ebenfalls zur Bildung von CSH-Phasen und primär gebildeten Ettringiten [23]. Allerdings sind die Reaktionsmechanismen und langfristige Reaktionen noch nicht hinreichend geklärt. Die Zugabe solcher Zusatzstoffe erscheint erfolgsversprechend, muß aber im Hinblick auf kontrollierte Reaktionsabläufe noch weiter untersucht werden.

Bild 3: REM-Aufnahme eines calciumsulfatgebunden-en Baustoffs mit fein aufgemahlenem Hütensand. Die Pfeile zeigen auf die neugebildeten, wasserunlöslichen und gefügeverstken den Phasenneubildungen. Bildbreite: 45 µm

4.4 Abdichtung von Mörteloberflächen durch Um- und Rekristallisationsprozesse bei Gips-Kalk-Mischungen mit feinkörnigen Zuschlägen

Da eine Nachstellung historischer gipsgebundener Baustoffe kaum möglich ist, da wie bereits bemerkt, weder die Rezepturen hinlänglich bekannt sind, noch die ursprünglichen Lagerstätten zur Verfügung stehen, sind wasserresistente calciumsulfathaltige Mauermörtel für Außenmauerwerk auf Basis handelsüblicher Baustoffe, entsprechend dem unter Punkt 3. genannten Anforderungsprofil, entwickelt worden. Es hat sich gezeigt, daß Mauermörtel aus der Bindemittelmischung α-Halbhydrat / β-Halbhydrat / Wasserkalkhydrat und Kalksteinmehl und/oder feinem Quarzsand als Zuschlag den gestellten Anforderungen entsprechen.
Die Mischungen:

1. α-Halbhydrat / β-Halbhydrat / Wasserkalkhydrat (20/50/30 [M.-%])
   mit 0,1 M.-% Weinsäure und 20 M.-% Kalksteinmehl
2. α-Halbhydrat / β-Halbhydrat / Wasserkalkhydrat (20/50/30 [M.-%])

mit 0,1 M.-% Weinsäure und 20 M.-% feinem Quarzsand (H31)

3. α-Halbhydrat / β-Halbhydrat / Wasserkalkhydrat (20/50/30 [M.-%])

mit 0,1 M.-% Weinsäure und 25 M.-% Kalksteinmehl und 25 M.-% Quarzsand (H31)

erwiesen sich als am geeignetsten. Diese Mischungen sind im Labor hinreichend untersucht und zwecks Überprüfung der Verarbeitungseigenschaften in Probemauern eingebracht worden. Im Anschluß daran wurden die Mörtelmischungen 1. bis 3. als Instandsetzungs-Fugenmörtel an der Südfassade der St. Wilhadikirche in Stade (Norddeutschland) eingesetzt, siehe dazu Bild 4 und 5. Diese Probeflächen stehen seit 1993 unter ständiger Kontrolle und weisen auch nach 5 Jahren noch keine Schäden auf.

Bild 4: Probeflächen auf der Südfassade der St. Wilhadikirche in Stade

Bild 5: Detailaufnahme aus Bild 4 mit frisch appliziertem Mörtel

Die Wasserresistenz ist dadurch gegeben, daß Gips-Kalk-Mörtel durch Um- und Rekristallisationsprozesse bei Durchfeuchtung Poren und Risse selbst zu schließen vermögen. Man kann von einer Selbstheilung bzw. von einer inhärenten Passivierung der Oberfläche sprechen. Wie in Bild 6 skizziert, wird der Gips-Kalk-Mörtel durch Niederschläge zwar angelöst, bedingt durch den Kalk- und Zuschlaganteil jedoch nicht nennenswert abgetragen. Der größte Teil des durch Niederschlagwasser gelösten Gipses wird kapillar ins Mörtelgefüge gesaugt und kristallisiert dort aus, wodurch die Ka-

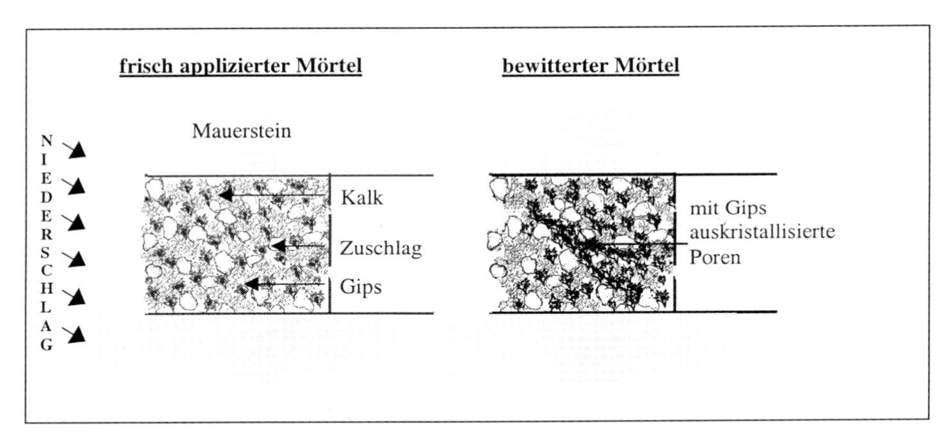

Bild 6: Prinzipskizze der selbständigen Oberflächenpassivierung von Gips-Kalk-Mörtel

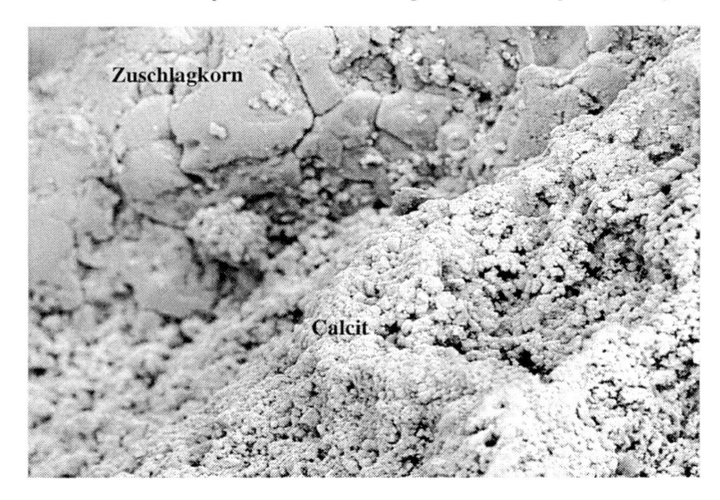

Bild 7: Rasterelektronenmikroskopische Aufnahme der Oberfläche eines mehrjährig bewitterten Gips-Kalk-Mörtels. An der Oberfläche ist nur noch Calcit und Zuschlag erkennbar. Bildbreite: ca. 200 μm

pillarporen mit der Zeit zunehmend verschlossen werden. Dieser Prozeß bewirkt eine Verringerung der Porosität, speziell der Kapillarporosität, und somit eine Abnahme der Wasseraufnahmefähigkeit. Die an der bewitterten Fugenoberfläche angereicherten, schwer anlösbaren Phasen Calcit und Zuschlag (siehe dazu Bild 7) „verwittern" dann nur langsam weiter. Der Mauer- oder Fugendeckmörtel schützt sich so vor Durchfeuchtung, es kommt auch nicht zur feuchtebedingten Reduzierung der Festigkeit des Gips-Kalk-Mörtels.

5 Zusammenfassung

Es wurden Möglichkeiten zur Erhöhung des Feuchtewiderstands calciumsulfatgebundener Baustoffe aufgezeigt. Neben einer selbständigen Oberflächenpassivierung durch Um- und Rekristallisation im Gefüge kann die Wasserresistenz calciumsulfathaltiger Baustoffe durch Zugabe von Zusatzmitteln und -stoffen erhöht werden. Zusatzmittel beeinflussen die Größe und Tracht der sich während der Hydratation bildenden Gipskristalle derart, daß sich die kristallspezifische anlösbare Oberfläche der Gipskristalle ebenso wie die Kapillarporosität verringert und damit verbunden die Wasserresistenz erhöht. Reaktionsinerte, mehlfeine Zusatzstoffe bewirken einen kapillarporositätsenkenden Porenraumverschluß, wodurch die Wasseraufnahmefähigkeit verringert und die Wasserresistenz gesteigert wird. Durch gezielte Beimengung hydraulischer, latent-hydraulischer und/oder puzzolanischer Zusatzstoffe kommt es im primär gipsgebundenen Gefüge zusätzlich zu Bildungen wasserunlöslicher Phasen, die den Porenraum verschließen und das Gefüge verstärken.

Die durchgeführten Untersuchungen und aufgeführten Beispiele haben gezeigt, daß sich durch kombinierte Zugaben von Zusatzmitteln und -stoffen Baustoffe auf der Basis von Calciumsulfat mit hohem Feuchtewiderstand herstellen lassen, deren Einsatz als Mauermörtel zur Sanierung historischer Mauerwerksbauten geeignet erscheinen, da sie kompatibel mit der Originalsubstanz sind.

Es wäre für die Erhaltung historischer Bauwerke wünschenswert, wenn die Denkmalpflegeämter gemeinsam mit den Mörtelherstellern die Möglichkeiten der Herstellung wasserresistenter Gipsmörtel weiter verfolgen würden.

6 Literatur

[1] M. Steinbrecher, *Gipsestrich und –mörtel: Alte Techniken wiederbeleben*, Bausubstanz, 10, 1992, pp. 59-61

[2] H.G. Lucas, *Gips als historischer Außenbaustoff in der Windsheimer Bucht –Verbreitung, Gewinnung und Beständigkeit im Vergleich zu anderen Natursteinwerken*, Diss.; RWTH Aachen, 1992

[3] J.J. Russel, *Einfluß des Festigkeitsgehaltes auf die Druckfestigkeit kleiner Gipswürfel,* Zement-Kalk-Gips, 8/1960, pp. 345-351

[4] B. Middendorf, *Charakterisierung historischer Mörtel aus Ziegelmauerwerk und Entwicklung von wasserresistenten Fugenmörteln auf Gipsbasis*, Diss.; Universität-GH-Siegen, 1994

[5] G. Rüth, *Schäden, Schutz und Sicherungsmaßnahmen bei bauten mit Gipsmörtel*, Der Bautenschutz, Nr. 1 und 3, 1932

[6] A. Werner, *Sanierung von Kirchenbauten an der Elbe*, Bausubstanz, 5/1986, pp. 36-40

[7] G. Lucas, *Gipsstein und Gipsmörtel als Baustoffe im alten Windsheim*, Der Stukkateur, 8/1986, pp. 27-32

[8] F. Wirsching, *Gips – Naturrohstoff und Reststoff technischer Prozesse*, Chemie in unserer Zeit, 19. Jahrg., 4/1985, pp. 137-143

[9] P. Cioni, *Small thickness Brick Vaults in Tuscany: Theirs Characteristics and Consolidation*, Proceedings of the 9th International Brick/Block Masonry Conference, Berlin, Germany, 1991, Vol.3, pp.1523-1530

[10] T. Matyszweski, T. Burdzinska, A. Saladajczyk, *Modifizierung der Eigenschaftendes Chemiegipses mit Hilfe verschiedener Zusatzmittel*, TIZ-Fachberichte Rohstoff-Engineering, 1980, 2, pp. 89 – 91

[11] D. Sellers, F.A. Altmann, T.W. Richards, *Verfahren zur Herstellung eines wasserbeständigen Gipsgemisches*, Offenlegungsschrift DE 41 24892 A1, 1991

[12] H.-H. Steinbach, M. Rieder, *Verfahren zur Herstellung wasserabweisenderporöser Formkörper aus Gips*, Europäische Patentschrift 0 171018 B1, 1985

[13] E. Stanzinger, K.-H. Neuner, E. Wintzheimer, J. Martin, *Verfahren zur Herstellung von wasserabweisenden porösen Gipsformkörpern*, Offenlegungsschrift DE 41 28424 A1, 1991

[14] D. Gerhardinger, H. Mayer, J. Mittermeier, *Verfahren zur wasserabweisenden Imprägnierung von Gips*, Offenlegungsschrift DE 44 19257 A1, 1994

[15] M. Balzer, *Untersuchungen zur Steigerung der Wasserfestigkeit von Gipsbindern*, Dissertation zur Erlangung des Grades eines Doktor-Ingenieurs, Clausthal, 1991

[16] M. Singh, M. Garg, *Investigation of a durable gypsum binder for building materials*, Construction & Building Materials, 1992, 6, pp. 52-56

[17] R. Koschany, G. Fietsch, H. Vogt, *Verfahren zur Herstellung von Erzeugnissen aus $CaSO_4$-Bindemitteln, alkalisch reagierenden Bindemitteln und Industrieanfallstoffen*, Patentschrift DE 79 948, 1969

[18] M. Singh, M. Garg, *Activation of gypsum anhydrite-slag mixtures*, Cement and Concrete Research, 1995, 25, pp. 332-338

[19] M. Singh, M. Garg, *Relationship between mechanical properties and porosity of water-resistant gypsum binder*, Cement and Concrete Research, 1996, 26, p. 449-456

[20] H. Wethmar, H. Baier, *Wasserfester Gips – Gipszement*, Offenlegungsschrift DE 38 31671 A1, 1988

[21] Th. Koslowski, U. Ludwig, A. Fröhlich, *Verfahren zur Herstellung eines nach dem Anmachen mit Wasser schnellerstarrenden hydraulischen Bindemittels mit definierter Wasserfestigkeit der daraus hergestellten erhärteten Masse*, Patenschrift DE 38 43625 C2, 1988

[22] B. Middendorf, A. Zöller, D. Knöfel, *Gips-Kalk-Fugenmörtel für die Anwendung im Außenbereich historischer Ziegelgebäude*, Tagungsbericht - Band 2 der 12.Internationalen Baustofftagung (ibausil), 1994, pp. 31-40

[23] B. Middendorf, H. Budelmann, S.-O. Schmidt, *Beurteilung und Optimierung des Feuchtewiderstandes von $CaSO_4$-gebundenen Fließestrichen*, Berichtsband zum Vierten Internationalen Kolloquium Werkstoffwissenschaften und Bauinstandsetzen, Band III, ISBN 3-931681-11-4, 1996, pp. 1771-1786

Moderne Methoden der Putzuntersuchung

Dipl.Ing. A.Protz

FEAD GmbH, Berlin

Zusammenfassung

In der vorliegenden Arbeit werden eine Reihe von modernen Verfahren zur Mörtelanalyse vorgestellt und deren Vorteile, Möglichkeiten und Grenzen näher erläutert. Die Untersuchung des Marmorinoputzes vom Neuen Museum Berlin zeigt beispielhaft, daß mit der Kombination von traditionellen und modernen Verfahren sinnvolle und konkret nutzbare Ergebnisse zu erzielen sind.

1 Einleitung

Die Methoden für die Untersuchung von Putzen sind so vielfältig, wie deren Aufgaben und Eigenschaften. Sie sollen das Mauerwerk vor den Einflüssen der Witterung schützen, aber auch optische Belange spielen ein Rolle. Bei alten Gebäuden sind besondere denkmalpflegerische Gesichtspunkte zu beachten. Im allgemeinen soll der historische Putz möglichst im Original gehalten und nur stark geschädigte Bereiche erneuert werden. Das ist oft auch der Punkt, wo die Probleme beginnen. Zu klären sind dann u.a. folgende Fragen:

1. Wie ist die Haftung zum Untergrund? Gibt es Hohlstellen?
2. Welche mechanischen Eigenschaften besitzt der Putz?
3. Wie ist die chemische Zusammensetzung? Dies betrifft das Mischungsverhältnis, das Bindemittel, die Zuschlagstoffe und deren Verarbeitung.

Durch die Beantwortung dieser Fragen wird die Diskussion zwischen Restauratoren, Denkmalpflegern, ausführenden Firmen und dem Nutzer der Gebäude auf eine sachliche, naturwissenschaftlich fundierte Basis gestellt.

Soll der Putz nachgestellt werden, müssen sowohl die mechanischen, wie auch die chemischen und physikalischen Eigenschaften des Originalputzes bekannt sein. Erst dann kann die Frage entschieden werden, ob das Nachstellen technisch möglich und sinnvoll ist.

Zeigen sich bei einem historischen Putz Schäden, kann nur durch eine fundierte Untersuchung geklärt werden, ob die Ursachen dafür schon in einer mangelhaften Herstellung (falsches Mischungsverhältnis, ungeeignete Bindemittel usw.) liegen oder durch Umwelteinflüsse hervorgerufen wurden. Manchmal stellt sich dann heraus, das der genutzte Mörtel zu Herstellungszeit seinen Zweck erfüllte, heute aber nicht mehr funktioniert, da sich die Randbedingungen (andere Nutzung, Umwelteinflüsse) geändert haben.

Eine weitere Problematik ist die Ermittlung des ursprünglichen Erscheinungsbildes. Die Originaloberfläche ist oft völlig zerstört oder verbirgt sich hinter einer schwarzen Gipskruste. Es ist nicht sofort erkennbar, ob der Putz pigmentiert war oder eine Fassung trug.

Ein anderer Komplex sind Schäden an modernen, neu aufgebrachten Putzen. Dieses Thema muß leider in zunehmendem Maße bearbeitet werden. Aufgrund der großen Anzahl unterschiedlichster Putze und deren teilweise komplexe Zusammensetzung ist die Analytik hier sehr viel schwieriger, da die Angaben der Hersteller oft nicht sehr aussagekräftig und vollständig sind.

Die in den DIN- Vorschriften vorgegebenen Prüfmethoden reichen bei weitem nicht aus, Putze genau zu charakterisieren bzw. die Ursache aufgetretener Mängel zu ermitteln. Hier ist i.allg. modernste Analytik notwendig. Sowohl bei den historischen wie auch den modernen Putzen muß der Untersuchungsaufwand in einem realistischen Verhältnis zur jeweiligen Zielstellung stehen. Es sollte immer überlegt werden, was die eingesetzten Verfahren an Aussagen bringen können und inwieweit diese Ergebnisse wesentlich für die zu erfolgende Maßnahme sind.

2 Methoden

2.1 Einfache Verfahren

Die in diesem Abschnitt vorgestellten Verfahren werden häufig eingesetzt, da sie kostengünstige und hinreichende Ergebnisse liefern.

Eine einfache aber sehr wichtige Methode ist die optische Musterung vor Ort und unter dem Mikroskop. Nur so lassen sich leicht Kalkspratzen, zugegebene Pigmente, Holzstücken und andere Besonderheiten erkennen.

Putze im Außenbereich sind, wenn sie nicht konstruktiv geschützt werden, immer der Witterung ausgesetzt. Dies hat oft eine hohe Belastung mit Feuchtigkeit und bauschädlichen Salzen zur Folge. Es ist deshalb immer sinnvoll beide Kennwerte zu erfassen. Der Feuchtegehalt kann relativ einfach ermittelt werden (Darr oder CM- Methode) [3]. Schwieriger ist die Bestimmung des Salzgehaltes. Prinzipiell ist die Messung der Leitfähigkeit ein geeignetes Verfahren, jedoch nur bei dem Einsatz eines Gerätes mit 4 Elektroden und auch nur bedingt am Objekt. Da die Leitfähigkeit abhängig von der Feuchte und dem Salzgehalt ist, muß einer der beiden Werte bekannt sein. Dies ist üblicherweise nicht der Fall. Man weiß also nicht, ob eine gemessene Leitfähigkeit durch einen hohen Feuchte- und oder Salzgehalt verursacht wurde [4].

Ein weiteres Problem sind die praktisch immer vorhandenen Gipskrusten. Salzanalysen, die sich z.B. nur darauf beschränken, den, wie auch immer ermittelten Sulfatgehalt anzugeben, haben deshalb auch nur einen geringen Wert, da es einen entscheidenden Unterschied macht, ob das Sulfat an Calcium (Gips) oder an Alkalien gebunden ist.

Ein einfaches quantitatives Verfahren stellt hingegen die Entnahme von Putzmörtel dar, der im Labor mit wenig Wasser aufgeschlossen wird, so daß sich auch nur wenig Gips (Löslichkeit: 0,2 Masse%) aber die eventuell vorhandenen Salze vollständig lösen können. Die Messung der Leitfähigkeit, die unter diesen definierten Bedingungen erfolgt (konstantes Mischungsverhältnis, Temperatur), erlaubt die Angabe des Salzgehaltes mit einem relativen Fehler von 10 %. Erst wenn sich hier signifikante und schädliche Konzentrationen ergeben, ist eine genaue Analyse (z.B. mit dem Ionenchromatograph Abs. 2.3.) notwendig.

2.2 Naßchemische Verfahren

Die klassischen naßchemische Untersuchungsverfahren werden seit längerer Zeit angewandt und liefern für viele Fragestellungen ausreichende Ergebnisse.

Bekannt dürfte das Verfahren zur Mörtelanalyse nach WISSER/ KNÖFEL [1] sein. Vorteilhaft sind der geringe gerätetechnische Aufwand und die einfachen Abläufe. Ein Problem stellt die geringe Spezifik der chemischen Aufschlüsse dar. Nach WISSER/KNÖFEL stellt der in Salzsäure lösliche Anteil das Bindemittels dar. Bei eigenen Untersuchungen zeigte sich jedoch, daß mit Hilfe anderer Verfahren sehr oft ein geringerer Bindemittelanteil gefunden wurde. Dies ist damit zu erklären, das in Mörteln etliche Stoffe säurelöslich sind, die aber als Zuschlagstoffe zugegeben wurden. Fehler treten z.B. bei der Nutzung von tonigen oder kalksteinhaltigen Zuschlagstoffen auf.
Ein weiterer wesentlicher Nachteil ist das Fehlen der Information über die Art des Bindemittels. Es macht sicherlich einen Unterschied, ob Kalk, Gips oder Dolomit genutzt wurde. Diese Informationen sind zwar auch naßchemisch zu erhalten, werden aber heute durch die Möglichkeiten moderner Analytik auf anderem Wege gewonnen. Naßchemische Analysen sind, bedingt durch den höheren zeitlichen Aufwand, auch nicht kostengünstiger als moderne physikalische Verfahren. Der Salzsäureaufschluß ist aber immer noch die einfachste Methode, um eine Sieblinie der Zuschlagstoffe zu erstellen (vorausgesetzt die Zuschlagstoffe sind nicht in Säure löslich).
Zwar läßt sich die Sieblinie auch mittels mikroskopischer Verfahren und einer rechnergestützten Bildauswertung erstellen. Der Aufwand ist aber sehr viel höher und das Ergebnis nicht genauer, da die erfaßten Fläche relativ klein ist und man deshalb viele Abbildungen erstellen muß.

2.3 Ionenchromatographie (IC)

Die Ionenchromatographie ist eines der am häufigsten eingesetzte Verfahren zur Salzbestimmung. Eine geringe Probenmenge wird in Wasser eluiert und in relativ kurzer Zeit können in einem Lauf alle Kat- oder Anionen bestimmt werden. Das Verfahren besitzt eine hohe Genauigkeit, so daß auch noch Salzgehalte unter 0,01 Masse% analysiert werden können. Wie schon in Anschnitt 2.1. beschrieben ist die Nutzung der IC aufgrund der teuren Technik nur dann notwendig, wenn mit einfachen Verfahren signifikante Salzmengen gefunden wurden, und die Art der Salze bestimmt werden sollen.

2.4 Physikalische Verfahren

Praktisch alle physikalische Verfahren haben die Eigenschaft bedingt durch die aufwendige und teure Technik sehr kostenintensiv zu sein. Es ist also besser, schon vorher zu wissen, was das jeweilige Verfahren leisten kann und wo dessen Grenzen liegen.
Im Bereich der Forschung geht es meist darum, möglichst viele Informationen zu gewinnen. Dies ist in der Praxis etwas anders. Die finanziellen Mittel sind begrenzt und fast immer gibt es

Zeitdruck (das Gerüst kostet Standmiete, die Mauer warten auf die Anweisungen zum Mischungsverhältnis und ähnliche Probleme).
Es kann nicht darum gehen, alle im jeweiligen Labor vorhandenen Geräte zu nutzen und Berge von Informationen zu produzieren. Man sollte sich im Vorfeld genau überlegen, wo das Problem liegt und welche Kennwerte mit welcher Genauigkeit zu ermitteln sind.

2.4.1 Untersuchungen am Objekt

Die zerstörungsfreien Methoden werden meist zur Ermittlung der Struktur von Mauerwerk und Putz eingesetzt. Man kann Aussagen zur Putzstärke, Bindung zum Untergrund und über vorhandene Hohlstellen machen.
Neben der Ultraschall- und Radarmessung ist die Infrarot- Thermographie eine relativ häufig genutzte Methode. Hierbei wird die von einem Objekt ausgesandte IR- Strahlung mit einer speziellen Videokamera aufgezeichnet. Neben der Untersuchung auf Wärmebrücken und ähnlichem ist es auch möglich, Ablösungen des Putzes vom Mauerwerk und die Struktur des Untergrundes (Ziegellagen, Fugen) zu ermitteln.
Die IR- Thermographie kann nur bei tiefen Temperaturen durchgeführt werden. Problematisch sind die relativ hohen Kosten, bedingt durch die teure Technik und eine zeitaufwendige Auswertung. Im allgemeinen ist deshalb günstiger den Putz gründlich abzuklopfen, um Hohlstellen zu ermitteln.

2.4.2 Elektronenmikroskopie und Energiedispersive Röntgenanalyse (REM, EDR)

Mittlerweile existieren eine sehr große Anzahl von Methoden und davon abgeleitete Analysegeräte. Die meisten der Verfahren beruhen darauf, Energie in Form von Strahlung oder Teilchen auf oder durch eine Probe zu senden und dabei ausgelöste Effekte oder Energieänderungen aufzuzeichnen. Eines der wichtigsten und am häufigsten angewandten Geräte ist sicher das Elektronenmikroskop. Es hat den Vorteil Bilder aus dem mikroskopischen Bereich mit einer sehr großen Tiefenschärfe zu liefern. Der für die Mörteluntersuchung wichtigere Teil, ist die mit dem Elektronenmikroskop gekoppelte Materialanalyse. Hierbei werden die Atome an der Probenoberfläche durch den Elektronenstrahl angeregt. Dabei entstehen Röntgenstrahlen, die charakteristisch für die angeregten Elemente sind. Durch die Analyse dieser Röntgenquanten ist die Bestimmung der in der Probe vorhandenen Elemente möglich. Die Energiedispersive Röntgenanalyse (EDR) hat sich bedingt durch die Möglichkeiten der Auswertung mittels Rechner zu einer zuverlässigen Routinemethode entwickelt. Prinzipiell können alle Elemente ab Bor bestimmt werden. Es ist möglich, sehr schnell, d.h. ohne größere Präparation, ein quantitatives Ergebnis zu erhalten.

Die Energiedispersive Röntgenanalyse ist gut für die Analyse von Ausblühungen, Verfärbungen und anderen Veränderungen auf Putzoberflächen geeignet. Grundsätzlich können mittels EDR keine chemischen Verbindungen bestimmt werden. Es ist z.B. nicht möglich festzustellen, ob in einer Probe in der Calcium, Kohlenstoff und Sauerstoff gefunden wurde, neben Calciumcarbonat noch Calciumhydroxid vorhanden ist.
Da nur ein kleiner Teil der Probe erfaßt wird (< 5 mm²), ist die Aussage eher zufällig und sollte an anderen Proben überprüft werden. Außerdem liegt die Nachweisgrenze bei ca. 0,5 Masse%. Das ist zwar für die meisten Fälle ausreichend, die Ermittlung von Salzgehalten im Putzvolumen oder ähnliche Fragestellungen können mit EDR aber nicht gelöst werden.

2.4.3 Thermogravimetrische Analyse (TGA)

Bei der thermogravimetrischen Analyse werden verhältnismäßig kleine Probemengen (5-50mg) in einer hochempfindlichen Waage untersucht. Die Probe wird linear oder entsprechend eines anderen Programms langsam aufgeheizt und die Gewichtsabnahme gemessen. Die TGA erlaubt sehr genaue quantitative Analysen von Mörteln mit einer Messung.
Einen typischen Verlauf zeigt die Bild 1. Durch die hochpräzise Aufzeichnung der Gewichtsabnahme können die Bestandteile der Probe in einer ca. 30- 90 min dauernden Messung genau ermittelt werden.
Im vorliegenden Beispiel wurden folgende Reaktionen ausgewertet:

1. $CaSO_4 * 2H_2O \rightarrow CaSO_4 + H_2O \uparrow$

Das bei 120- 160 °C abgegebene Kristallwasser von Gips wird gemessen und daraus der Gipsanteil bestimmt.

2. $Ca(OH)_2 \rightarrow CaO + H_2O \uparrow$

Zersetzung von Calciumhydroxid

3. $CaCO_3 \rightarrow CaO + CO_2 \uparrow$

Zersetzung von Calciumcarbonat

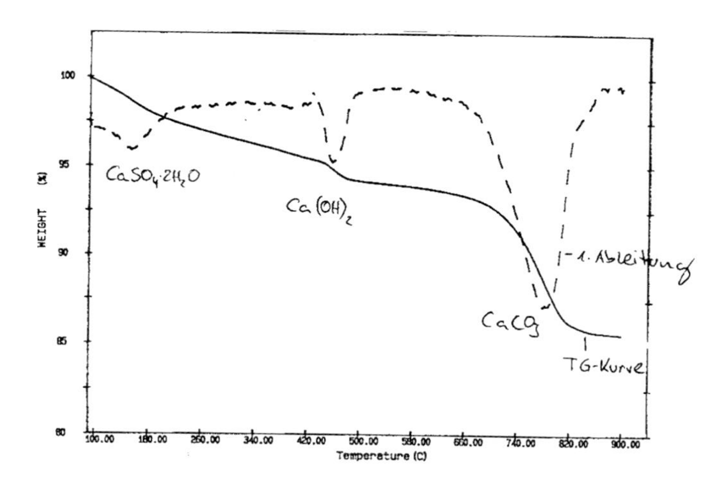

Bild 1: TGA- Untersuchung eines Putzes, dargestellt ist der Massenverlust der Probe und die 1. Ableitung der Kurve

Neben den genannten Reaktionen ist die Bestimmung von Dolomit oder der hydraulischen Anteile möglich.

Um TG- Analysen durchführen zu können, ist es notwendig zu wissen, welche Prozesse bei welchen Temperaturen auftreten. So findet im Temperaturbereich von 400- 500 °C sowohl die Zersetzung von Calciumhydroxid, Magnesiumhydroxid und die Abgabe von Wasser aus tonigen Bestandteile statt. Es obliegt in diesen Fällen dem Naturwissenschaftler eine Bewertung durchzuführen und gegebenenfalls weitere Verfahren einzusetzen. Die Anwesenheit von Calciumhydroxid läßt sich z.B. einfacher mit pH- Papier als mit hochtechnisierter Analytik überprüfen.

3 Die Untersuchung von Marmorinoputz im Neuen Museum Berlin

3.1 Objekt und Fragestellung

Das Neue Museum, Berlin wurde Mitte des 19. Jahrhunderts von A. Stüler erbaut und im II. Weltkrieg in größeren Bereichen stark zerstört. In der Bauphase wurden eine Reihe von neuen Methoden und Baustoffen erprobt und in Deutschland zum ersten Mal eingesetzt. Dies betrifft auch die Innen- und Außenwände.

Bild 2: Ansicht vom Niobidensaal im Neuen Museum Berlin

Die Innenwände des Neuen Museums waren größtenteils farblich gefaßt. Für den dafür notwendigen Untergrund wurde in einigen Räumen ein sogenannter Marmorinoputz eingesetzt. Es handelt sich hierbei um eine helle sehr feste, ca. 1- 3mm starke Feinputzschicht.

Um den Marmorinoputz nachzustellen, war es notwendig das Mischungsverhältnis und die Verteilung und Art der Zuschlagstoffe zu bestimmen. Der Putz war in einigen Räumen von minderer Qualität, es gab viele Risse und Ablösungen vom Untergrund, wohingegen er in anderen Bereichen ein tadelloses Erscheinungsbild bot. Zur partiellen Ausbesserung der Schäden sollte deshalb die optimale Zusammensetzung des Putzes ermittelt werden.

3.2 Untersuchungen und Ergebnisse

Erste Analysen zeigten, daß die Putzschicht vollständig in Salzsäure löslich ist, so daß der Aufschluß nach Wisser/Knöfel nicht ausgeführt werden konnte.

Ein Teil der Proben wurde deshalb in ein Kunstharz eingebettet, geschliffen, poliert und im Auflichtmikroskop fotografiert. Dabei konnten deutlich Bindemittel (Kalk) und Zuschlagstoffe (Marmor) unterschieden werden.

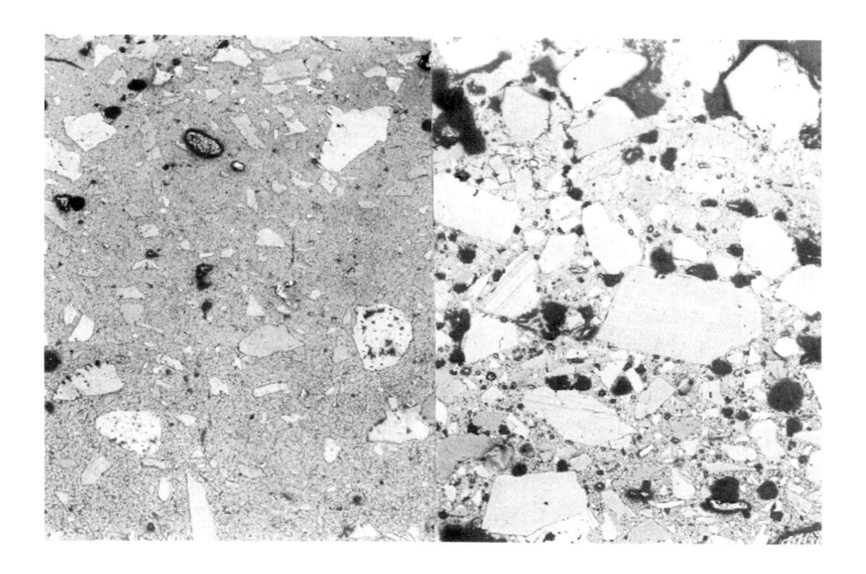

Bild 3: Mikroskopische Abbildungen von Marmorinoputzen aus dem Bacchus- und dem Niobidensaal.

Von jeder Probe wurde mehrere Fotos eingescannt und mittels Bildverarbeitung im Computer der auf die Fläche bezogene Anteil der Zuschlagstoffe bestimmt. Die Auswertung erfolgte über das Ausmessen der Fläche des Marmors und einer nachfolgenden Berechnung der einzelnen Fraktionen. Durch das Aufsummieren der Flächen der einzelnen Partikel wurde die gesamte zugegebene Menge an Zuschlagstoffen ermittelt. Parallel dazu wurde das Porenvolumen und die Dichte des Marmorinoputzes ermittelt. Mit Hilfe dieser Werte konnte die zu einem chemischen Aufschluß des Bindemittels notwendige HCl- Menge errechnet werden.

Experimentell wurde die notwendige HCl- Verdünnung ermittelt, bei der zwar eine Auflösung des Bindemittels jedoch noch kein Angriff auf das Marmormehl erfolgt. Anschließend wurden die Proben 10 mal mit verdünnter Salzsäure behandelt und wieder getrocknet.

Durch diese relativ aufwendige Prozedur konnte erreicht werden, daß nur das Bindemittel und in sehr geringem Maße das Marmormehl aufgelöst wurde. Die, von den so behandelten Proben, angefertigten Sieblinien ergaben ähnliche Verteilungen der einzelnen Fraktionen des Marmormehls wie die Bildauswertung .

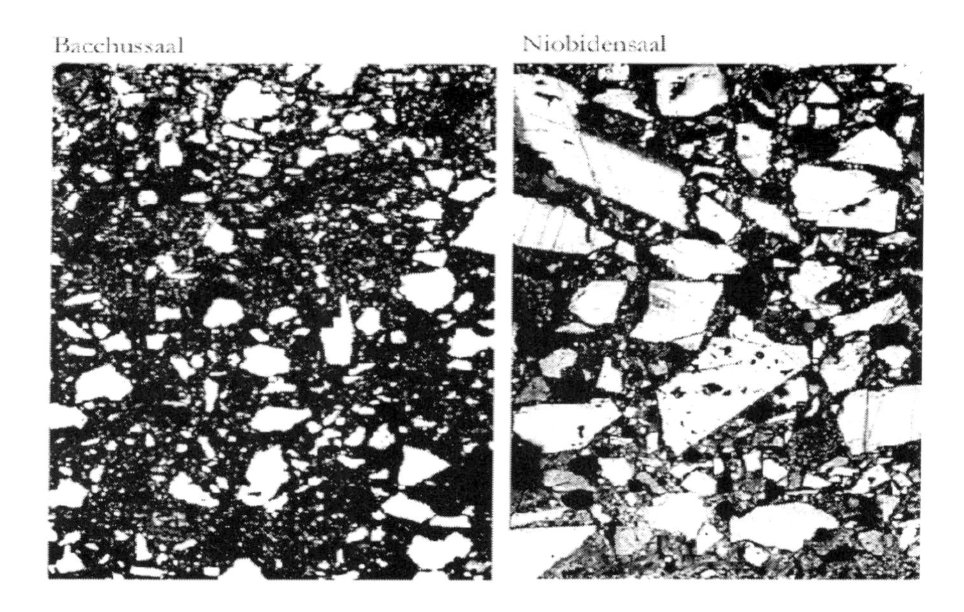

Bild 4: Eingescannte und elektronisch bearbeitete Bilder von Marmorinoputzen.

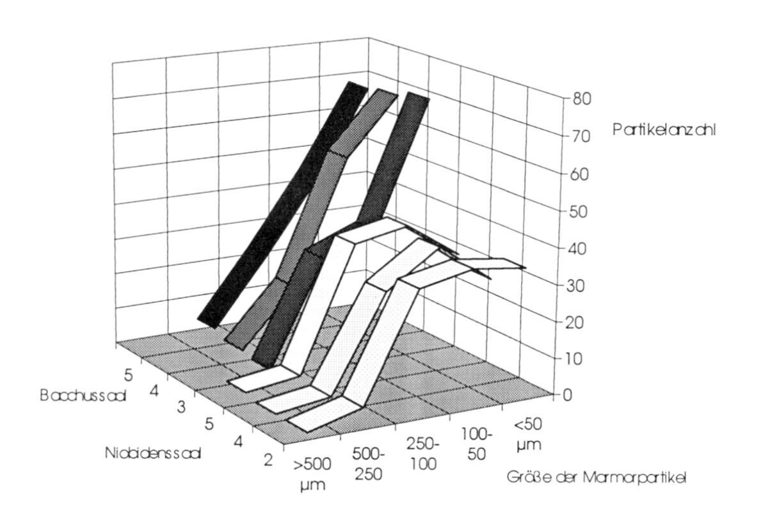

Bild 5: Verteilung der Marmorpartikel aus zwei Räumen des Neuen Museums Berlin

Wie schon aus den Bilder 3 und 5 hervorgeht, ergeben sich unterschiedliche Verteilungen der Zuschlagstoffe. Der Marmorinoputz aus dem Bacchussaal hat einen hohen Anteil von Marmorpartikeln < 100 µm, wohingegen der Putz im Niobidensaal auch noch Partikel > 500µm besitzt.

Die Putzschäden im Bacchussaal sind demnach auf den hohen Bindemittelanteil und zu feine Siebfraktionen zurückzuführen. Im Niobidensaal gibt es kaum Schäden, hier sind die Marmorpartikel sehr viel größer und zahlreicher.

Mit dem ermittelten Mischungsverhältnis und speziell ausgesiebten Marmorfraktionen wurden von einem Restaurator Musterflächen angelegt. Es gab zwar noch gewisse Probleme bei der Verarbeitung (der Putz mußte sehr stark verdichtet und feucht gehalten werden), prinzipiell waren die Ergebnisse aber positiv und Risse traten auch nach einem Jahr nur in einem sehr geringem Umfang auf.

Sicherlich ist der Aufwand, der im vorliegenden Beispiel getrieben wurden vergleichsweise hoch. Im Neuen Museum sind aber große Teile der Innenwände als Marmorinoputz ausgeführt und müssen in Zukunft in etlichen Bereichen ergänzt und ausgebessert werden. Außerdem ist das Nachstellen eines Putzes mit völlig unbekanntem Mischungsverhältnis und nicht mehr angewandten Technologie sehr aufwendig und die Ergebnisse sind eher zufällig.

4 Literatur

[1] S.Wisser, D.Knöfel, *Untersuchungen an historischen Putz- und Mauermörteln,Bautenschutzund Bausanierung,* 10. Jahrgang, VG Rudolf Müller, 1987

[2] M.Steeb u.a., *Physikalische Analytik,* Band 213, Kontakt& Studium, expert verlag, Esslingen, 1988

[3] M.Luberichs, *Vergleich verschiedener einfacher Methoden zur Wasserbestimmung von Baustoffen vor Ort*, Feuchtetag 95, BAM Berlin, 1995

[4] C.Arendt, *Praktischer Vergleich von Untersuchungsgeräten und –verfahren zur Feuchtemessung im Mauerwerk*, Teil 1 und 2 , Bautenschutz+Bausanierung 5 S.27- 31, 6 S.10- 14 , 1993

Mörteleinsatz bei der Mauerkronen-Sicherung am Wirtschaftsgebäude des Klosters Bad Doberan

Dr.-Ing. J. Kühl
Freischaffender Architekt, Schwerin

Prof. Dr.rer.nat. Dr.-Ing.habil. H. Venzmer
Dahlberg-Institut für Diagnostik und Instandsetzung historischer Bausubstanz e.V.
im Forschungszentrum der Hansestadt Wismar

Zusammenfassung

Die künftige Nutzung der Ruine des Wirtschaftsgebäudes zum Kloster Bad Doberan ist zur Zeit unbekannt. Um das Gebäude der touristischen Nutzung als Baudenkmal zu erschließen, war seine durch häufigen Umbau, Brandeinwirkung und Verwitterung geschädigte und mit intensivem Pflanzenbewuchs überzogene Substanz so sichern, daß ein eventueller Ausbau ebenso möglich ist wie eine längere Standzeit als Ruine mit allenfalls teilweiser Nutzung als Raum für Veranstaltungen unterschiedlicher Art. Nach Erfassung des Zustandes der Bausubstanz und Variantenuntersuchungen zur konstruktiven Lösung der Bauwerkssicherung wurde zugunsten einer Wiederherstellung der Mauerkronen und deren Abdeckung mit einer Dichtungsschlämme entschieden. Diese Form wird dem Charakter des Bauwerks als Ruine gerecht und ermöglicht ohne Abbrucharbeiten den späteren Wiedereinbau von Geschoßecken und Dachstuhl. Zudem ist die Lösung vom Kostenaufwand als sehr günstig einzuschätzen. Der Mörteleinsatz umfaßte die Aufmauerung (Mauermörtel für historisches Mauerwerk), die oberflächliche Wiederherstellung geschädigter Steine durch Steinrestauriermörtel, die Verfugung (Fugemörtel), Betonierung der Kronenbalken (Spezialbeton), das Einbringen von Injektionsmörteln in größere Risse und Hohlräume sowie das Aufbringen einer elastisch eingestellten Dichtungsschlämme mit Gewebearmierung kombiniert mit dem Einsatz von Fungiziden zur Minderung der organischen Neubesiedlung. Zur konstruktiven Sicherung war die Verankerung des Giebeldreiecks an den Arkadenwänden nötig; das Verfahren dazu wird ebenfalls beschrieben.

1 Baugeschichte

Das Wirtschaftsgebäude zum Kloster Bad Doberan, das es in seiner Substanz zu sichern galt, wurde im 13. Jahrhundert gebaut und bereits während seiner Errichtung ersten Veränderungen unterworfen, was an den unsymmetrisch ausgebildeten Giebeln ablesbar ist [1]. Während des größten Teiles seiner Existenz wurde das Bauwerk als Speicher, Bäckerei, Brauerei und Brennerei genutzt. In den letzten 200 Jahren erfolgten Nutzungsänderungen zum Beispiel als Molkerei, Theater und Industriegebäude; zuletzt war eine Großküche mit Speisesälen in den Räumen des Erdgeschosses untergebracht, während der Bodenraum zum Trocknen von Kräutern genutzt wurde. Im Jahr 1979 wurde der nördliche Teil des Wirtschaftsgebäudes Opfer eines Brandes, der die gesamte Holzkonstruktion vernichtete, das Mauerwerk vor allem der oberen Geschosse schädigte und durch Einsturz des Daches die imposanten Arkadenwände allseitig der freien Bewitterung aussetzte.

2 Bauzustand und dessen Ursachen

Das Mauerwerk des Wirtschaftsgebäudes besteht aus Ziegeln im Klosterformat. Nur in sehr tiefen Lagen nahe der Gründung sind Feldsteine verarbeitet worden. Die sehr massiven Pfeiler der Arkadenwände wurden nicht überall im Verband durchgemauert; vielmehr wurden im Inneren mehr oder weniger Ziegelbruch und Abbruchmaterial anderer Bauwerke in reichlich Mörtel eingebettet. Teilweise sind aber auch größere Hohlräume bis ca. 1 m³ Rauminhalt im Pfeilerinneren unausgefüllt geblieben. Diese Bauweise aus einer äußeren Schale intakten Mauerwerksverbandes und einem inneren Kern von losem Zusammenhalt birgt Gefahren für die Dauerbeständigkeit der Wände und Pfeiler, wenn deren obere Abdeckung verloren geht, indem Niederschlagswasser hinter die äußere Schale gelangt und so Frostsprengungen verursacht. Das wird begünstigt durch die relativ geringe Anzahl von Bindern in den verwendeten Mauerwerksverbänden, die rasch abgesprengt werden und größere Flächen Mauerwerks instabil werden lassen. Beschleunigt wird dieser Vorgang durch eine Pflanzenbesiedelung, weil die Spalten zum Ausbreitungsgebiet der Wurzeln werden; diese Zone kann sich über die ganze Bauwerkshöhe bis zu 10 m und mehr erstrecken. Neben die Sprengwirkung der Wurzeln treten biochemische Vorgänge, die das Mauerwerk noch weiter zermürben, noch aufnahmefähiger für Wasser machen und so weiter zerstören. Ein Zeitraum von ca. 18 Jahren genügte, um beim vorliegenden Bauwerk Durchwurzelungen bis zu einer Tiefe von 2 bis 3 m auszubilden. (Bilder 1 und 2)

Bild 1: Bewuchs und Verfall der Mauerkronen am Beispiel der Ost- und Mittelwand

Bild 2: Brand- und Verwitterungsschäden am Mauerwerk im Scheitel eines Bogens

Weitere schädigende Einflüsse wurden im Laufe der Jahrhunderte vermutlich durch Vorgänge der Dampfdiffusion mit nachfolgender Frostsprengung wirksam, die durch die mit Wärme und Feuchte verbundenen Prozesse des Backens, Brauens und Brennens hervorgerufen wurden. Zahlreiche Durchbrüche führten zu lokalen Schwächungen der Konstruktion. Entscheidende Schäden haben der Brand von 1979 und die nachfolgende freie Bewitterung angerichtet.

Natürlich sind alle diese Einflüsse überlagert von Zufälligkeiten der Steinqualität, die in der damaligen Brenntechnologie für Ziegelsteine begründet sind.

Die konstruktive Besonderheit, daß der Nordgiebel die Widerlagerreaktionen der Arkadenwände aufzunehmen hat, dazu jedoch nur durch zwei relativ schlanke Pfeilervorlagen ausgerüstet wurde, führte zu einer Schiefstellung des Giebels. Anker zur Verbindung von Giebel und ehemaligem Dachtragwerk sind zwar noch am Bau vorzufinden, im Laufe der Jahre bildeten sich aber trotzdem weit klaffende Risse und es scheint, daß die Wand nunmehr dem Kippvorgang mehr unterliegt als dem Kämpferdruck der Arkaden. Daher wurde die Wand im Jahr 1995 durch ein Raumgerüst zunächst provisorisch gegen Einsturz gesichert.

3 Untersuchungen und Ergebnisse

Im Jahr 1994 wurde das gesamte Bauwerk im Zustand seiner Substanz erfaßt [2]. Zur Vorbereitung daraus abgeleiteter Maßnahmen für die bautechnisch-konstruktive Sicherung der Ruine wurden 1996 systematische Untersuchungen des Mauerwerks im nördlichen Teil vorgenommen [3]. Diese wurden 1997 ergänzt durch Untersuchungen im überdachten südlichen Teil des Bauwerks.

Ein Schwerpunkt der Untersuchungen waren die Bestimmungen der hygrischen Parameter des Mauerwerks in Verbindung mit den löslichen Salzen. Denn einerseits kann vom Baualter des Objektes ausgehend, geschlossen werden, daß horizontale Bauwerksabdichtungen nicht vorhanden sein können. Außerdem ist wegen des langzeitig offenen Zustandes von einer sogenannten freien Bewitterung auszugehen. Auf allen Oberflächen des Bauwerks laufen ständig Be- und Entfeuchtungsvorgänge ab, die zu einer möglichen Beeinträchtigung führen können.

Die von einunddenselben Materialproben gewonnenen Durchfeuchtungsgrade (gesamt) D(g) und (hygroskopisch) D(h) stellen sich in den Bildern 3 und 4 bezüglich ihrer jeweiligen Größe vollkommen unterschiedlich dar, jenachdem welche Mauerwerkspartien betrachtet werden.

Im unteren Mauerwerksbereich zeigen sich nahezu überall Durchfeuchtungsgrade (gesamt), die über ca. 60 Prozent liegen. Das Mauerwerk ist hier vielfach bis an die obere Grenze gehend,

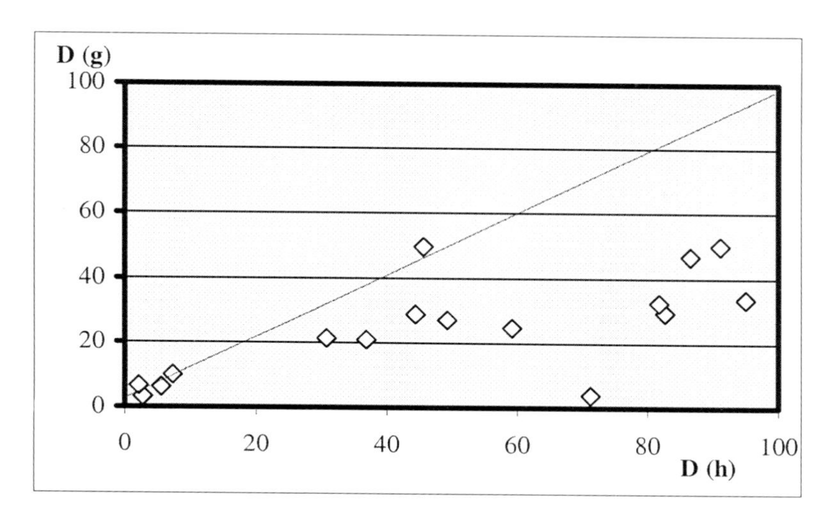

Bild 3: Verhältnis der beiden Durchfeuchtungsgrade D(g) und D(h) in höheren Mauerwerksbereichen (die hygroskopische Feuchte wurde bei 20 °C und 90 %r.F. bestimmt)

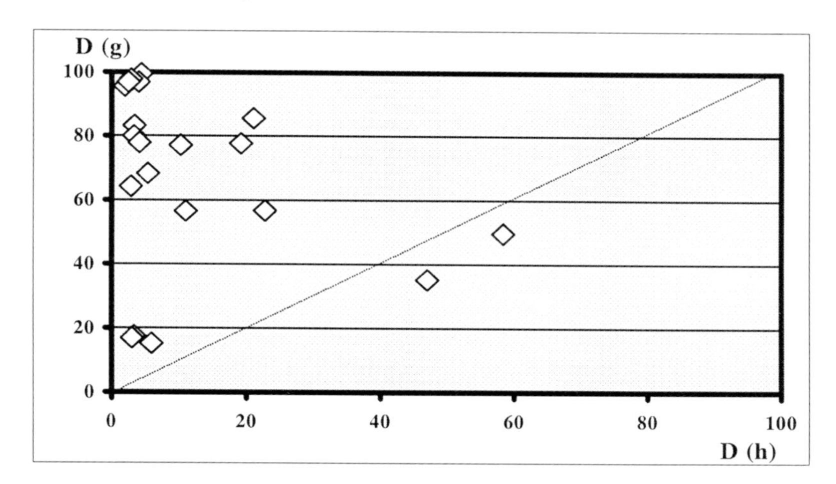

Bild 4: Verhältnis der beiden Durchfeuchtungsrade D(g) und D(h) im unteren Mauerwerksbereich (die hygroskopische Feuchte wurde bei 20 °C und 90 % r.F. bestimmt)

gesättigt. Der untere Mauerwerksbereich ist ganz offensichtlich zusammenhängend mit dem des Fundamentes durchfeuchtet. Daher können hier die Schwankungen zwischen den Be- und Entfeuchtungen nicht sehr intensiv sein. Es ist hier kaum möglich, daß sich lösliche Salze auf der Oberfläche aufkonzentrieren können. Dieses gilt zunächst einmal für Ziegel. Die Mörtel machen bilden eine Ausnahme gegenüber den Ziegeln, denn dessen hygroskopisch bedingten sind in der Regel größer als die gesamten Durchfeuchtungsrade.

Im oberen Mauerwerksbereich treffen andere Verhältnisse zu als im unteren Bereich. Insbesondere die ständig wechselnden Be- und Entfeuchtungen sorgen wegen der freien Bewitterung für eine ständige Zunahme des Gehalts an löslichen Salzen. Diese Bereiche weisen deutlich gesteigerte hygroskopisch bedingte Durchfeuchtungsgrade auf, die teilweise fast die 90- Prozent-Grenze erreichen.

4 Schlußfolgerungen und Lösungswege

Aus den Ergebnissen der Voruntersuchung wurden folgende Schritte abgeleitet:

- Festlegung der zu verwendenden Mörtel gemäß Mauerwerksanalyse
- Entkernung des Innenbereiches und Entfernung des Pflanzenbewuchses
- Abtrag geschädigter Mauerwerksschichten
- Wiederherstellung und Abdichtung der Mauerkronen und Brüstungsoberflächen
- Stein-, Fugen- und Verbandsinstandsetzung
- Bogensanierung und Sicherung des Nordgiebels.

Entkernung und Bewuchsbeseitigung sowie Abtrag der geschädigten Mauerwerksschichten bedürfen keiner besonderen Erwähnung, außer daß die Durchwurzelung in der Tat sehr stark war und Erfahrungen an anderen Objekten übertraf. Der erforderliche Abtrag des durchwurzelten Mauerwerks erfolgte in enger Abstimmung mit der unteren Denkmalschutzbehörde, um Substanz zu retten, und unter Konsultation von Fachleuten für die Bekämpfung von Pflanzenbewuchs an Bauwerken, um die Gefahr der Wiederbesiedlung zu mindern. Durch Fungizidanwendung und durch die künftig bessere Abdichtung wurde die wesentlichste Voraussetzung der Pflanzenbesiedlung, das Vorhandensein von Feuchte, so verändert, daß Neubewuchs decouragiert wird. Auch die Verringerung von Spalten und Zerklüftungen mindert die Gefahr des Festsetzens von Samen, die dann trotz ggf. anfänglicher Keimung vertrocknen.

4.1 Mauerkronensicherung

Es wurden Möglichkeiten der Abdeckung durch eine Holzkonstruktion in Mauerbreite sowie durch eine Abdeckung mittels Beton untersucht. Die Abdeckung mit einer Holzunterkonstruktion hätte den Einsatz sowohl von Bitumendeckungen als auch Metalldeckungen ermöglicht. Die Betonabdeckung hätte der dauerelastischen Andichtung am aufgehenden Mauerwerk bedurft. Beide Varianten verursachen jedoch mit ihrem Abriß im Falle eines Wiedereinbaus von Decken und Dachtragwerken vermehrten Aufwand und Materialverlust, was bei Eindichtung durch eine Dichtungsschlämme, die außerdem bereits in der Erstellung kostengünstiger ist, vermieden werden kann.
Somit wurde das Mauerwerk in seinen drei Etagen saniert und wieder auf die bisherige Sollhöhe gebracht. Das geschah unter Verwendung von Spezialmörtel für sulfatbelastetes Mauerwerk. Auf der Mauergleiche wurde eine Gefälleschicht ausgebildet, auf der eine elastisch eingestellte und mit Gittergewebe armierte Dichtungsschlämme aufgebracht wurde.
In der obersten Etage wurde zugleich ein Stahlbetonbalken für die Giebelsicherung integriert, der aus sulfatresistentem Beton hergestellt und mit dem verwendeten Mauermörtel naß in naß mit Gefälle abgeglichen wurde. Die Abdichtung durch elastische Dichtungsschlämme mit Gewebearmierung erfolgte analog.

4.2 Maueroberflächen

Geschädigte Steine wurden ausgestemmt und durch neue ersetzt. Nur geringfügig geschädigte Steine wurden mit einem bauwerkstypisch eingefärbten Steinrestauriermörtel ausgebessert. Da diese Mörtel sehr teuer sind, wurde an einzelnen Stellen verschiedene Rezepturen und Verfahren ausprobiert. Hauptsächlich scheint sich dabei die Ausbesserung mit Mauermörtel unter Zusatz von Ziegelmehl (Abfall vom Steinzuschnitt bei den Mauerarbeiten) und die anschließende Überarbeitung mit Steinrestauriermörtel zu bewähren. Eine endgültige Bewertung kann jedoch erst nach mehreren Jahren vorgenommen werden.
Lose Verfugungen wurden entfernt und erneuert. Beim erneuerten Mauerwerk war es das Bestreben, die Fugen in einem Arbeitsgang mit den Mauerarbeiten fertigzustellen, um eine größere Haltbarkeit zu erzielen. Das gelang zunächst nicht, was sich vor allem an den Fugenflanken durch unzureichende Anbindung zeigte. Ein auf Grundlage einer Altmörtelanalyse speziell hergestellter Fugemörtel erwies sich jedoch als noch weniger bearbeitungswillig, so daß mit dem bisherigen Mörtel unter genauer Beachtung der Konsistenz und des Bearbeitungszeitpunktes bezüglich Verdichtungswilligkeit und Anbindung an die Fugenflanken doch noch gute Resultate erzielt wurden. (Bild 6)

Bild 5: Bogensanierung unter Einsatz von Lehrgerüsten am Beispiel der Westwand

Bild 6: Abgeschlossene Sanierung am Beispiel der Mittelwand

4.3 Materialwechsel

Bei einem der zahlreichen historischen Eingriffe in die Bausubstanz erfolgte am westlichen Anbau des Gebäudes eine Aufmauerung aus ungebrannten Steinen (Läufer) im Wechsel mit gebrannten Steinen (Binder). Diese Mauerwerksform findet sich auch an anderen Orten in Mecklenburg. Da dieses Mauerwerk nicht der freien Bewitterung widerstehen kann, wurde es in Abstimmung mit der Denkmalschutzbehörde mit einer Vormauerung versehen und so erhalten.

4.4 Rißbeseitigung

Risse mit großen Rißweiten traten vor allem in den Längswänden nahe dem Nordgiebel auf. Diese zum Teil recht großvolumigen Mauerwerksschädigungen wurden, soweit zugänglich, im Verband ausgemauert. Nach Verschließen der Außenflanken der Risse wurden die verbleibenden Hohlräume mit sulfatresistentem Spezialinjektionsmörtel verpreßt. Diese sorgfältige Rißsanierung war nicht nur zur Mauerwerksanierung schlechthin erforderlich, sondern auch, um die Kräfte aus dem Giebel in die Längswände eintragen zu können, sobald das zur Zeit zur Gewährleistung der Standsicherheit gestellte Raumgerüst abgebaut wird.

4.5 Bogensanierung (Bild 5)

Um das Mauerwerk der brand- und verwitterungsgeschädigten und im Bogenscheitel recht schlanken Längswände sicher sanieren zu können, was bedeutete, daß auch Mauerwerk im Scheitel ausgewechselt werden mußte, bedurfte es des Einsatzes von Lehrgerüsten. Dabei wurde das sichere Aufliegen der Ziegel auf der Unterstützungsfläche durch Ausstopfen des Zwischenraumes mit Lehm erzielt, der lagenweise eingebracht und verdichtet wurde. Der Lehm ließ sich am Ende wieder problemlos entfernen und wiederverwenden. So konnten gefahrlos Teile des Bogens im Scheitelbereich abgebrochen und erneuert werden. Hilfreich war, daß die Bogenkonstruktion im Inneren um einen halben Stein mächtiger war als außen erkennbar, so da der Einfluß der Brandschädigung im tragenden Querschnitt anteilig geringer war als von außen vermutet.

4.6 Giebelsicherung

Die konstruktive Lösung der Standsicherheitsprobleme des Nordgiebels sieht die Ausbildung eines Stahlbetonbalkens in der Mauerkrone des Ortganges vor, der an die Stahlbetonbalken in den oberen Etagen der Längswände angeschlossen wird. Zusätzlich sind in den tieferen Etagen Edelstahlanker paarig auf den Mauervorsprüngen angeordnet, die im Giebelmauerwerk an Stahlplatten, in den

Längswänden an Edelstahlankern befestigt sind. Dies erfolgte durch Anwendung eines Schweißregimes unter Beachtung von Temperatur, Schweißfolge und Vorspannmoment, so daß die Lastanteile der Vorspannung auf alle der acht vorgesehenen Einbohranker in den Längswänden verteilt wurden. Zur Befestigung der etwa 100 cm langen Krückstockanker aus Edelstahl wurde der bereits zur Injektion verwendete Spezialmörtel eingesetzt. Die Knoten zwischen Ankern und Spannstählen wurden zuletzt eingemörtelt und ebenfalls mit Dichtungsschlämme zum Schutz überzogen, um Nischen für eine erneute Pflanzenbesiedlung zu vermeiden. Wegen der Asymmetrie des Giebeldreiecks wurde auf der östlichen Längswand eine Stahlbetonscheibe in verlorener Mauerwerksschalung hergestellt, um die Verankerung auf das dort etwas erhöhte Niveau zu bringen.

5 Literatur

[1] A.F. Lorenz, Doberan, *Ein Denkmal norddeutscher Backsteinkunst, in: Studien zur Architektur- und Kunstwissenschaft*, Heft 2, Henschel-Verlag Berlin 1958

[2] ARGE Büro Strebe, Doberan und Planungsgruppe Nord, Hamburg-Schwerin, Wirtschaftsgebäude, Klosterhof Bad Doberan, Grundlagenermittlung / Bestandsaufnahme und Bewertung, Hamburg / Schwerin 1994

[3] Ing.-Büro Baudiag, Kuhlhausen, Ruine Wirtschaftsgebäude Klosteranlage Bad Doberan, Gutachterliche Stellungnahme zum Zustand des Mauerwerks, Kuhlhausen 1996

Putz und Anstriche in Räumen mit höherer Feuchtebelastung

Studienrat Kurt Schönburg

Zusammenfassung

Putze und Anstriche mit guter Luft- und Wasserdampfdurchlässigkeit haben in Räumen einen günstigen Einfluß auf das Raumklima und auf das bauphysikalische Verhalten der Raumbegrenzungsflächen. Feuchtigkeitsschäden sind bei ihnen weitaus seltener als bei mäßig oder gar nicht durchlässigen Putzen und Anstrichen. Diese Aussagen treffen in erhöhtem Maße für Räume mit zeitweiliger oder durchgängig erhöhter Luftfeuchtigkeit zu. Die beste Durchlässigkeit haben Putze und Anstriche reinmineralischer Stoffart.

Der Anteil der durch höhere Luftfeuchtigkeit belasteten Räume im Gesamtbestand der Gebäude ist höher als allgemein eingeschätzt wird. Das wird unter anderem auch daran deutlich, daß der größte Teil der an Decken- und Wandflächen vorkommenden Schäden, z.B. Pilz- und Fäulnisbefall, innenseitige Ausblühungen und Verfärbungen, Markierung von Wärmebrücken und nachlassende Wärmedämmfähigkeit von Decken- und Wandbaustoffen vorrangig auf hohe Luftfeuchtigkeitswerte zurückzuführen ist.

Bedeutung von Putz und Anstrichen für bauphysikalische Vorgänge

Putz und Anstriche bilden in Räumen die Trenn- bzw. Grenzflächen zwischen der Raumluft und den Decken und Wänden. Sie sind deshalb erheblich am Übergang oder/und Austausch von Wärme, Luft und Feuchtigkeit zwischen der Raumluft und den Decken- und Wandbaustoffen beteiligt.

Diese bauphysikalischen Vorgänge tragen in nicht klimatisierten Räumen wesentlich zum Raumklima und zur Raumhygiene bei. Sie können bei entsprechender Durchlässigkeit den Wärme-, Luft- und Feuchtigkeitsaustausch zulassen oder bei begrenzter oder völliger Undurchlässigkeit den Austausch stark hemmen oder gänzlich verhindern. (Bild 1)

Während die Konstruktionen und Baustoffe der Decken und Wände älterer Gebäude meistens diese Durchlässigkeit haben, kann das von zahlreichen Gebäuden unserer Zeit nicht gesagt werden. Ich finde bei meiner Gutachtertätigkeit zu beurteilende Schäden in Räumen, wie Schimmel, Fäulnis und Kondenswasser-durchfeuchtigungen, die auf unzureichende Diffusionsfähigkeit der Raumbegrenzungen und ungenügende Luftventilation zurückzuführen sind, vorrangig in Neubauten und oft auch in „modernisierten" älteren Häusern. (Bild 2)

Mit einer „idealen" Durchlässigkeit der Baukonstruktionen kann nicht in jedem Fall gerechnet werden. Doch in Räumen, die nicht ständig durch hohe Luftfeuchtigkeit belastet werden, sondern nur zeitweilig (und das ist die Mehrzahl, z. B. Küchen, Bäder und Kellern können luft- und wasserdampfdurchlässige Putze und selbst die dünnen Anstrichschichten auf undurchlässigen Untergründen eine luftfeuchtigkeitsregulierende Funktion haben. Bei höherer Belastung nehmen sie Feuchtigkeit auf, die sie bei Unterbrechung der Belastung an die trockene Luft wieder abgeben (Bild 3). Nicht selten erkennt man an kalk-, gips- und anhydritgebundenen Putzen sowie an Kalk-, Silicat- und Leimfarbenanstrichen diese Aufnahme und Abgabe von Luftfeuchtigkeit an ihren damit einhergehen

den Helligkeitsschwankungen, d.h. daß sich bei Feuchtigkeitsaufnahme ihre Helligkeit, bei den genannten Anstrichen auch die Deckfähigkeit verringert; eine Erscheinung, die nach Abgabe der Feuchtigkeit wieder zurück geht.

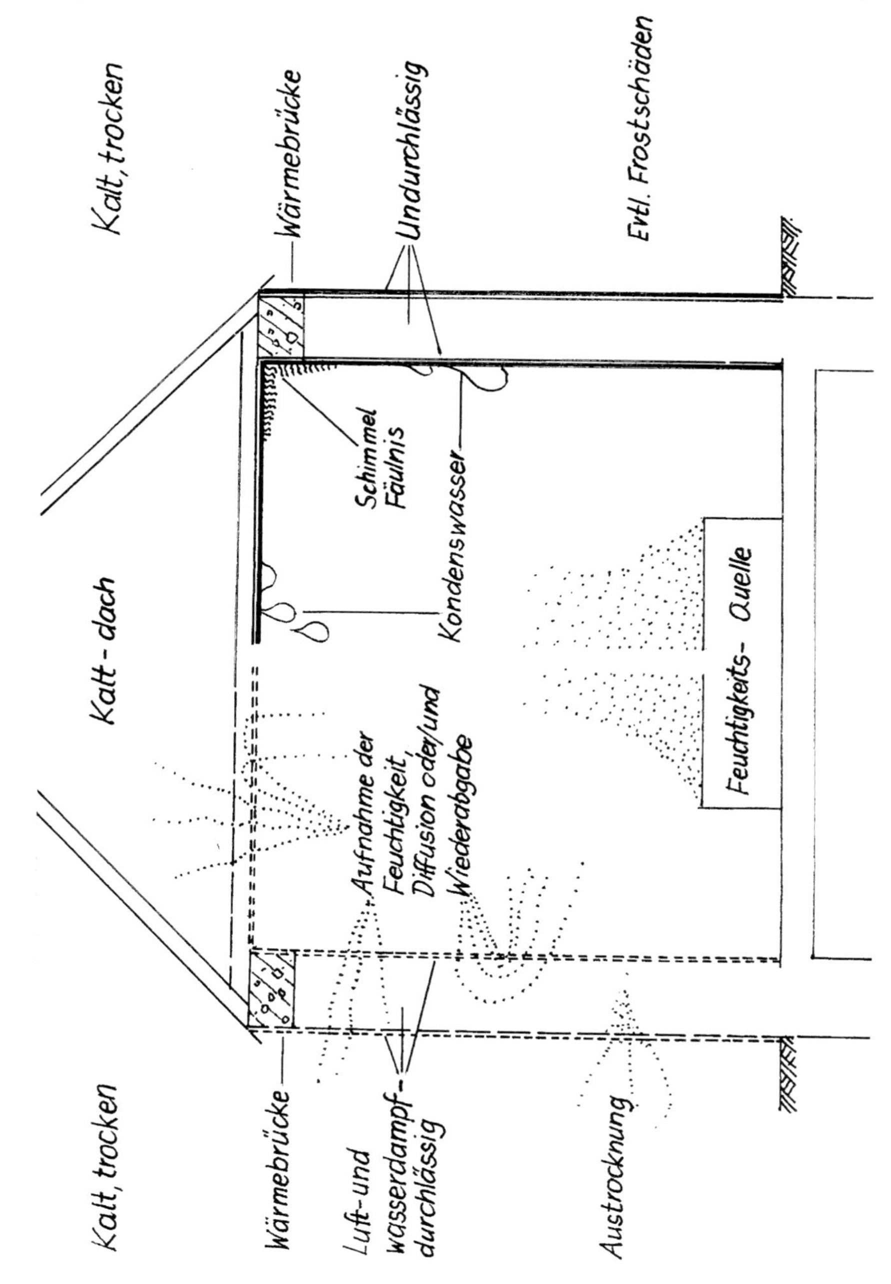

Bild 1: Einfluß der Luft- und Wasserdampfdurchlässigkeit auf das Raumklima und die Raumhygiene

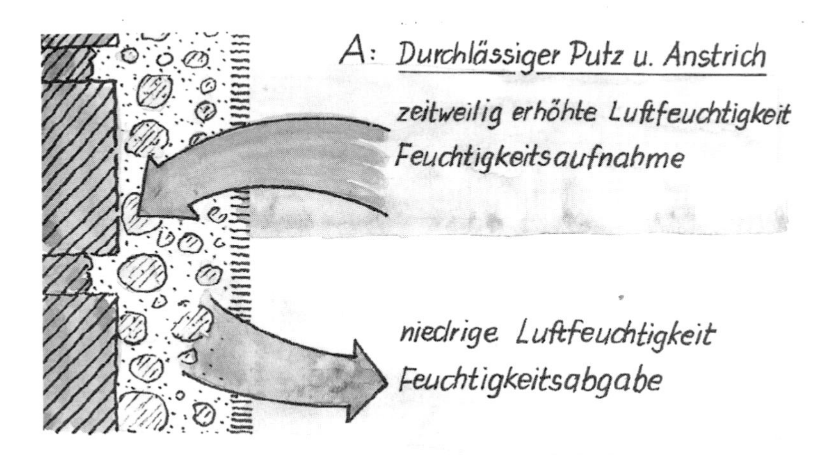

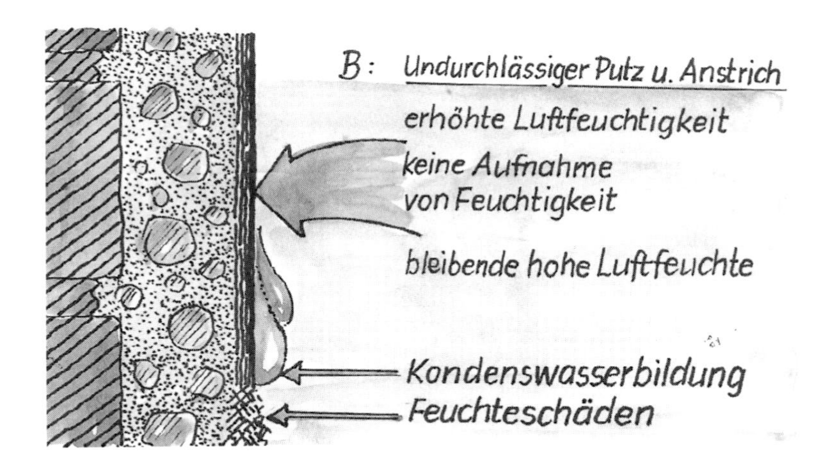

A: Durchlässige Putze/Anstriche nehmen bei ansteigender Luftfeuchte Feuchtigkeit auf , die sie bei trockener Luft wieder abgeben.

B: Unzureichend oder völlig undurchlässige Putze/Anstriche verursachen zunächst an den kühlsten Oberflächen Kondenswasserbildung und in Raum meist eine „ungesunde“ feuchte Luft.

Bild 2: Wirkungsweise von durchlässigen und von undurchlässigen Putzen und bei zeitweilig erhöhter Luftfeuchtigkeit in Räumen

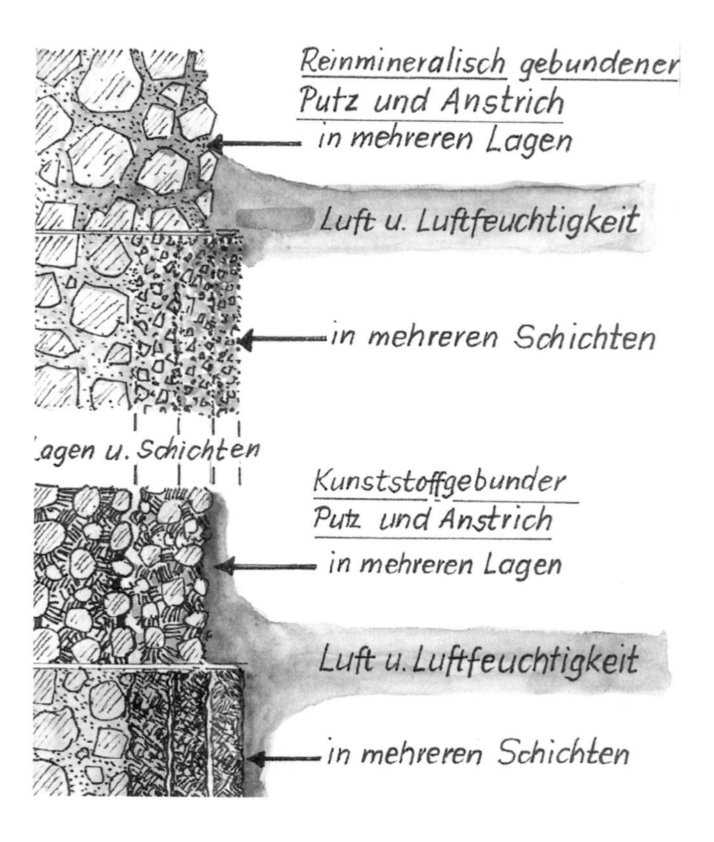

Bild 3: Die durchlässigen Putze und Anstriche haben in allen Räumen, besonders aber in Räumen mit zeitweilig erhöhter Luftfeuchtigkeit eine luftfeuchtigkeits-ausgleichende bzw. -regulierende Wirkung. Dadurch können Feuchtigkeitsschäden an Decken und Luftfeuchtigkeitsgehalt abhängige Raumklima begünstigt werden.

Entscheidung für besondere Putze und Anstriche

Obwohl auch für vollklimatisierte Räume die Auswahl von durchlässigen Putzen und Anstrichen wünschenswert ist, kann sie jedoch dort vernachlässigt werden. Allerdings wäre bei Ausfall der Klimaanlage, der allein die Feuchtigkeitsregulierung und Ventilation der Luft zufällt, die Raumnutzung problematisch. Da auch die überall ausreichende Wärmedämmfähigkeit der Raumbegrenzungen für die genannten bauphysikalischen Vorgänge und deren Folgen mit ausschlaggebend ist, sind auch für diese Gebäude durchlässige Innenputze und -Anstriche nicht zwingend erforderlich. Die Wärmedämmung verhindert Kondenswasserbildung und deren Folgen auf Innenflächen, jedoch hat sie auf die Herausbildung höherer Luftfeuchtigkeitswerte im Raum und deren Einfluß auf das Raumklima keine direkte oder regulierende Einwirkung. In Räumen von Wohn-, Verwaltungs-, Sozial- und Gewerbegebäuden sowie in Krankenhäusern, Schulen, Kindergärten und Kellern sollten stets Putze und Anstriche mit höherer Luft- und Wasserdampfdurchlässigkeit bevorzugt werden, weil die Ansammlung von Menschen, Reinigungsvorgänge usw. zu wechselhafter und zeitweilig höherer Luftfeuchtigkeit führt. Auch ungleichmäßig oder gar nicht beheizte Räume erfordern diese Putze- und Anstricheigenschaften, weil hier mit Frostdurchschlägen zu rechnen ist. Für Bauwerke, die unter Denkmalschutz stehen, ist diese Anforderung an Putze und Anstriche undiskutabel.

Durchlässige Putze und Anstriche

Luft- und wasserdampfdurchlässig sind alle rein mineralischen Putze und Anstriche. Die Schichtdicke beeinflußt die auf ihre hohe Kapillarität zurückzuführende Durchlässigkeit nur unwesentlich. Etwas geringer ist die Durchlässigkeit von feinkörnigen Zementmörtelputzen mit höherem Zementanteil. Bei Putzen und Anstrichen mit filmbildenden Bestandteilen ist die Durchlässigkeit schwächer bis unzureichend. Bereits geringe filmbildende Zusätze, meist Kunststoffdispersionen, zur Verbesserung der Verarbeitbarkeit, Anhaftung und Plastizität, z.B. von Dünnschichtputzmörteln und Spachtelmassen, verringern die Durchlässigkeit. Noch geringer ist sie bei Kunststoffputzen und Dispersionsfarbenanstrichen. Ihre Zuschlagstoff- und Füllstoffbestandteile unterbrechen zwar ihre Bindemittelfilme, so daß sich dadurch für die Erstbeschichtung noch eine mäßige Diffusionsfähigkeit ergibt, doch diese geht mit jedem weiteren Erneuerungsanstrich bis zur Undurchlässigkeit zurück. Dieses trifft auch für die im Erstanstrich gut diffusionsfähigen Siliconharz-Emulsionsfarben zu.

Mit den Bildern 4 und 5 und der Tabelle wird ein Überblick über die Durchlässigkeit der verschiedenen Putze und Anstriche gegeben. Die in der Tabelle angegebenen S_d-Werte sind mittlere Werte; denn vor allem bei den Putzen und Anstrichen mit filmbildenden Zusätzen oder Bindemitteln ist die Durchlässigkeit von der Höhe des Filmbildneranteils und von der durch Zuschläge und Füllstoffe geprägten Schichtstruktur stark abhängig. Beim Vergleich der S_d-Werte zwischen Putzen und Anstrichen, z.B. wenn beide den Wert von 0,10 m haben, ist die unterschiedliche Schichtdicke zu beachten, d.h. daß die Putzschicht mit diesem Wert hochgradig durchlässig, ein Anstrich aber fast diffusionsunfähig ist.

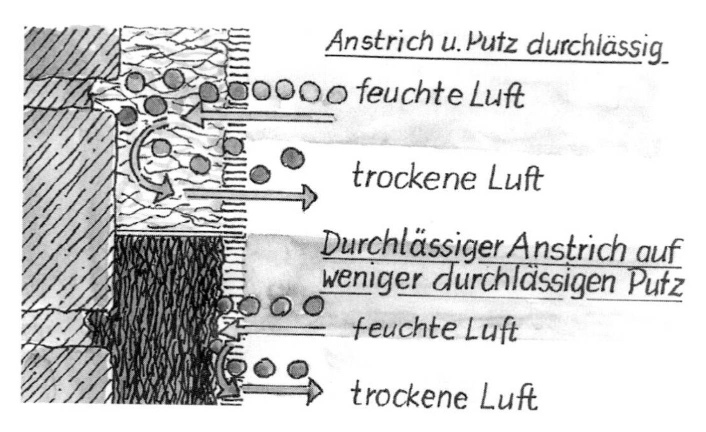

Bild 4: Schematische Darstellung der Luftdurchlässigkeit und Wasserdampfdiffusionsfähigkeit von rein mineralischen Putzen und Anstrichen bis zu filmgebundenen Putzen und Anstrichen.

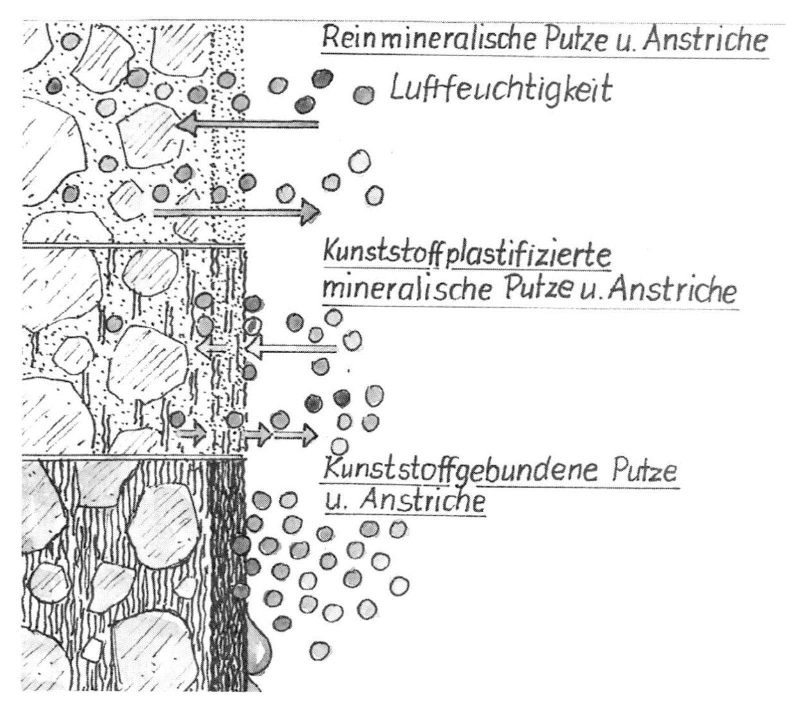

Bild 5: Unterschiedliche Veränderung der Durchlässigkeit von Dünnschichtputzen, Spachtelschichten und Anstrichen ohne Filmbildner (rein mineralische) und mit Filmbildner bei zunehmender Schichtdicke bei mehrmaliger Instandsetzung.

Mittlerer S_d-Wert von Putzen und Anstriche und Anwendungsempfehlung

Stoffgrundlage der Beschichtungen	Diffusionswiderstand sd-Wert	Einstufung	Empfehlung für die Anwendung in Räumen
Putze (Dicke berechnet 10 mm)			
Luftkalkmörtel (u. Kalk-Sanierputz, 20mm)	0,15 m	hochgradig durchlässig	alle Räume (nicht im Spritzwasserbereich); Anstriche darauf müssen eine hohe Diffusionsfähigkeit haben (Bild 7)
Hydraulischer Kalkmörtel (u.-Sanierputz, 20mm)	0,20 m	durchlässig	alle Räume, auch mit ständig hoher Luftfeuchtigkeit
Zementmörtel	0,30 m	durchlässig	hauptsächlich in Naßräumen oder im Spritzwasserbereich
Gips- und Gipskalkmörtel	0,10 m	hochgradig durchlässig	**nicht in Feuchträumen anwendbar** (teilweise löslich, Fäulnisgefahr) nur in trockenen
Dispersionssilicat-mörtel	0,15 m	hochgradig durchlässig	alle Räume, auch Feuchträume und für dekorative Strukturputze
Kunstharzmörtel	0,50 m	fast undurchlässig	nur im Spritzwasserbereich oder als waschfeste Beschichtung anzuwenden
Anstriche (Dicke ≈ 20 µm)			
Kalkfarbe	0,20 m	hochgradig durchlässig	Feuchträume vor allem auf Neuverputz mit Kalkmörtel (chemische Bindung)
Silicatfarbe, z.B. KEIM-Purkristalat	0,01 m	hochgradig durchlässig	Feucht- und Naßräume auf kalk- und zementgebundene Putze
Dispersions-Silicat-farbe,z.B. KEIM Granital	0,02 m	durchlässig	wie Silicatfarbe, bei Spezialgrundierung, z.B. KEIM-Contact Plus, auch auf alte beschichtete Putze
Dispersionsfarben, füllstoffreich	0,04 m	sehr gering durchlässig	noch geeignet, doch mit zunehmender Schichtdicke (Erneuerungsanstriche) problematisch
Dispersionsfarben, bindemittelreich	0,10 m	gering durchlässig	aus bauphysikalischer Sicht für Innenanstriche ungeeignet
Siliconemulsionsfarben	0,05 m	durchlässig	für Innenanstriche ungewöhnlich, es sei wegen sehr guter Wasserabweisung im Spritzwasserbereich
Kunstharz-Lackfarben	0,20 m	fast undurchlässig	nur im Spritzwasserbereich,z.B. Badsockel, anzuwenden

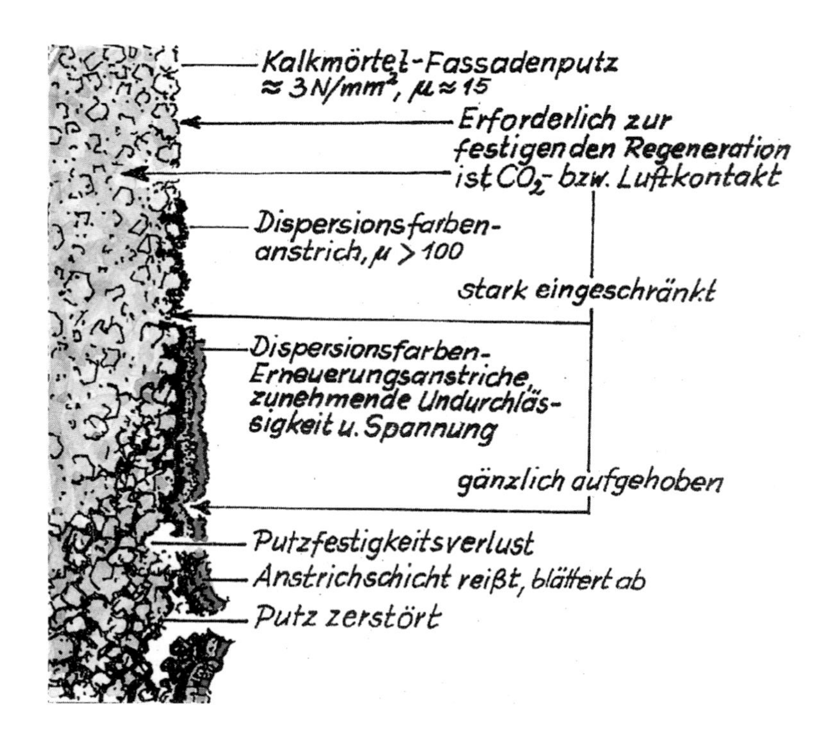

Bild 6: Wirkungsweise von weitgehend diffusionsunfähigen Anstrichen auf Kalkmörtelputz

Zur Anwendung von Kalkputzen für die Denkmalpflege

Dr. T. Dettmering,
Frankfurt a. M.

Zusammenfassung

Bei der Auswahl geeigneter Putze zum Erhalt historisch bedeutender Bauwerke kommt möglichst ähnlich zusammengesetzten Kalkmörteln sowie deren Verträglichkeit mit den ursprünglichen Baumaterialien bei ausreichender Witterungsresistenz ein besonderer Stellenwert zu.

Der vorliegende Bericht soll erläutern, welche Kriterien bei der Auswahl und Anwendung von Kalkputzen auf der Basis von reinen Luftkalken und Kalken mit hydraulischen Anteilen besonders zu beachten sind. Dies betrifft sowohl die eingehende Beurteilung des Erhaltungszustandes und die objektspezifischen Anforderungen eines Bauwerks an entsprechende Putze als auch die Überprüfung der Zusammensetzung und der mörteltechnischen Eigenschaften ausgewählter Putze sowie deren Einsatzfähigkeit und Tauglichkeit anhand von Bemusterungen am Objekt.

1 Einleitung

Kalkputz ist ein weitgefaßter Materialbegriff. Zum einen haben viele moderne Putzarten wenig mit dem eigentlichen Bindemittel „Kalkhydrat" gemeinsam, wie es im historischen Sinne, sei es in Form von Sumpfkalken oder trocken gelöschten Kalken, zur Putzherstellung verwendet wurde. Gerade im Denkmalpflegebereich finden oft moderne Industrieputze Verwendung, die durch zu hohe Festigkeiten und zu starke Wasserabweisung an den Bauwerken zu unnötigen Schäden an einer Fassade führen können. Dem stehen die häufig von Restauratoren entwickelten Putzrezepturen entgegen, die sich an den historischen Befunden, den Bindemitteln und Zuschlägen orientieren, deren Umsetzung sich aber in der Praxis häufig als sehr kompliziert erweist. Dies ist vor allem auf die schwierige Materialbeschaffung, den relativ hohen finanziellen Aufwand und/oder die Unkenntnis der zur Verfügung stehenden Angebote an Bindemitteln, Fertigmörteln und deren Zusammensetzung oder auf mangelnde Erfahrung der Ausführenden mit der zur Diskussion stehenden Mörtelrezeptur zurückzuführen.

Putze historischer Bauwerke erfüllen in der Regel mehrere Funktionen. In bautechnischer Hinsicht wurde ein Putz als Außenhaut eines Bauwerkes zum Schutz seines Mauerwerks aufgebracht und stellt somit eine mehr oder weniger stabile äußere Verschleißschicht dar. Zugleich prägt er als Ausdruck von Kunst- und Handwerkstechniken das optische Erscheinungsbild und somit den Charakter eines Bauwerks entscheidend. Daher ist es beim denkmalpflegegerechten Bauinstandsetzen notwendig, die Eigenschaften der originalen Bausubstanz und der individuellen Bauwerkssituation zu beurteilen und - unter Berücksichtigung ihrer Verträglichkeit mit den ursprünglichen Baumaterialien - möglichst ähnlich zusammengesetzte Ersatzmaterialien hinsichtlich ihrer chemisch/mineralogisch und physikalisch-mechanischen Beschaffenheiten einzusetzen. Eingriffe, die die Gefahr eines Substanzverlustes in sich bergen, sind zu vermeiden und Ergänzungen nur so vorzunehmen, daß das Bauwerk in seiner ursprünglichen Erscheinung anschaulich bleibt und seine Identität wahrt.

Berücksichtigt man Analysen historischer Putze, so bestanden deren Bindemittel in der Regel aus vorwiegend carbonatisch erhärtenden Luftkalken, die zumeist mehrlagig aufgetragen wurden und deren mehrfache Erneuerung oftmals in Kauf genommen wurde. Je nach Tonmineralgehalt des für den Brennvorgang verwendeten Kalksteins wurden häufig die nach der heutigen Nomenklatur bezeichneten natürlichen hydraulischen Kalke eingesetzt, deren hydraulische Komponenten für das partielle hydraulische Erhärten der Kalkmörtel verantwortlich sind. Als Zuschläge wurden Gruben- oder Flußsande verwendet. Weiterhin enthielten die Putze z.T. Puzzolane, Ziegelmehl oder auch organische Zusätze, wie tierisches Eiweiß, um eine größere Haltbarkeit zu erreichen.

Die von der Mörtelindustrie bereitgestellten Kalkfertigputze, die in der Denkmalpflege eingesetzt werden, reichen in ihrer Bindemittelzusammensetzung von reinem Weißkalkhydrat bis zu hochhydraulischen Kalken, in denen z.T. nur noch geringe Mengen an Kalkhydrat enthalten sind [1]. In ihrer Beschaffenheit können sich die daraus hergestellten Mörtel erheblich unterscheiden. Um die für die Beurteilung der Putzeigenschaften notwendigen Parameter zu erläutern, werden Eigenschaften wie Druckfestigkeiten, Porositäten und Wasseraufnahmen von Kalkmörteln auf der Basis von Kalken mit unterschiedlichen hydraulischen Komponenten dokumentiert.
Das Verhalten von Putzen aus natürlichem hydraulischen Kalk wurde an Bauwerken unter Berücksichtigung unterschiedlicher Natursteinuntergründe getestet. Davon ausgehend werden Kriterien bei der Anwendung von überwiegend carbonatisch erhärtenden Kalkputzen aufgezeigt, die besonders zu beachten sind.

2 Voruntersuchungen

Für die richtige Auswahl und Anwendung geeigneter Kalkputze ist eine gründliche Voruntersuchung des Gebäudes und des Putzgrundes unabdingbar. Zunächst erfolgen die Bestands- und Schadensaufnahme. Dabei bedarf es im Fall denkmalgeschützter Gebäude einer sicheren Erfassung und Berwertung der kunst- und bauhistorischen Befunde. Erst dann kann man sich für erhaltende, ergänzende oder rekonstruktive Maßnahmen entscheiden. Als wesentliche Faktoren sind neben dem Erhaltungszustand und der Exposition eines Gebäudes Mittel und Nutzungskonzepte sowie Fragen der Wartung und Pflege zu berücksichtigen. Um die Schadensursachen feststellen und die Anforderungen an die Eigenschaften entsprechender Ersatzmaterialien ermitteln zu können, sind folgende naturwissenschaftliche und technologische Untersuchungen notwendig [2]:

- Bestimmung der Mauerwerksart, Abmessungen, Gefüge
- Ermittlung der Untergrundbelastung (Salz- u. Feuchteverteilung, Feuchtigkeitsursache)
- Mörtelzusammensetzung (Bindemittelart u. -anteil, Zuschlagstoffe u. Sieblinie, Salzbelastung des Mörtels)
- Zustand, Festigkeiten des Mauerwerks
- Wasseraufnahmeverhalten des Putzes und der Baumaterialien des Putzgrunds
- Mineralogische/Chemische Zusammensetzung der Natursteine bzw. der Baumaterialien des Mauerwerks

3 Anforderungen an Kalkputze für die Denkmalpflege

Häufig dienen die historischen Putze, soweit sie von ihrer Zusammensetzung her vertretbar erscheinen und keine deutlichen Mängel aufweisen, für die zur Diskussion stehenden Mörtelrezepturen bezüglich ihrer Zusammensetzung, Bindemittelart, Zuschläge, Farbgebung, Auftragstechnik etc. als Orientierung bzw. Vorbild. Die Berücksichtigung der Beschaffenheit des Originals ist dann umso wichtiger, wenn es sich um Ausbesserungsputze und Anputzarbeiten am historischen Putzbestand handelt. An die Eigenschaften der zur Restaurierung vorgesehenen Putze werden die im folgenden aufgeführten Anforderungen [3,4] gestellt.

- Berücksichtigung ästhetischer Gesichtspunkte wie Struktursichtigkeit, Aufbau (Mehrschichtigkeit), Farbgebung, Anstrich, möglicherweise Kalkspatzen etc. Langfristig sollten möglichst keine Farbänderungen, Ausblühungen und Verschmutzungen auftreten. Gewisse Alterungsspuren sind nicht (immer) zu verhindern.
- Kein Auftreten schädlicher Risse (wie z.B. Spannungs- bzw. Spätrisse).
- Möglichst geringe wasserlösliche Bestandteile, die substanzschädigend wirken.
- Ausreichende Witterungsbeständigkeit (z.B. gegenüber Frost).
- E-Modul- und Druckfestigkeit eines Putzes sollten kleiner als der Putzgrund (inkl. Fugenmörtel) sein und von ihm ausgehend nach außen nicht zunehmen. In diesem Zusammenhang sind die Putze im Hinblick auf die Forderungen nach Mörtelgruppen zu prüfen [5]. Während für die Kalkmörtel der Mörtelgruppe PIa, PIb keine Mindestfestigkeiten gefordert werden, sollten diese bei PIc nach 28 Tagen 1 N/mm² betragen. Im allgemeinen wird bei stärkerer Witterungs- bzw. Schlagregenbelastung PII verlangt dessen 28 Tage-Festigkeit eines im Labor hergestellten Prüfkörpers 2,5 N/mm² betragen muß. Die Festigkeitsentwicklung in Verbindung mit dem Wasseraufnahmeverhalten des vorhandenen
  Putzgrundes ist im Hinblick auf die zuerst genannte Putzregel zu hinterfragen.
- Restaurierungsmörtel sollten gut haften, jedoch bei einer späteren Entfernung keine historische Substanz abreißen. Bei der Haftzugfestigkeitsprüfung (Richtwert: $\beta_{HZ} \geq 0,1$ N/mm²) sollte der Abriß zwar möglichst im Putzgrund erfolgen, doch sollte im Fall zu schützender, sehr empfindlicher Natursteinoberflächen der Mörtel eher im Sinn eines „Opferputzes“ angefertigt werden, dessen geringere Haltbarkeit in Kauf genommen wird. Zwischen den Putzlagen, deren Gefüge gleichmäßig sein muß, soll eine gleichmäßige Haftung bestehen. Im Fall zu schützender hochwertiger Altputze bietet der Einbau von

Trennschichten bzw. eines Putzträgers eine Alternative.

- Möglichst hohe Wasserdampfdurchlässigkeit, die an der Fassade von „innen nach außen" zunimmt.
- Bei feuchteempfindlichen Untergründen sollte der Putz eine möglichst geringe kapillare Wasseraufnahme aufweisen. Bei Kalkmörteln ohne Zusätze oder nachfolgenden wasserhemmenden Anstrich liegt diese relativ hoch, bewirkt jedoch dadurch ein gutes Wasserabgabeverhalten.
- Bei starken Feuchte- und/oder Salzbelastungen [6], ist die Lebensdauer reiner Kalkputze erheblich eingeschränkt (s. 5.2); bei ihrer Verwendung sind Zusatzmaßnahmen erforderlich, die bzgl. der Reversibilität sorgsam auf den jeweiligen Fall abgestimmt werden müssen.
- Das Anstrichsystem muß auf den Kalkputz abgestimmt sein, z.B. bei vorwiegend carbonatisch erhärtenden Kalkputzen durch die Verwendung entsprechender Kalkfarben oder geeigneter Silikatfarben. Generell gilt bei carbonatisch erhärtenden Kalkmörteln, daß diese nicht die Diffusion einschränken dürfen, da sonst der Abbindeprozeß behindert würde. Bezüglich ihrer Festigkeit sind sie auf den Putz abzustimmen.
- Auf Dauer sollte keine wesentl. Verschlechterung der feuchtetechnischen Eigenschaften eintreten.
- Möglichst einfache Herstellung und gute Verarbeitbarkeit der Putzmörtel

Bei der Umsetzung von Putzrezepturen, die den genannten Anforderungen weitgehend entsprechen, stellt sich die Frage nach den zur Verfügung stehenden Materialien.

4 Verfügbare Kalkbindemittel und Eigenschaften daraus hergestellter Mörtel

Die Putzeigenschaften werden neben den Bindemittel/Zuschlags-Verhältnissen, der Art der verwendeten Zuschläge, der am Bauwerk herrschenden Bedingungen und der Ausführungstechnik wesentlich davon beeinflußt, welches Bindemittel der Mörtelrezeptur zugrunde liegt. Bei konfektionierten Kalkfertigmörteln können diese von Weißkalkhydrat bis zu sehr häufig verwendetem hochhydraulischem Kalk als Mischung unter Verwendung von Zement variieren [1]. Gemäß der in der DIN 1060-1:1995-03 definierten Baukalkarten werden Weißkalkhydrate (CL 90, CL 80, CL 70) und Hydraulische Kalke (HL2, HL 3,5, HL 5) unterschieden. Sie umfassen je nach CaO-Gehalt bzw. 28-Tage-Festigkeiten der Laborprismen auch die in der alten DIN 1060-1:1986-01 bezeichneten Wasserkalkhydrate und künstliche hochhydraulische Kalke. Wesentlicher Unterschied zur alten DIN-Norm ist, daß bei allen hydraulischen Kalkarten gemischte Produkte zugelassen sind [7]. Nicht gemischte, allein aus gebrannten mergeligen Kalksteinen hergestellte hydraulische Kalke können als natürliche hydraulische Kalke (NHL) bezeichnet werden. Von den genannten Baukalkarten wurden Kalkbindemittel mit unterschiedlichen hydraulischen Komponenten (s. Tab. 1) ausgewählt, um die Spannbreite bautechnisch relevanter Eigenschaften daraus hergestellter Mörtel zu ermitteln. Dabei wird im folgenden vorwiegend auf die Druckfestigkeiten und das Wasseraufnahmeverhalten eingegangen.

Tabelle 1: Mischungsverhältnisse der ausgewählten Bindemittel. Das Bindemittel/ Zuschlags-Verhältnis aller daraus hergestellter Mörtel betrug 1:4 in Masseteilen, als Zuschlag diente Normsand.

Mörtelbez. nach Bindemittel	Natürl. hydraul. Kalk 1)	Wasser-kalkhydrat 2)	Weiß-kalk-hydrat 3)	Weiß-zement 4)	Traßmehl 5)	Hochhy-draul. Kalk 6) 7)	Norm-sand
HK	1						4
WaKH		1					4
WKH/WZ			0,66	0,34			4
WKH/Traß			0,5		0,5		4
HHK						1	4

1) Natürlicher hydraulischer Kalk (Fa. Hessler, Wiesloch und Fa. Meister, Großenlüder)

2) Wasserkalkhydrat (Fa. Otto Breckweg, Rheine)

3) Weißkalkhydrat (Fa. Schäfer, Diez)

4) Weißzement PZ 45 F (Fa. Dyckerhoff´, Wiesbaden)

5) Traßmehl (Fa. Meurin, Kruft und Fa. Tubag, Kruft)

6) Natürlicher hochhydraulischer Kalk (Unilit - Bio E, Fa. SIT, Antwerpen)

7) Künstlicher hochhydraulischer Kalk (Traßkalk, Fa. Tubag, Kruft)

Wie in Bild 1 dagestellt ist, lagen die Druckfestigkeiten der nach 240 Tagen vollständig carbonatisierten Labormörtel zwischen 3,9 N/mm² (Weißkalkhydrat und Traß) und 12,6 N/mm² (künstlicher hochhydraulischer „Traßkalk“) und nahmen mit steigender Druckfestigkeit in ihrer Porosität ab. Dementsprechend reichten die Anfangsfestigkeiten der gleichen Mörtel von 1,5 N/mm² bis 9,2 N/mm² nach 28 Tagen. Dabei erfolgte die Festigkeitsentwicklung der vorwiegend carbonatisch erhärtenden Mörtel mit überwiegendem Portlanditanteil der Bindemittel

Wasserkalkhydrat sowie der Mischungen aus Weißkalkhydrat und Traß bzw. Weißzement wesentlich langsamer als die der stärker hydraulisch abbindenden Mörtel. Die natürlichen hydraulischen Kalke nehmen diesbezüglich eine Mittelstellung ein; sie erreichen bei geringeren Anfangsfestigkeiten z.T. Endfestigkeiten, die mit denen der hochhydraulischen Kalke vergleichbar sind [8]. Dies kann neben dem höheren Portlanditanteil auf den in natürlichen hydraulischen Kalken deutlich höheren C_2S- Gehalt zurückgeführt werden, da dieser v.a. für die Endfestigkeiten verantwortlich ist. Dagegen dominiert in den künstlichen hochhydraulischen Mischungen der C_3S-Gehalt, der in erster Linie die höheren Frühfestigkeiten bestimmt. Hinzu kommt, daß der Anteil an Portlandit in hochhydraulischen Kalken oft mit wenigen Prozentanteilen nur noch so gering ist, daß man eigentlich nicht mehr von Kalkmörteln im historischen Sinne sprechen kann.

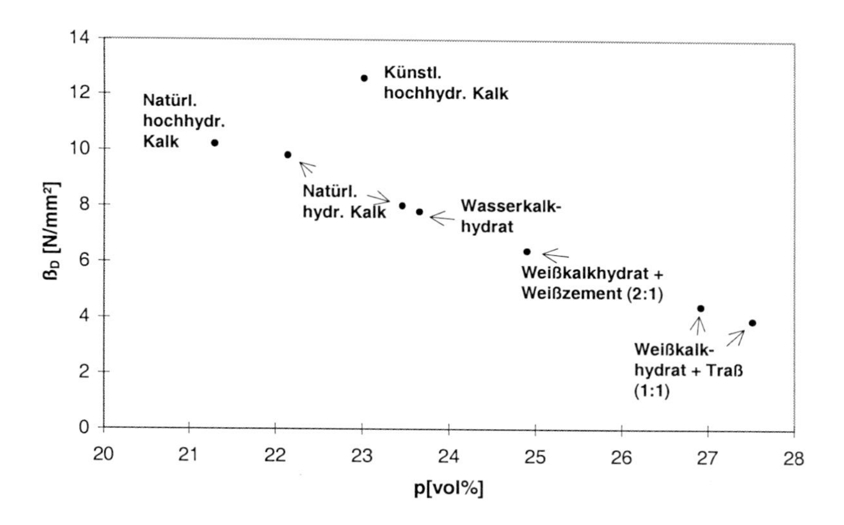

Bild 1: Druckfestigkeiten $ß_D$ [N/mm²] und Porositäten p [Vol%] der 240 Tage alten (vollständig carbonatisierten) Laborprismen aus Kalkmörteln mit unterschiedlichen hydraulischen Anteilen bei B/Z = 1:4 in Masseteilen

Korrespondierend mit den festgestellten niedrigeren Druckfestigkeiten sind die Gesamtporositäten der Mörtel aus Wasserkalkhydrat sowie der Mischungen aus Weißkalkhydrat und Zement bzw. Traß deutlich höher als die der hydraulischen und hochhydraulischen Kalkmörtel. Umgekehrt drückt sich der prozentual höhere Gehalt an hydraulischen Komponenten in Verbindung mit einem geringeren Portlanditgehalt des verwendeten Bindemittels in einer geringeren Gesamtporosität der Kalkmörtel aus. Mit den unterschiedlichen Porositäten zwischen 20 und 28 Vol% einhergehend ändert sich auch das Wasseraufnahmeverhalten der Kalkmörtel. (Bild 2) Der künstliche hochhydraulische Kalk besitzt dabei den geringsten Wasseraufnahmekoeffizienten von 4 $kg/m^2 \bullet h^{-0,5}$. Einen vergleichbaren Wert ergab der natürliche hochhydraulische Kalk mit 5 $kg/m^2 \bullet h^{-0,5}$. Wie durch (die hier nicht dargestellten) Porenverteilungen der Mörtel festgestellt werden konnte, besitzen die hochhydraulischen Kalke die niedrigsten Kapillarporengehalte bei gleichzeitig höherem Gelporengehalt. Durch den anteilig höheren Gehalt an Kapillarporen bei den Kalken mit einem niedrigeren Anteil an hydraulischen Komponenten wird eine erhöhte Wasseraufnahme der Mörtel verursacht, die sich in steigenden Wasseraufnahmekoeffizienten bei zunehmenden Gesamtwasseraufnahmen (hier volumenbezogen) niederschlägt. Bei den Mischungen mit Weißkalkhydrat und Traß wurden höhere Wasseraufnahmekoeffizienten ermittelt (bis zu 22 $kg/m^2 \bullet h^{-0,5}$). Hinsichtlich des kapillaren Saugverhaltens liegen die Werte der natürlichen hydraulischen Kalke in einem mittleren Bereich.

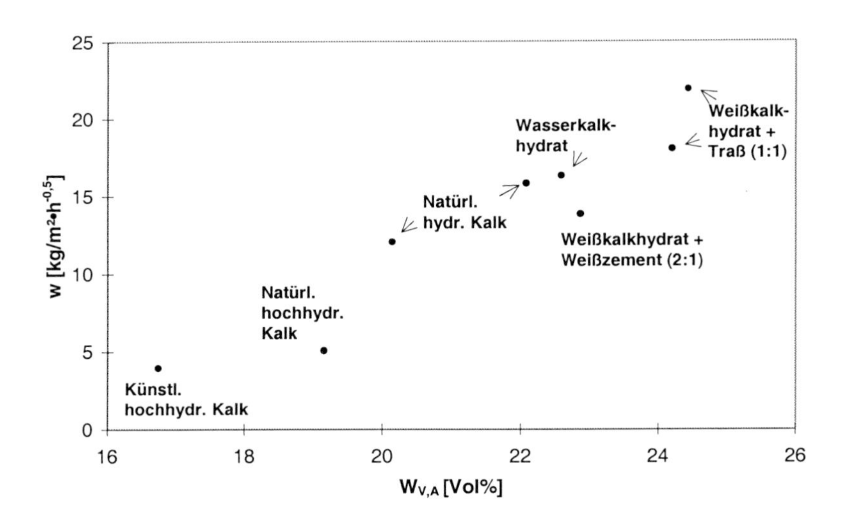

Bild 2: Wasseraufnahmekoeffizienten w $[kg/m^2 \bullet h^{-0,5}]$ und volumenbezogene Wasseraufnahmen unter Atmosphärendruck $W_{V,A}$ [Vol%] der 240 Tage alten (vollständig carbonatisierten) Laborprismen aus Kalkmörteln mit unterschiedl. hydraul. Anteilen bei B/Z = 1:4 (MA%)

Als weitere wichtige Eigenschaften seien die folgenden genannt: Die E-Moduln steigen mit zunehmender Druckfestigkeit an und betragen überwiegend < 10 kN/mm^2. Was die Ausblühneigung anbetrifft, konnte festgestellt werden, daß nur im Fall deutlicher Anteile an alkalireichen Puzzolanen

Ausblühungen auftraten. Die Frost-Tau-Wechsel-Beständigkeit dieser Mörtel kann, mit Ausnahme derjenigen aus Weißkalkhydrat und Traß, als ausreichend bezeichnet werden. Die Schwindmaße aller Kalkmörtel, abgesehen von Mischungen aus Weißkalkhydrat und Traß, lagen in einem Bereich von < 1mm/m. Im Hinblick auf die Herstellung von Putzmörteln mit natürlichem hydraulischen Kalk (Fa. Hessler) als Bindemittel wurden in weiteren Versuchsreihen der Zuschlagsanteil sowie die Art der verwendeten Zuschläge und Zusätze variiert. Im folgenden wird bezüglich der Entwicklung der Putzeigenschaften zunächst auf die Eigenschaften von Kalkmörteln auf der Basis von natürlichem hydraulischen Kalk bei unterschiedlichen Bindemittel/Zuschlags-Verhältnissen eingegangen, da diese bei verarbeitungsgerechten Mörteln in der Regel um 1:6 in Masseteilen (entspr. ca. 1:3 in Raumteilen) liegen sollten. Mit zunehmendem Zuschlagsanteil (hier Normsand) nehmen die Druckfestigkeiten der durchcarbonatisierten Mörtel (Bild 3) von ca. 10 N/mm² (B/Z=1:3 in MA%) auf ca. 4 N/mm² (B/Z=1:7 in MA%) ab.

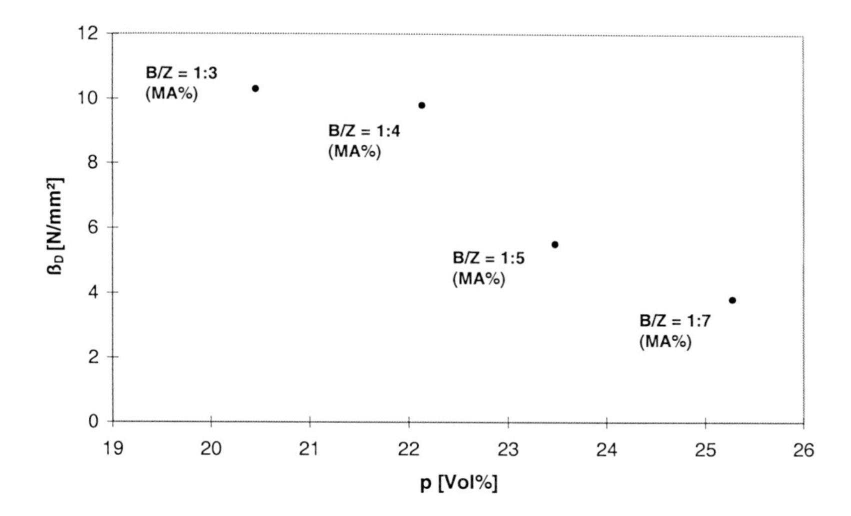

Bild 3: Druckfestigkeiten $ß_D$ [N/mm²] und Porositäten p [Vol%] der 240 Tage alten (vollständig carbonatisierten) Laborprismen aus natürlichem hydraulischen Kalk und Normsand bei unterschiedlichen B/Z-Verhältnissen in Masseteilen

Die Festigkeitsanforderungen für Putze aus hydraulischem Kalk wurden mit Druckfestigkeitswerten von 1,3 - 1,7 N/mm² nach 28 Tagen bei allen B/Z-Verhältnissen erfüllt [5].

Dabei steigt die Porosität von ca. 20 Vol% auf ca. 25 Vol% aufgrund des zunehmenden Anteils an Haufwerksporen an. Auch hier erhöhen sich die Wasseraufnahmen mit zunehmender Gesamtporosität (Bild 4) und liegen zwischen ca. 8 und 16 kg/m²•$h^{-0,5}$. Das kapillare Saugverhalten steigt somit in der Praxis bei der Herstellung von Putzmörteln mit B/Z-Verhältnissen von ca. 1:6 in Masseteilen weiter an. Die E-Moduln verringern sich dabei ebenso wie das Schwinden nur unwesentlich gegenüber den Mischungen mit B/Z-Verhältnissen von 1:4 (MA%).

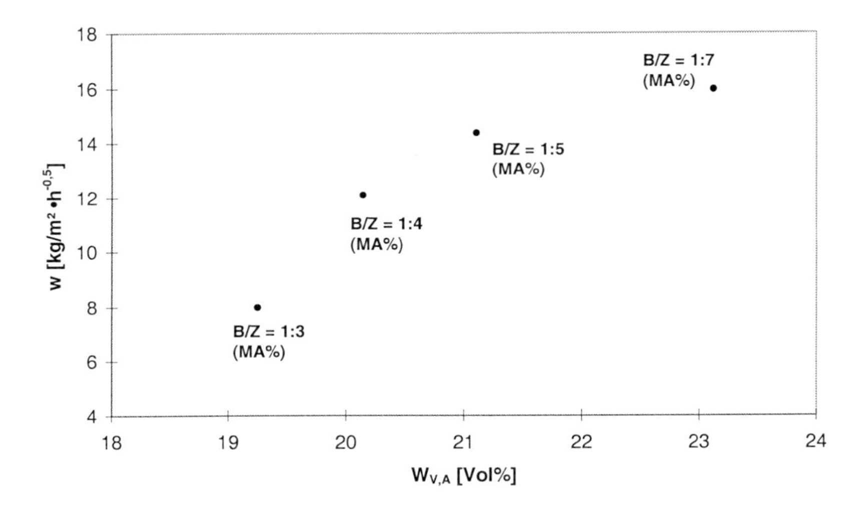

Bild 4: Wasseraufnahmekoeffizienten w [kg/m²•$h^{-0,5}$] und volumenbezogene Wasseraufnahmen unter Atmosphärendruck $W_{V,A}$ [Vol%] der 240 Tage alten (vollständig carbonatisierten) Laborprismen aus natürlichem hydraulischen Kalk und Normsand bei unterschiedlichen B/Z-Verhältnissen in Masseteilen

Dies gilt auch für die Mörtel, die aus Baustellenmischungen am Objekt hergestellt und parallel zu den Putzen im Verbund anhand von Laborprismen geprüft wurden, da der Einfluß des geringfügig höheren Wasser/Bindemittel-Wertes und der Misch- bzw. Verarbeitungszeiten vor Ort als sehr gering zu bewerten war. Lediglich bei der Verwendung von ungewaschenem Sand mit deutlichen Anteilen an abschlämmbaren, tonigen Bestandteilen nahmen die Druckfestigkeiten und E-Moduln weiter ab. Die Porositäten und das Schwindmaß erhöhten sich dagegen deutlich. Dies wurde auch bei der Verwendung von Methylcellulose als Wasserretentionsmittel festgestellt, wobei allerdings dabei die Wasseraufnahmen reduziert wurden, was mit dem höheren Anteil an eingebrachten Luftporen zu erklären ist.

Im folgenden wird das Verhalten entsprechender Mörtelmischungen in Form von Putzmustern auf unterschiedlich saugenden Natursteinuntergründen erläutert. Die Putzmuster haben mittlerweile durchschnittlich drei Jahre der Bewitterung schadlos überstanden. Für die Untersuchungen wurden objektspezifische Mörtelmischungen aus natürlichem hydraulischen Kalk und quarzhaltigen Zuschlägen (überwiegend gewaschenen Flußsanden) bei B/Z-Verhältnissen von 1:4 bis 1:7 in Masseteilen appliziert und parallel dazu als Laborprismen, die in Stahlformen hergestellt wurden, gelagert. Die vergleichenden Prüfungen erfolgten an durchcarbonatisierten Mörteln; die der Objekte wurden im Zuge der Haftzugfestigkeitsprüfungen entnommen und zu geometrischen Prüfkörpern präpariert. Was die Druckfestigkeiten angeht, so konnte analog zu Beobachtungen anderer Autoren [9] festgestellt werden, daß insbesondere bei stark saugenden Putzuntergründen, wie sie im Fall von Tuffstein und Buntsandstein vorlagen, eine Erhöhung der Druckfestigkeiten der applizierten Putzmörtel im Vergleich zu den ohne Verbund gelagerten Mörteln vorlag. (Bild 5)

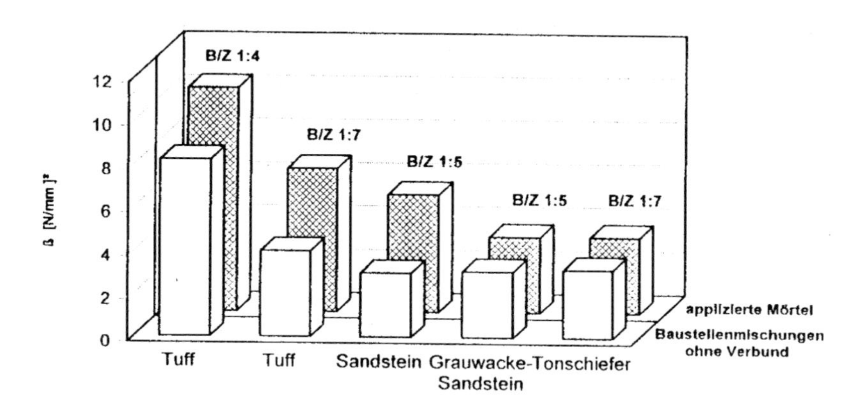

Bild 5: Druckfestigkeiten β_D [N/mm²] der an Mauerwerk aus unterschiedlichen Natursteinarten applizierten hydraulischen Kalkmörteln im Vergleich zu den Baustellenmörteln ohne Verbund

Im Fall der Putzmörtel auf Tuffstein lagen die Druckfestigkeiten bei den Labormörteln der Mischungen mit B/Z-Verhältnissen von 1:7 in MA% im Schnitt bei 3-4 N/mm², am Objekt hingegen bei 6-8 N/mm². Auf Buntsandstein erfolgte ebenfalls etwa eine Verdoppelung der Werte. Als Beispiel für das Verhalten der Mörtel auf Buntsandstein wurde eine Rezeptur mit einem Zuschlagsanteil aus Buntsandsteinsand (mit erheblichem Tonanteil) verwendet. Dies führte zu einem deutlichen Abfall der Druckfestigkeiten. Auf schlecht saugenden Untergründen wie Grauwacke-Sandstein und Tonschiefer liegen die Werte nahezu gleich. Auf Grauwacke-Sandstein wurde dem Zuschlag eine geringe Menge Bims zugefügt, so daß hier bei einem B/Z-Verhältnis von 1:5 in Masseteilen ebenfalls gegenüber der Putze auf Tuffstein niedrigere Festigkeiten zu verzeichnen waren. Die Erhöhung der Druckfestigkeiten auf stark saugenden Untergründen beruht darauf, daß die Natursteine das in den Mörteln enthaltene überschüssige und zusätzliche Kapillarporen hinterlassende Wasser unterschiedlich stark aufnehmen. Dabei können die angrenzenden Natursteine den Mörteln das Wasser insofern absaugen, als es nicht aufgrund deren Wasserrückhaltevermögens zurückbehalten wird. Der Effekt ist daher bei geringerem Bindemittelanteil stärker ausgeprägt. Analog dazu verhalten sich die Wasseraufnahmekoeffizienten der untersuchten Mörtel, die bei den applizierten Mörteln ebenfalls niedrigerer lagen als bei den ohne Verbund gelagerten Mörteln. (Bild 6)

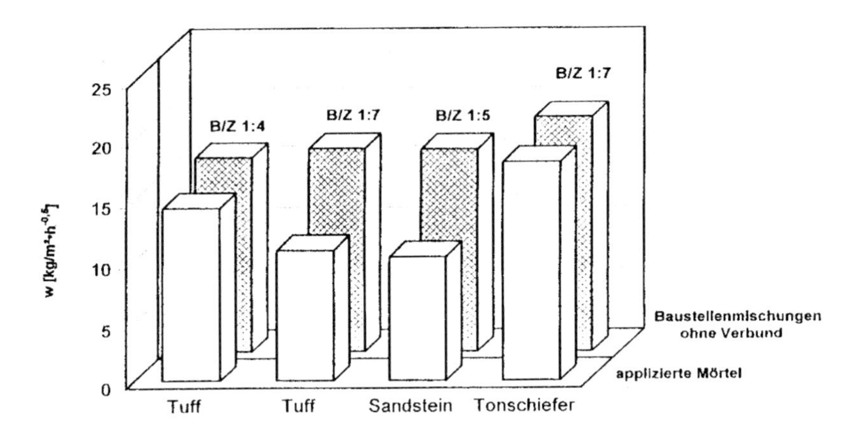

Bild 6: Wasseraufnahmekoeffizienten w $[kg/m^2 \cdot h^{-0,5}]$ der an Mauerwerk aus unterschiedlichen Natursteinarten applizierten hydraulischen Kalkmörtel im Vergleich zu den Baustellenmörteln ohne Verbund

Die Untersuchungen zeigen, daß in allen Fällen die Natursteine in Abhängigkeit von ihrem Wasseraufnahmeverhalten höhere Festigkeiten und verminderte Porositäten der angrenzenden Mörtel bewirken. Wesentliche Faktoren für die Haltbarkeit der Putze sind die feuchtetechnischen und mechanischen Eigenschaften der Putze in Relation zu den entsprechenden Eigenschaften der Natursteine. Aufgrund der Versuche konnte bezüglich der Druckfestigkeiten der Putze auf der Basis von natürlichem hydraulischen Kalk geschlossen werden, daß diese beim Einsatz der erprobten Rezepturen auf Sandstein, Grauwacke-Sandstein und Tonschiefer die Werte der Natursteine deutlich unterschreiten. Die Druckfestigkeiten der auf Tuffstein applizierten Mörtel lagen allerdings mit Werten > 10 N/mm² deutlich über denjenigen des Tuffes und mit ca. 7 N/mm² im Bereich des Tuffsteines, so daß hier weichere Putzmörtel zu empfehlen sind. Gleiches kann für die E-Moduln abgeleitet werden. Die Druckfestigkeit nach 28 Tagen, die häufig als maßgebend herangezogen wird, lag bei allen Mischungen im Schnitt zwischen 1 und max. 2 N/mm² und ist daher hinsichtlich des Verhaltens der Putze am Objekt nicht allein als ausschlaggebend zu bezeichnen. Aufgrund der Beobachtung, daß Putzmörtel, deren Bindemittel nur aus hydraulischem Kalk bestehen, hinsichtlich ihrer Festigkeiten am Objekt im Falle weicher und empfindlicher Putzuntergründe schon als zu fest und spröde einzustufen sind, sollte eine Putzoptimierung eher in Richtung niedrigerer Festigkeiten erfolgen. Dies ist durch die Verwendung höherer Anteile an Weißkalkhydrat und/oder mit Zusatzmitteln möglich. Entsprechende Putze auf der Basis hochhydraulischer Kalke erreichen dagegen in der Praxis häufig entschieden zu hohe Festigkeiten [10]. Bei stark saugendem Untergrund, bei dem der Einsatz von Zusatzmitteln wie z.B. Wasserretentionsmittel erwogen wird, ist zu berücksichtigen, daß je nach deren Zusammensetzung die Festigkeiten bindemittelabhängig reduziert werden und bei der Verarbeitung in kälteren Jahreszeiten Abbindeverzögerungen eintreten können. Durch die Beigabe eines Luftporenbildners etwa zu einem Werkmörtel auf der Basis eines hydraulischen Kalkes, dem er bei Maschinenverarbeitbarkeit zur Erzeugung einer ausreichenden Menge Luftporen (z.B. im Hinblick auf die Frostbeständigkeit und zur Gewichtsreduktion) dient, werden je nach Art des Porenbildners und des Bindemittels die Festigkeiten noch deutlicher reduziert.

Handelt es sich um höhere Fassadenabschnitte, um stark exponierte Gebäudeteile und deutliche Schlagregenbelastung, so ist zu prüfen, ob ein schützender Anstrich, die werkseitige Zufügung eines Hydrophobierungsmittels zu einer Putzmörtelrezeptur [11] oder der Zusatz hydraulischer Komponenten in Frage kommen, um einen Verputz mit höherer Witterungsbeständigkeit auszurüsten, ohne negative Auswirkungen auf das Mauerwerk und andere Gebäudeteile zu haben.

5 Kriterien bei der Anwendung von Kalkputzen

Eines der wichtigsten Kriterien bei der Verarbeitung von Kalkmörteln ist ihre Applikation bei Temperaturen > 5° C und vor Einsatz der ersten Nachtfröste, um ihnen die für ihre Frostbeständigkeit ausreichende Abbindezeit zu gewähren. Als allgemeiner Richtwert für die Anwendung reiner carbonatisch gebundener Kalkmörtel gilt als Zeitpunkt der Maßnahme spätestens ca. drei Monate vor Einsatz der ersten Nachtfröste [12], wobei das Abbindeverhalten neben der

Mörtelzusammensetzung auch von der Auftragsstärke des Putzes, seinem Gefüge, der Oberflächenbeschaffenheit und der umgebenden Luftfeuchtigkeit abhängt.
Bei der Planung einer Maßnahme sind die unter 2. genannten Voruntersuchungen notwendig, um die Anforderungen an einen Putz genau formulieren zu können. Bei der Auswahl eines Putzmörtels ist zunächst die zur Diskussion stehende Putzmörtelrezeptur, sei es in Form von geplanten Baustellenmischungen oder in Gestalt eines Werktrockenmörtels, auf die geforderten Putzeigenschaften zu überprüfen. D.h. es sollten Parameter wie die Festigkeitsentwicklung und die Endfestigkeiten im Zusammenhang mit dem Wasseraufnahmeverhalten des Putzgrundes bekannt sein, um die Putzeigenschaften in etwa abschätzen zu können. Diese sind sowohl auf den Putzgrund als auch auf die Exposition eines Bauwerks abzustimmen.
Ebenso wichtig wie die Auswahl bzw. Festlegung der richtigen Kalkmörtelrezeptur unter Berücksichtigung der Anforderungen, die unter 3. genannt wurden, und unter Prüfung der Mörteleigenschaften gemäß 4., ist die sorgfältige Beachtung der Kriterien, die bei der Verarbeitung und Anwendung der Putzmörtel unmittelbaren Einfluß auf die Ausbildung der Putzeigenschaften haben. In diesem Zusammenhang ist zunächst zu klären, ob bei der geplanten Applikationstechnik eine maschinelle Verarbeitung oder eine Verputzung per Hand vorgesehen ist. Davon abhängig sind beispielsweise der Einsatz von Größtkorn bzw. bestimmter - auch farb- und strukturgebender (regionaler) - Sande, die nicht immer maschinengängig sind und v.a. bei Naturputzen (d.h. ohne nachfolgenden Anstrich) eine Rolle spielen. Hierbei ist insbesondere die Menge des Feinkornanteiles zu beachten, da dieser bei höheren Tonmineralgehalten zu deutlichen Festigkeitsverlusten des Mörtels führt. Gleichzeitig wird durch einen höheren Feinkornanteil der Zuschläge - ebenso wie durch einen höheren Kalkhydratgehalt - das Schwinden eines Mörtels erhöht, so daß insbesondere bei stark saugenden Untergründen geprüft werden sollte, ob ein mehrlagiger Putzauftrag möglich ist.

5.1 Untergrundvorbereitung

Nach einer eingehenden Beurteilung des Untergrundes hinsichtlich seines Saugverhaltens (s. 2.), möglicher rißverursachender (Anschluß-)Situationen, Mauerwerkstiefen, Zustand des Fugenmörtels, Tragfähigkeit von Altputzresten, ist der Untergrund von störenden Trennschichten, Staub etc. zu reinigen, um einen haftfähigen Putzgrund zu schaffen. Bei sehr heterogenem Untergrund mit sehr unterschiedlichem Saugverhalten ist zunächst zu prüfen, ob ein Ausgleichsputz diesen egalisieren kann und einen ausreichenden Haftgrund schafft. Ein Überspannen mit einem Putzträger kann dann notwendig werden, wenn eine Rißüberbrückung bzw. eine Entkopplung vom Untergrund gefordert ist. Für die Überprüfung der Untergrundhaftung und beim Überputzen zu sichernder historischer

Putzfragmente ist die Anlegung von Musterflächen unbedingt zu empfehlen. Bei stark saugendem Untergrund ist eine intensive Vorbehandlung einzuplanen. Bezüglich der Einsatzgrenzen eines Kalkputzes auf salz- bzw. feuchtebelastetem Untergrund ist eine genaue Beurteilung notwendig, um entsprechende Zusatzmaßnahmen einzuplanen.

5.2 Einsatzgrenzen

Die Lebensdauer eines Putzes auf der Basis reinen Kalkhydrats ist insbesondere bei größerer Feuchtebelastung aufgrund ihrer hohen Wasseraufnahmen (vgl. 4.) ohne nachfolgenden wasserhemmenden Anstrich eingeschränkt. Dennoch kann es bei empfindlichem Mauerwerk erforderlich sein, einen möglichst weichen Kalkputz mit einer guten Austrocknungsfähigkeit zu verwenden und damit eine intensivere Pflege des Putzes in Kauf zu nehmen. Mit ihrer hohen kapillaren Aktivität gehen bei Kalkputzen und reinen Kalkfarben die häufig auf Fassadenflächen zu beobachtenden Fleckenbildungen einher, die in der Regel nach längeren Trocknungszeiten wieder verschwinden. Bei starker Beanspruchung, die i.a. die Sockelzonen und höhere Fassadenbereiche betreffen, sind häufig Kalkputze höherer Festigkeit gefordert. Hier besteht zum einen die Möglichkeit, durch eine hydraulische Verstärkung (z.B. durch die Zugabe eines hydraulischen Kalkes) dessen Widerstandsfähigkeit zu erhöhen, bzw. einen hydraulischen Kalk höherer Festigkeitsklasse zu verwenden, der auf den Untergrund abgestimmt werden muß. Die Verwendung von Hydrophobierungsmitteln ist sorgfältig abzuwägen. Falls deutliche Salz- bzw. Feuchtebelastungen im Mauerwerk vorhanden sind, kann eine Kompromißlösung notwendig werden, bei der z.B. in den betroffenen Bereichen in der untersten Lage ein Sanierputzsystem angewendet wird, um die nachfolgenden Kalkputzschichten vor zu großen Belastungen zu schützen. Dabei ist es in der Regel wichtig, den nicht hydrophobierten Kalkoberputz zweilagig aufzutragen, um unschöne Ansätze beim Übergang schlecht saugenden Sanierputzes zu stärker saugenden Putzgründen zu vermeiden. Alternativ können Kalkputze auf der Basis von Luftkalk auch als Opferputze dienen, sofern eine ausreichende Porenmenge im Festmörtel für die Einwanderung von Salzlösungen aus dem Mauerwerk zur Verfügung steht. In diesem Fall sind regelmäßige Wartungs- und Pflegeintervalle notwendig.

5.3 Putzauftrag und Abbindeverhalten

Traditionell hergestellte Kalkputze wurden in der Regel mehrlagig aufgebracht. Ein mehrlagiger Putzauftrag bietet zudem die Möglichkeit, Untergrundvertiefungen und Altrisse auszugleichen und Schwindrissen vorzubeugen. Auch für das Aufbringen einzelner Putzlagen empfiehlt sich die

Anlegung von Musterflächen, um den Zeitpunkt des Ansteifungs- bzw. Anhaftungsbeginns des Putzes in Abhängigkeit des Untergunds zu ermitteln, da dieser eine ausreichende Tragfähigkeit für die nachfolgende Putzschicht besitzen muß. Die genaue Beachtung ausreichender Standzeiten und der möglichen Lagenstärken, die sich in aller Regel nach dem Größtkorn richten, ist bei einem mehrlagigen Putzauftrag entscheidend, um eine ausreichende Haftung und ein gleichmäßiges Abbinden zu erhalten und Schwindrisse in der obersten Schicht zu vermeiden. Dabei können Schwindrisse in der untersten Putzlage, die dadurch entstehen, daß die Oberflächenspannung bei der Abtrocknung zunächst größer ist als die Mörtelfestigkeit, zur Entspannung der Oberfläche beitragen. Die einzelnen Putzschichten sollten jeweils vor dem Auftragen der nächsten Lage ausreichend aufgerauht werden, da hierdurch die Carbonatisierung und die Austrocknung gefördert werden. Generell ist eine zu starke Verdichtung sowie eine Sinterhautbildung auf der Oberfläche zu vermeiden, da sonst die für die Carbonatisierung notwendige CO_2-Zufuhr behindert wird und das bei der Carbonatisierung freiwerdende Wasser nicht ausreichend abgeführt werden kann. Auch der zu rasche Auftrag eines Anstriches sowie zu große Farbschichtstärken können diesen Vorgang behindern. Prinzipiell ist eine relative Luftfeuchtigkeit von 50-70 % für den Ablauf des Abbindeprozesses günstig. Bei zu geringer Luftfeuchtigkeit besteht die Gefahr des Austrocknens, bei zu intensiver Nachbehandlung besteht die Gefahr einer Bindemittelauswaschung bzw. einer nachträglichen Sinterhautbildung. Bei hydraulisch wirksamen bzw. latent hydraulischen Anteilen ist dies jedoch auf den jeweiligen Fall abzustimmen, da auch eine ausreichende Hydratisierung gewährleistet sein muß. Häufig reicht dafür das Abhängen des Putzes mit Jutebahnen aus, die in Form eines Gerüstbehangs gleichzeitig auch einen Schutz vor Beregnung darstellen. Wird ein Kalkputz zur Sockelausbildung verwendet, ist darauf zu achten, daß hier der Putzquerschnitt vor zu hoher kapillarer Wasseraufnahme geschützt werden sollte. Dies ist beispielsweise durch die Ausführung eines Kellenschnittes bzw. durch das Anschlagen einer Latte oberhalb der Geländeoberkante möglich.

6 Schlußbemerkung

Bei der Auswahl eines denkmalpflegegerechten Kalkputzes sind zuvor Zusammensetzung und Eigenschaften eingehend zu prüfen, um auszuschließen, daß darin altmaterialunverträgliche Bestandteile enthalten sind. Daneben ist zu klären, ob das entsprechende Produkt auch die für den jeweiligen Anwendungsfall notwendigen technologischen Parameter erreicht, wie ausreichende, aber nicht zu hohe Festigkeiten entsprechend den vorhandenen Baustoffen angepaßten hygrischen Eigenschaften. Bei der Ausbildung der Materialeigenschaften am Objekt spielt die handwerkliche

Ausführung eine wesentliche Rolle. Eine fachkundige Beratung der ausführenden Firma ist daher notwendig, um eine optimale Umsetzung zu ermöglichen. Wie bereits unter den Anwendungskriterien erläutert wurde, liefert die Anlegung von Musterflächen einen wertvollen Beitrag zur richtigen Applikation der Kalkputze im Hinblick auf einzelne Putzlagen, deren Schichtstärken, zu beachtende Standzeiten und evtl. notwendige zusätzliche Maßnahmen, sowie die Art der Vor- bzw. Nachbehandlung, v.a. Struktur- und Farbgebung etc. Sowohl die Anlegung von Musterflächen als auch die Entnahme von Baustellenmörteln in Form von Rückstellproben bieten dem Anwender eine Sicherheit bezüglich der Ausführungsqualität und eine Schutzmaßnahme vor evtl. Beanstandungen nach Abschluß der Arbeiten. Anhand angelegter Muster können oft schon durch optische Beurteilung und relativ wenig aufwendige Untersuchungen die Einsatzfähigkeit und Tauglichkeit der ausgewählten Putze überprüft werden.

Beispiele aus Großbritannien und den skandinavischen Ländern, in denen seit Jahren erfolgreich mit traditionell hergestellten Kalkputzen auf der Bindemittelbasis von Weißkalkhydraten und natürlichen hydraulischen Kalken und mit den für deren Verarbeitung notwendigen Handwerkstechniken gearbeitet wird [12], sollten Mut machen, auch in anderen Ländern verstärkt solche Rezepturen und deren Anwendung zu erforschen.

7 Literatur

[1] Strübel, G.; Kraus, K.; Kuhl, O.; Gödicke-Dettmering, T., *Hydraulische Kalke für die Denkmalpflege*, Institut für Steinkonservierung e.V., Bericht Nr. 1, Wiesbaden, 1992

[2] Gödicke-Dettmering, T. u. Strübel, G., *Vorgaben und Erwartungen an Putze aus der Sicht der Denkmalpflege*, WTA-Schriftenreihe, Heft 14 „Anwendung von Sanierputzen in der baulichen Denkmalpflege“, Aedificatio Verlag / Fraunhofer IRB Verlag, 1997

[3] Kremser, H., *Außenputze für historische Gebäude - Bestandsaufnahme, Ausführungshinweise, Ausschreibung* -, Landesinstitut für Bauwesen und angewandte Bauschadensforschung (LBB), Bericht Nr. 2.12, Aachen, 1994

[4] Knöfel, D. u. Schubert, P. (Hrsg.), *Handbuch Mörtel und Steinergänzungsstoffe in der Denkmalpflege,* Verlag Ernst & Sohn, Berlin, 1993

[5] DIN 18555-01: 1985-01: *Putz; Begriffe und Anforderungen*

[6] WTA-Merkblatt 4-5-97 (Entwurf), *Beurteilung von Mauerwerk, Mauerwerksdiagnostik*

[7] DIN 1060-1: 1995-03, *Baukalk; Begriffe, Anforderungen, Lieferung, Überwachung*

[8] Gödicke-Dettmering, T., *Mineralogische und technologische Eigenschaften von hydraulischem Kalk als Bindemittel von Restaurierungsmörteln für Baudenkmäler aus Naturstein*, Institut für Steinkonservierung e.V., Bericht Nr. 6, Wiesbaden, 1997

[9] K. Fischer, *Erhaltendes Instandsetzen von historischen Putzfassaden, 12 Fragen und Antworten*, Praxis Ratgeber Nr.5, Deutsche Burgenvereinigung e.V., Braubach, 1995

[10] Kraus, K., *Kalkmörtel für die Denkmalpflege*, Bauchemie heute: Fakten, Modelle, Anwendungen: Festschrift zum 60. Geburtstag von Prof. Dr. D. Knöfel, hrsg. von K.G. Böttger, Darmstadt, 1996

[11] Künzel, H. u. Riedl, G., *Kalkputz in der Denkmalpflege*, Bautenschutz und Bausanierung, 19, Heft 2,1996

[12] Scottish Lime Centre for Historic Scotland, *Preparation and Use of Lime Mortars*, an introduction to the principles of using lime mortars, Historic Scotland, Technical Advice Note 1, Edinburg, 1995

Kalk in der Denkmalpflege: Ist das wirklich so schlimm?

Dipl. Ing. E. Alexakis
Österreichisches Institut für Bauwerksdiagnostik, Graz

Zusammenfassung

Die Denkmalpfleger verharren auf dem Standpunkt, daß seit über 2000 Jahren mit Kalk geputzt wurde und das mit so einer guten Qualität, daß diese Putze teilweise Jahrhunderte lang leben.
Industrie und Forschung propagieren hingegen modere Fertigputze mit verschiedenen Zusätzen, wodurch diese Putze einen hohen Qualitätsstandart erreichen. Parallel dazu erfolgen aber ungerechtfertigte Angriffe gegen den reinen Kalkputz.
In einem Vergleichstest versuchte eine renommierte Forschungsgesellschaft reine Kalkputze mit Werktrockenmörtel zu vergleichen. Dabei schnitten die Kalkputze besonders schlecht ab. Es wurde festgestellt, daß bei der Herstellung der Musterflächen mit den Kalkputzen etliche Fehler unterlaufen sind, weshalb auch die Kalkputze nach relativ kurzer Zeit viele Schäden aufwiesen.
Die Herstellung eines reinen Kalkputzes im Sinne der Denkmalpflege ist nicht Aufgabe der Forschung und der Wissenschaft, sondern das Metier eines erfahrenen Handwerkers.

Einleitung

Der Kalk als Baustoff, insbesondere als Bindemittel ist schon seit dem Altertum bekannt. Zahlreiche Baudenkmäler sind heute noch Zeugen seiner Vorzüge. Trotzdem werden die Schadensfälle bei Kalkputzen immer häufiger. Es haben sich zwei hartnäckige Pro- und Kontrafronten gebildet. Auf der einen Seite stehen die Denkmalpfleger, die auf „Teufel komm raus" und ohne Rücksicht auf Verluste den Kalkputz verlangen. Auf der anderen Seite die Fertigputzindustrie, die aufgrund der vielen Schadensfälle, den Kalk pauschal verurteilt.

Beide Teile fühlen sich (zu Recht) im Recht:

Die Denkmalpfleger, die die sensible Aufgabe haben Kulturgut zu erhalten und gegebenenfalls originalgetreu wiederherzustellen, sehen nicht ein, daß ein Produkt, das seine Qualitäten jahrhundertelang unter Beweis gestellt hat, auf einmal nicht mehr gut genug sein soll und ihm die Schuld für alle Putzschäden zugeschrieben wird.

Die Baustoffindustrie versucht, den, sowohl in der Materialherstellung, als auch im Handwerk verloren gegangenen Techniken, durch moderne Technologie entgegen zu wirken und dies wieder gut zu machen.

Gegner und Befürworter, also Hersteller von Werktrockenmörtel und Denkmalpfleger machen den gleichen Fehler:

Sie pauschalisieren und verabsäumen bei jedem einzelnen Fall objektspezifisch vorzugehen. Dies ist auch verständlich, da beide „Parteien" vom personellen Aufwand her gar nicht dazu in der Lage wären.

In dieser Auseinandersetzung kommen die Denkmalpfleger allerdings etwas zu kurz. Das Corpus Delicti, also die Putztechnologie, ist eine rein technische Angelegenheit, die Denkmalpfleger sind jedoch in den meisten Fällen Kunsthistoriker. Die Techniker unter ihnen haben eine breite Palette von technischen Fragen zu behandeln und sie haben sicher nicht das Fachwissen, welches die Spezialisten der einschlägigen Industrie und Forschung haben. Eine erfreuliche Ausnahme machen hier die verschiedenen Werkstätten der Denkmalämter wie z. B. in Fulda, Thierhaupten und Mauerbach.

Wenn die Industrie am „Spielfeld Baustelle" z. B. Sanierputze vorbringt, kann sie die Qualität dieser Produkte mit vielen Argumenten und naturwissenschaftlichen Nachweisen untermauern. Die Argumente der Denkmalpfleger sind meistens Nostalgie, Emotionen, Tradition, Dogma...

Die logische Folge ist, daß das „Match" immer 1:0 für die Industrie ausgeht und das finden wir nicht fair!

Der Gerechtigkeit wegen wollen wir anhand von zwei Extrembeispielen zeigen, wie Denkfehler zu negativen Ergebnissen führen und wie Kenner der Materie, entgegen jeder Vernunft, Kalkputze für höchste Ansprüche herstellen.

Die Denkfehler:

Vor zwei Jahren veröffentlichte die Fraunhofer Gesellschaft den Bericht einer Forschungsarbeit 1 . An einem bestehenden Versuchshaus auf dem Freiland-Versuchsgelände in Holzkirchen wurden versuchsweise mehrere Flächen für einen praxisgerechten Versuch mit verschiedenen Materialien verputzt. Es sollten auf der Baustelle traditionell hergestellte Kalkputze mit Werktrockenmörtel verglichen werden. Das Ergebnis war für den traditionellen Kalkputz für die Denkmalpflege im Vergleich zu den Werktrockenmörteln vernichtend. Nach diesem Bericht müßte es eigentlich überhaupt keinen Kalkputz mehr geben, weder einen alten noch einen neuen.
Allein bei einer kritischen Studie dieses Berichtes, welcher rein naturwissenschaftlich unantastbar ist, fallen mehrere Denkfehler bzw. Trugschlüsse auf:

1) Zuerst das ausgesuchte Versuchsobjekt. (Bild 1) Es weist eine Bauweise auf, bei der das charakteristischste Merkmal eines Altbaues fehlt, nämlich das vorspringende Dach mit dem entsprechenden Regenschutz. Auch die Wände, worauf die Probeputze aufgebracht wurden, dürften keinesfalls den Wänden eines Denkmales entsprechen.

Bild 1: Das Versuchshaus für den „Kalkputz in der Denkmalpflege“

2) Die Herstellung des Baustellenmörtels erfolgte mit dem gleichen Sand der auch für die Herstellung des Werktrockenmörtels verwendet wurde, um die Variation auf das Bindemittel und das Mischungsverhältnis zu beschränken. Dies ist insofern ein Trugschluß, da für Werktrockenmörtel die Sande ganz andere Anforderungen zu erfüllen haben als für Baustellen-Kalkputze. Ein Baustellenmörtel benötigt einen Sand, dessen Sieblinie und Kornform die Festigkeit des Mörtels, das Schwinden, den Bindemittelbedarf, den Wasserbedarf und ähnliches positiv beeinflussen muß. Für Werktrockenmörtel werden alle diese Anforderungen durch chemische Zusätze erfüllt. Die hier zur Anwendung kommende Sande haben in erster Linie die Maschinengängigkeit zu gewährleisten und sind für Baustellenmörtel völlig ungeeignet.
3) Das Mischungsverhältnis wurde nach irgend einem Rezept festgelegt. Leider gibt es aber dazu keine Patentrezepte! Das Mischungsverhältnis beim traditionellen Putz wird vom erfahrenen Handwerker, der sowohl Bindemittel als auch Zuschlagstoff kennt, festgelegt.
4) Aus dem Bild 7 des Forschungsberichtes (Bild 2), in welchem die Frostschäden dokumentiert sind, erkennt man eindeutig, daß der Kalkputz eine Kruste hat, was darauf hindeutet, daß der „Verputzer", der ihn aufgebracht hat, mit der Oberflächenbehandlung Probleme hatte und ziemlich lange daran gearbeitet haben muß. War das der richtige Mann für so eine Arbeit?

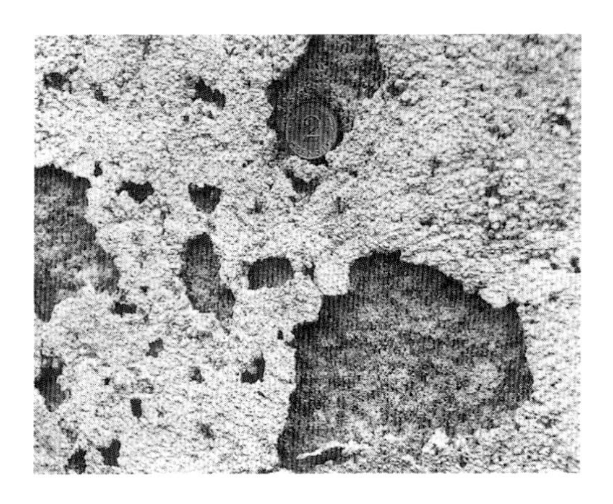

Bild 2: Die Oberfläche des Kalkputzes (nach dem zweiten Winter)

5) Die Versuchsflächen wurden im Oktober verputzt. Das ist für einen langsam abbindenden Putz, so wie der reine Kalkputz, eine ungeeignete Jahreszeit, insbesondere für Holzkirchen, das für sein rauhes Klima bekannt ist.

Allein eine von diesen 5 erwähnten „Verfehlungen" hätte unter Umständen ausgereicht, um die aufgetretenen Schäden herbeizuführen. Es bestand jedoch Interesse, sich mit dieser Forschungsarbeit noch genauer auseinander zu setzen. Nachdem im veröffentlichten Bericht kaum auf Details über die Herstellung des Kalkputzes eingegangen wurde, wurde lange Zeit recherchiert.

Bei dieser Gelegenheit sei Herrn Dr. H. Künzel, Holzkirchen und Herrn Ing. Meier, Marktredwitz großer Dank für die hilfreiche Kooperation und Lob für Ihr Interesse an der Aufklärung der Schäden ausgesprochen!

Leider konnten nicht viele Fragen beantwortet werden, weil nur eine geringe Dokumentation über die Herstellung der Versuchsflächen vorgelegen ist. Außerdem war bei der Besichtigung des Versuchsobjektes der Putz an den Versuchsflächen bereits abgeschlagen und mit neuen Putzmaterialien versehen.

Es konnte trotzdem einiges rekonstruiert werden:

- Der Kalkputz wurde nicht auf ein entsprechendes Mauerwerk aufgebracht, sondern auf bereits für andere Versuche, verputzte Flächen.
- Der Putz wurde einlagig in einer Dicke von ca. 1,5 cm aufgetragen und nicht, wie erforderlich, in zwei Lagen, als Grob- und Feinputz bzw. Ober- und Unterputz.
- Im Forschungsbericht wurde erwähnt, daß ein Fachmann des Denkmalamtes für die Beratung herangezogen wurde. Nach langen Recherchen wurde dieser Fachmann ausfindig gemacht. Es handelt sich um einen ausgezeichneten und anerkannten Restaurator. Nach seinen eigenen Angaben wurde er jedoch allgemein gefragt, wie man einen alten Kalkputz restauriert, er wurde jedoch nicht über dieses Vorhaben informiert. Bei der Versuchsdurchführung war er nicht dabei. Ob und wenn ja, wer der Vertreter der Denkmalpflege während der Versuchsdurchführung war, konnte nicht eruiert werden.

Trotz der Recherchen sind mehrere Fragen offen geblieben wie z. B. die Vorbehandlung des Mauerwerks, die Qualität des Bindemittels, die Art und Weise der Applikation, der Nachbehandlung des Putzes und vieles mehr. Aufgrund der oben erwähnten Feststellungen ist anzunehmen, daß hier auch Fehler passiert sein müssen.

Befremdend wirkt auch die Interpretation der Meßergebnisse im 4. Kapitel des Forschungsberichtes. Obwohl gleich zu Beginn zugestanden wird, daß „nicht in allen Fällen optimale Putzmischungen und Verarbeitungsbedingungen gegeben waren". Grundsätzlich werden Qualitätsmerkmale von Werktrockenmörtel und Baustellen-Kalkputzen gegenüber gestellt, wonach der wissenschaftliche Nachweis erbracht wird, daß die Werktrockenmörtel qualitativ besser sind! Wäre vielleicht etwas anderes zu erwarten? Es wäre tragisch für die Werktrockenmörtel-Industrie, wenn sie nach Jahresende langer Forschungs- und Entwicklungsarbeit, mit allen ihr zur Verfügung stehenden Mitteln, nicht imstande gewesen wäre, qualitativ hochwertigere Produkte auf den Markt zu bringen, als die simplen Baustellenmörtel. Es wird aber leider der Titel der Forschungsarbeit übersehen! Er lautet nämlich „Kalkputz in der Denkmalpflege" und nicht etwa im sozialen Wohnbau. Es werden Vorteile der Werktrockenmörtel gegenüber dem Baustellen-Kalkmörtel hervorgehoben, die im Sinne der Denkmalpflege gar keine Vorteile sind.

- Hohe Härte bzw. Festigkeit ist nicht erforderlich. Man braucht eher eine Dauerhaftigkeit.
- Geringe Wasseraufnahme ist nicht erforderlich, wenn das aufgenommene Wasser rasch austrocknen kann.
- Frostbeständigkeit ist nicht erforderlich, wenn der Putz in der kalten Jahreszeit trocken ist.
- Rasche Festigkeitszunahme ist nicht erforderlich, wenn man nicht unbedingt vor dem Einsetzen der Frostperiode verputzen will.
- Geringes Schwindmaß ist nicht erforderlich, wenn der Unterputz ausreißt und erst dann der Deckputz appliziert wird.
- Hohes Wasserrückhaltevermögen ist nicht erforderlich, wenn der Putz entsprechend vor- bzw. nachbehandelt wird.

Der Verzicht auf diese Qualitätsmerkmale für den Kalkputz in der Denkmalpflege ist eine allgemein geltende Regel. Selbstverständlich gibt es Sonderfälle, wo objektspezifisch vorgegangen werden muß.

Zweifelsohne sind bei dieser Forschungsarbeit sehr viele Fehler passiert. Dies ist auch normal, denn eine hochwissenschaftliche Versuchsanstalt für Bauphysik und Materialprüfung, auch wenn sie die größte und renommierteste Europas ist, ist weder kompetent, noch zuständig Arbeiten durchzuführen, die dem erfahrenen und spezialisierten Handwerker vorbehalten sind.

Die höchsten Ansprüche

Anhand der Restaurierung des Schlosses Tegel in Berlin (Bild 3) soll ein Beispiel erwähnt werden, welches bezeugt, was man alles mit einem traditionellen, reinen Kalkputz erreichen kann, wenn der echte Fachmann am Werk ist. Das Schloß Tegel, der Familie Humbolt in Berlin, wurde vom Architekten Karl Friedrich Schinkel, in der ersten Hälfte des vorigen Jahrhunderts erbaut. Im Jahr 1990 wurde dieses Schloß generalsaniert. Man entschloß sich, den ursprünglichen Fassadenverputz, der stellenweise noch vorhanden war, zu rekonstruieren. Die Gesimse und Fensterbänke waren nicht verblecht, sondern dem Regen ausgesetzt. Nach dem heutigen Stand der Technik ist es unvorstellbar, daß ein Kalkputz so einer Beanspruchung standhalten kann. Trotzdem hat man beschlossen, die Fassade mit einem Kalkputz, wie ursprünglich, ohne Schutzbleche zu restaurieren.

Bild 3: Das Schloß Tegel in Berlin

Damit beauftragt wurde der Restaurator Herr Göbel 2 . Es wurden genaue Untersuchungen der Putzzusammensetzung, des Putzaufbaues usw. durchgeführt. (Bild 4) Bei der mikroskopischen Untersuchung des Gesimsquerschnittes (Bild 5) ist man darauf gekommen, daß diese mit mehreren Lagen von sehr feinen, dichten Putzlagen hergestellt wurden. Sowohl die Dicke der Putzlagen, als auch die Körnung des Zuschlagstoffes nahmen in Richtung Putzoberfläche ab. Genau nach diesem Schema wurden die Gesimse neu hergestellt. Obwohl einige Putzrisse entstanden sind, sind bis heute keinerlei Verwitterungs- oder Frostschäden entstanden. (Bild 6)
Dieses Beispiel ist, wenn kein Beweis, zumindest ein Hinweis, was der erfahrende Handwerker alles zustande bringt. Trotzdem wird an dieser Stelle gewarnt, dieses nachzuahmen. , da das Schadensrisiko zu hoch wäre. (Üben darf man aber trotzdem!)

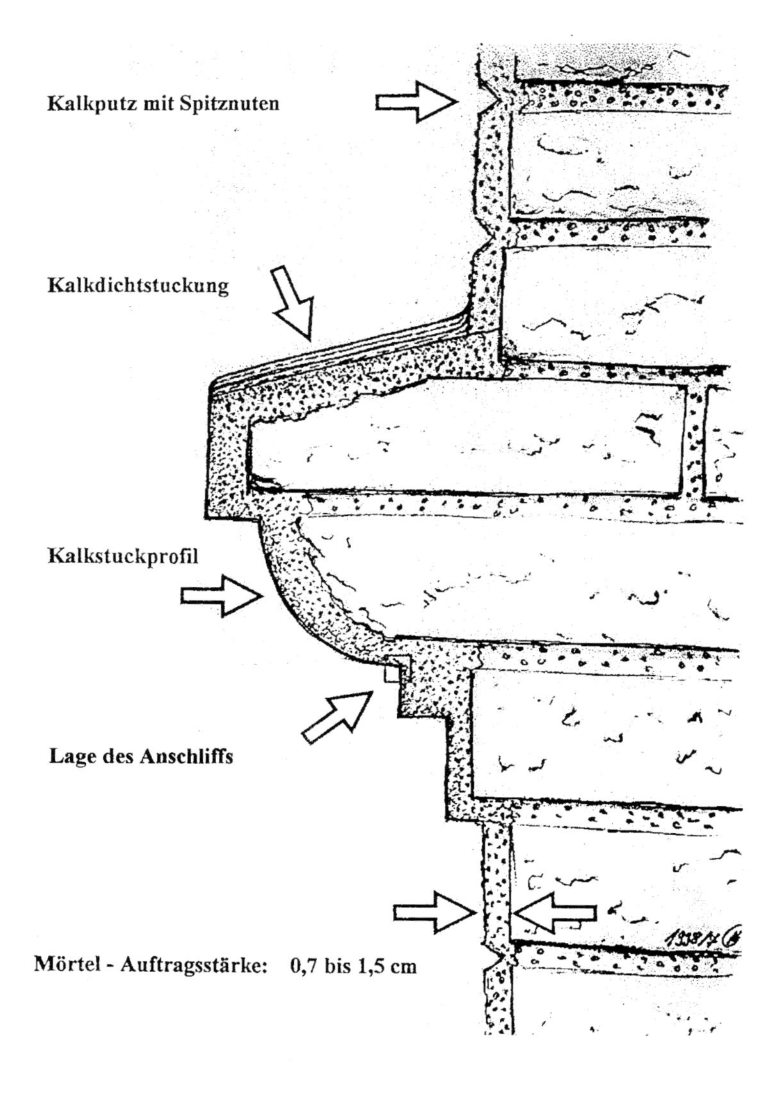

Bild 4: Der Querschnitt des Gesimses

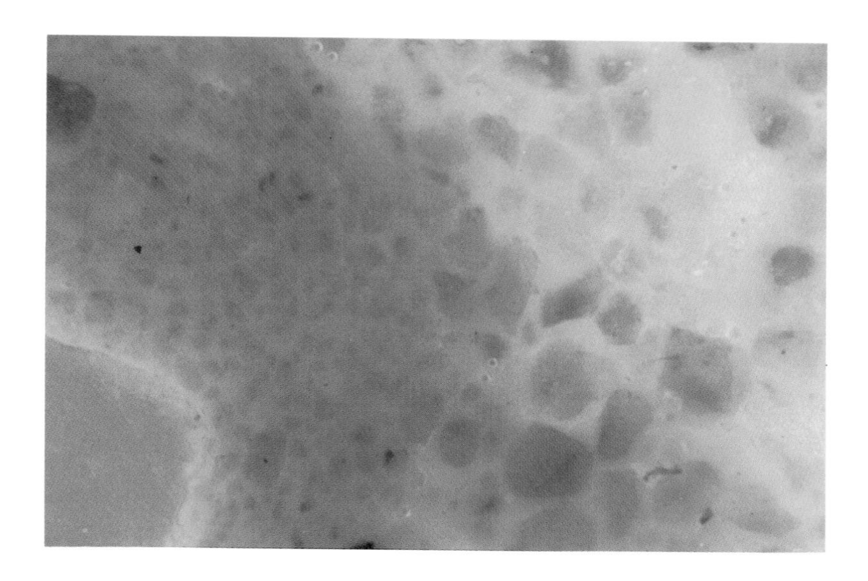

Bild 5: Anschliff eines Details des Gesimses

Bild 6: Fensterbänke ohne Verblechung

Der Vorschlag

Die unangenehme Situation, die zwischen Industrie und Denkmalpflege entstanden ist, ist zu entschärfen, wenn beide Seiten einen guten Willen zeigen und Zugeständnisse machen.

Der Putzindustrie und der von ihr beauftragten Forschung muß endlich klar werden, daß Denkmäler anderen Gesetzen unterstehen als Neubau oder normale Altbausanierung. Sie soll sich mehr um die Anliegen der Denkmalpfleger kümmern, als sie zu bekriegen. Es wäre z. B. interessant, wenn die Industrie helfen könnte, Wege zu finden, wie man ein feuchtes bzw. salzhaltiges Mauerwerk mit einem Kalkmörtel verputzt, so wie es ihr mit den Sanierputzen sehr gut gelungen ist. Eine Lösung gibt es sicher, weil es die Lösung früher schon gegeben hat. Salze und Feuchtigkeit hat es doch immer gegeben. In ihrer Verkaufsstrategie soll sie die zweifelsohne hervorragende Qualität der Werktrockenmörtel in den Vordergrund stellen. Sie stellt sich selbst ein Armutszeugnis aus, wenn sie es als notwendig befindet, den Kalkputz schlecht zu machen, um die Fertigputze verkaufen zu können.

Es soll uns Technikern klar sein, daß die Denkmalpflege eine humanistische, eine künstlerische, eine ästhetische, eine philosophische Sache ist, die wir nicht unbedingt verstehen müssen!

Ein Umdenken wäre aber auch von der Seite der Denkmalpflege erforderlich. Wir wollen hier nicht in die Diskussion, ob eine verloren gegangene Sache durch eine Kopie ersetzt werden soll oder mit modernen Materialien und Techniken neu hergestellt werden soll, einsteigen. Es wäre aber gut, wenn einige Denkmalpfleger ihre Wünsche technisch belegen könnten. Es fällt manchmal auf, daß Kunsthistoriker, aber auch „Techniker" der Denkmalpflege, im Zuge ihrer Beratungstätigkeit Thesen aufstellen, die für einen richtigen Bautechniker nicht nachvollziehbar sind. Insbesondere fehlt ihnen der Bezug zum gegenständlichen Objekt. Es werden oft Forderungen gestellt, die realitätsfremd sind.

Das Fachwissen beziehen sie aus der Fachliteratur oder von den Forschungslabors bzw. Forschungswerkstätten, die die Denkmalämter vielfach unterhalten. Hier findet tatsächlich ausgezeichnete Arbeit statt. Nur die Übertragung der Ergebnisse auf die Praxis erfolgt nicht optimal. Insbesondere Rezepturen von alten Putzen, die im Rahmen einer Bauforschung ermittelt wurden, um einem Restaurator für die Ergänzung eines Putzes zu helfen, werden für ganz wo anders stehende Bauten zur Ausführung vorgeschrieben.

Wir versuchen heute, im Sinne der Denkmalpflege, durch modernste Methoden im Labor alte historische Putze zu untersuchen, und Rezepturen zusammen zu stellen, um diese Putze zu rekonstruieren. Sehr oft aber übersehen wir die Tatsache, daß die alten historischen Putze immer von lokaler Bedeutung waren. Das heißt, man hat eine Rezeptur entwickelt, die für das im Ort vorkommende Bindemittel bzw. den Zuschlagstoff Gültigkeit hatte. Diese Rezepturen wurden nicht in Laboratorien entwickelt, sondern waren das Ergebnis der Erfahrung der Handwerker. Diese Bindemittel gibt es nicht mehr und die Sandgruben gibt es entweder auch nicht mehr oder wenn ja, sind wir zu anderen Schichten gelangt, wo der Sand sicherlich eine andere Kornzusammensetzung aufweist. Somit muß die heute übliche Vorgangsweise, zur Wiederherstellung von historischen Putzen, in Frage gestellt werden.. Eigentlich müßte man den konträren Weg einschlagen. Die Initiative muß vom örtlichen Handwerk mit dem örtlichen Bindemittel und dem örtlichen Zuschlagstoff und der örtlichen Technik ausgehen. Kraft seiner Erfahrung muß es dann die Kalkputze herstellen. Die Wissenschaft und Forschung sollte nur eine begleitende Funktion haben. Hier ist bewußt die Rede von der Herstellung von Kalkputzen und nicht von historischen Kalkputzen (ausgenommen Restaurationen). Zu jeder Zeit hat es je nach der aktuellen Qualität von Bindemittel und Zuschlagstoff eine eigene Putzzusammensetzung gegeben. Naturprodukte, wie Kalk und Sand, ändern sich im Laufe der Jahrzehnte. Dadurch haben sich auch die Rezepturen dauernd geändert. Es war gut so und es soll so bleiben.

Dann wird die Verwendung von Kalk in der Denkmalpflege sicher nicht so schlimm sein.

Literatur

[1] H. Künzel, G. Riedl, *Werktrockenmörtel, Kalkputz in der Denkmalpflege,* Bautenschutz & Bausanierung, Heft Nr. 2, März 1996

[2] Heinrich Göbel, *Stukkateurmeister & Handwerker in der Denkmalpflege*, Hauptstraße 25, Bischoffen/Niederweidbach

Historische Mörtel in Bauwerken der Mark Brandenburg

Dr. B. Arnold
Brandenburgisches Landesamt für Denkmalpflege, Abt. Restaurierung

Zusammenfassung

Im Land Brandenburg existiert eine große Anzahl mittelalterlicher Dorfkirchen mit originalen Putzbefunden, die entscheidend die Kulturlandschaft der Region prägen. Diese Putze sind infolge falsch verstandener Instandsetzungsmaßnahmen und Verwitterung in ihrem Bestand stark gefährdet. Im Rahmen eines interdisziplinären Projektes wurden die physikalisch-chemischen Eigenschaften ermittelt sowie die Gefügezusammensetzung mikroskopisch untersucht. Ihrer Zusammensetzung nach handelt es sich um Luft- höchstens Wasserkalke. Hydraulische Anteile treten nach mikroskopischen Gefügeuntersuchungen nur punktuell, ohne nennenswerten Beitrag zur Festigkeitsentwicklung auf. Signifikante regionale und zeitliche Unterschiede in der Mörtelzusammensetzng konnten nicht nachgewiesen werden. Bauwerksspezifisch unterscheiden sich mittelalterliche von späteren Mörteln sowohl in der Bindemittelzusammensetzung als auch in der Sieblinie.

1 Einleitung

Mit seinen Dorfkirchen besitzt das Land Brandenburg Denkmäler, die, häufig in ihrer kunsthistorischen und architektonischen Wertigkeit unterschätzt, doch ganz entscheidend das Bild der Kulturlandschaft mitprägen. Dies gilt insbesondere für die mittelalterlichen Kirchen, die im Zuge der Kolonisation und Landnahme durch deutsche Siedler im ausgehenden 12. bis zum frühen 14. Jahrhundert entstanden sind. In ihrem äußeren Erscheinungsbild heute vielfach unspektakulär und schlicht, weisen sie bei genauerer Untersuchung so manche Überraschung auf. Die Denkmaleigenschaft eines Objekts beinhaltet nicht nur den Baukörper als solchen, sondern meint auch die historischen Bearbeitungen und Gestaltungen der Oberflächen, z.B. durch Putze, Tünchen und farbliche Differenzierungen. Die Gestaltungsvarianten der Putzflächen sind dabei sehr vielfältig, Putze mit einfach oder doppelt geritztem Quaderfugennetz finden sich häufig, zum Teil noch mit Spuren der ursprünglichen Bemalung. Erhalten haben sich auch Reste von Ritzungen und Bemalungen an Giebelblenden, Portal- und Fenstereinfassungen. Vereinzelt sind im Putz auch Zeichnungen von Kreuzmustern (Weihekreuze u.a.) und Sonnenrädern zu erkennen.

Bild 1: Dorfkirche Goßmar, Ldk. Elbe-Elster (Aufnahme F. SCHMIDT 1997) Ansicht vom NO

Durch vielfältige, in ihrer Wirkung weitgehend ungeklärte Umwelteinflüsse sowie durch die vielen geplanten und zur Ausführung kommenden durchaus unumgänglichen Instandsetzungsarbeiten droht der Verlust von historischen Putzen und Mörteln. Wurden noch bis ins ausgehende 19. Jahrhundert schadhafte Putzstellen überwiegend ausgebessert, so daß die noch intakten alten Putze erhalten blieben, so ging man in jüngerer Zeit bei Fassadensanierungen dazu über, die alten Putzschichten großflächig abzuschlagen. Dabei werden Farb- und Ritzungsbefunde übersehen und mittelalterliche Putze und Fugenmörtel zum großen Teil vernichtet.

Seit Januar 1994 beschäftigte sich am Brandenburgischen Landesamt für Denkmalpflege eine interdisziplinäre Arbeitsgruppe im Rahmen eines Modellprojektes mit der Erforschung und Erhaltung historischer Putze und Mörtel insbesondere an Dorfkirchen. Ziel dieses Projekts, das durch die Deutsche Bundesstiftung Umwelt gefördert wurde, war es zum einen, durch eine flächendeckende Erfassung einen Überblick über den noch vorhandenen Bestand an historischen Putzen im Land Brandenburg zu bekommen. So sind von den ca. 1400 Kirchen im Land Brandenburg etwa 800 aus Feldsteinen. Von diesen haben über die Hälfte noch mittelalterliche Putzreste mit Quaderfugen, Putzritzungen u.ä. (Diagramm 1)

Diagramm 1: Putz- und Farbdetails an Feldsteindorfkirchen im Land Brandenburg

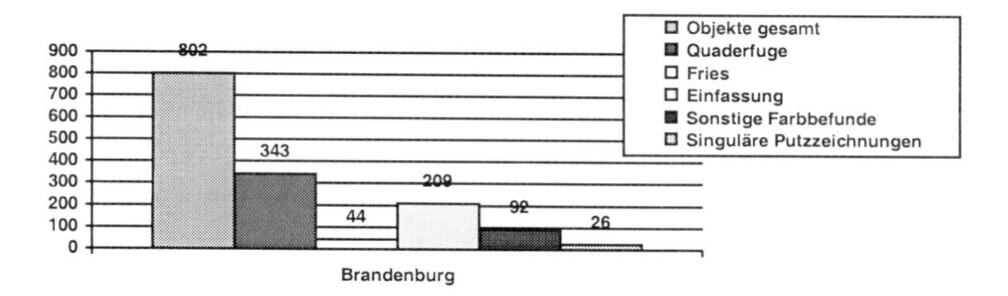

Besonders bemerkenswerte Befunde wurden im Rahmen der Projektbearbeitung durch Restauratoren dokumentiert. Gleichzeitig wurde mit Hilfe naturwissenschaftliche Untersuchungsmethoden versucht, Putze und Mörtel zeitlich und regional zu klassifizieren, Aussagen zu mittelalterlichen Bautechnologien zu präzisiern, die Schadensmechanismen aufzuklären und sinnvolle Restaurierungstechnologien zu entwickeln. Begleitende kunsthistorische Analysen boten die Möglichkeit, bisher empirisch breit abgesicherte Aussagen zu Datierungsfragen, Werkstattzusammenhängen und Verbreitungsgebieten einzelner Bauformen zu konkretisieren.

Im folgenden soll versucht werden, bisher kontrovers diskutierte Ansätze zum mittelalterlichen Bauablauf zu präzisieren.

2 Bindemittel

Der Chemismus des Bindemittels aller untersuchten Mörtelproben weist darauf hin, daß diese ausnahmslos aus Kalk bestehen. Gipshaltige Bindemittel wurden nicht verwendet. Ein signifikanter Magnesiumanteil, der auf einen dolomithaltigen Kalkmörtel hinweist, wurde nicht gefunden. (Bild 2)

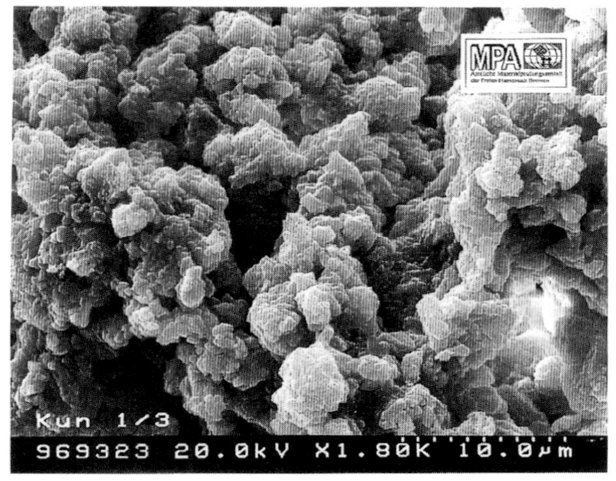

Bild 2: Dorfkirche Kunow, Ldk. Uckermark, Bruchprobe eines Putzmörtels, Sekundärelektronenaufnahme des Bindemittels (Aufnahme N. KUNZE, MPA Bremen)

In ihrer chemischen Zusammensetzung unterscheiden sich die Mörtel vor allem im Kalkgehalt. Er liegt zwischen ca. 15 und fast 70 Masse-%, wobei selbst innerhalb einer Putzphase an einem Objekt die Schwankungsbreite zwischen 18 und 28 Masse-% liegt (mittelalterlicher Fugenmörtel der Dorfkirche Schönewalde, Ldk. Elbe-Elster). Das Bindemittel-Zuschlagstoff-Verhältnis beträgt 1:0,3 bis 1:5. Eine regionale und zeitliche Klassifizierung der untersuchten Mörtel war nicht möglich ist. (Diagramm 2)

Charakteristisch für die mittelalterlichen Mörtel ist ein deutlicher Anteil (ca. 5 Vol.%) an Kalkklümpchen. Darunter sind rundliche, meistens weiße Einschlüsse aus feinstem, kreideartigen Calcit mit gelegentlich ungebrannten Schalenfragmenten zu verstehen. Der chemischen Mörtelanalyse nach wird dieser Kalkanteil fälschlicherweise dem Bindemittel zugerechnet, müßte aber prinzipiell von ihm subtrahiert werden. Die Kalkklümpchen ereichen Größen von 0,2 und 6 mm, treten aber gehäuft mit Größen zwischen 0,6 und 2 mm auf. (Bild 3) Sie sind ein deutlicher Hinweis auf das Trockenlöschverfahren des Kalkes. Hinweise auf ungelöschte Kalkanteile, d.h. Risse, die von Kalkklümpchen in die umgebende Matrix hineinreichten, konnten mikroskopisch nicht gefunden werden. Die häufig postulierte Annahme, daß diese Kallkklümpchen zum Verheilen von Rissen führen, konnte nicht nachgewiesen werden. Mitunter waren Fortsetzungen von Rissen durch die Kalkklümpchen hindurch festzustellen.

Diagramm 2: Kalkgehalt mittelalterlicher Mörtel

Bild 3: Dorfkirche Kunow, Ldk. Uckermark, Detail der mittelalterlichen Fugenmörtels mit Kalkklümpchen (Aufnahme J. RAUE 1996)

In den barocken Mörteln fehlen häufig diese Kalkklümpchen oder konnten nur vereinzelt festgestellt werden.
Die hydraulischen Anteile in den mittelalterlichen Mörteln betrugen im Mittel zwischen 0,7 und ca. 3 Masse-%. Das sind Werte, die für reine Luftkalke bzw. schwach hydraulische Wasserkalke gelten. (Diagramm 3)
Bei diesen hydraulischen Anteilen handelt es sich mergelige Verunreinigungen des größtenteils verwendeten Wiesenkalkes, die bei höheren Brenntemperaturen zu Calcium-Silicium- bzw Calcium-Aluminium-Phasen führen. Je höher der Kalkgehalt war, desto höher war auch der hydraulische Anteil. Hydraulische Beimengungen (Traß, Puzzolane) waren nicht nachweisbar. Beim Abbindeprozeß entstehen aus diesen Verunreinigungen Calcium-Silicium- bzw. Calcium-Aluminium-Hydratphasen, was dem Prinzip der natürlichen hydraulischen Kalke entspricht. Mikroskopisch sind diese CSH- bzw. CAH-Phasen feinkristallin, in Form kleiner Blättchen oder feinnadelig punktuell nachzuweisen. (Bild 4)

Diagramm 3: Hydraulischer Anteil in mittelalterlichen Mörteln

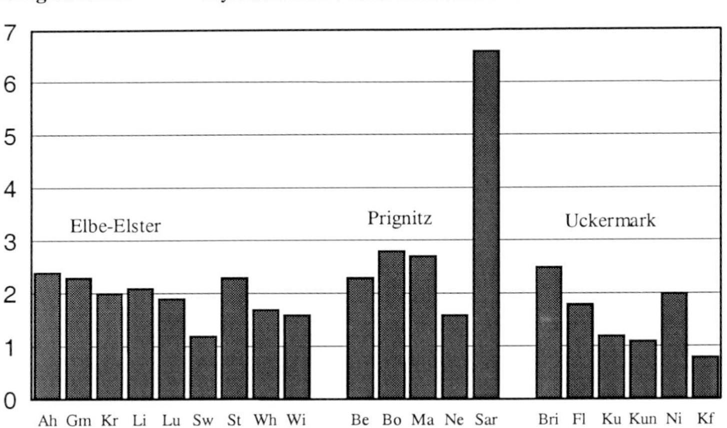

Der chemisch nachgewiesene hohe Gehalt an HCl-löslichen in den Mörtelproben der Dorfkirche Sarnow (ca. 6,5 Masse-%) suggeriert einen hohen hydraulischen Anteil und demzufolge höhere Festigkeiten. Nach der mikroskopischen Gefügeanalyse treten diese CSH-Phasen nur fleckenhaft auf und können demnach nicht zur Erhöhung der Festigkeiten beitragen. Ursache des punktuellen Auftretens ist vermutlich die geringe Mahlfeinheit des Kalkes nach dem Brennprozeß. Hauptgrund für den bereits makroskopisch sichtbar guten Erhaltungszustand der Mörtel in Sarnow ist vielmehr der hohe Bindemittelgehalt mit der nachgewiesenen starken Rekristallisation des Calcites.

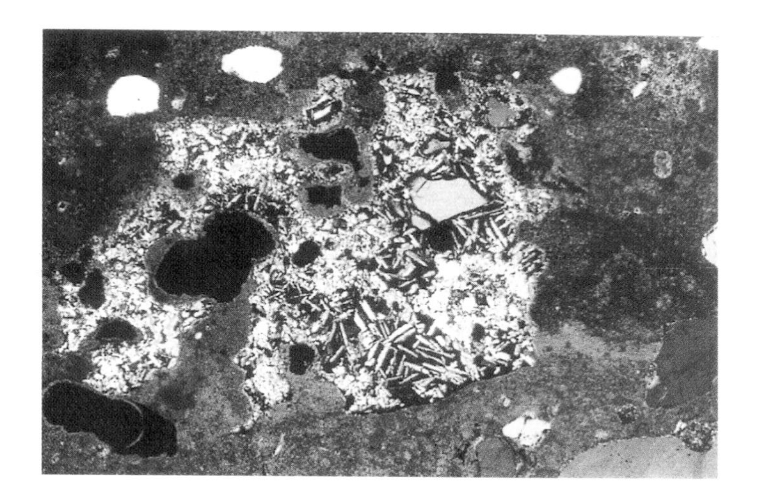

Bild 4: Dorfkirche Sarnow, Ldk. Prignitz, Probe Sar 2/3 Calcium-Silicium-Hydrat-Phasen, Vergößerung 50x, # Polarisatoren, Probe in blaues Kunstharz eingebettet, die kurze Bildkante entspricht 1,8 mm Länge (Aufnahme H.-H. NEUMANN, MPA Bremen)

4 Mauerwerk

Entgegen der landläufigen Meinung handelt es sich bei mittelalterlichem Feldsteinmauerwerk nicht um Schalenmauerwerk, eine Vorstellung, die davon ausgeht, daß das akkurat gesetzte Äußere das mehr oder weniger nachlässig verfüllte Innere kaschiert und dies sogar zu halten hätte. Die mikroskopischen Gefügeanalysen der Mauermörtel ergaben, daß auch im Wandinneren sorgfältig und dicht gemauert wurde. (Bild 6, Figur 1 und 2) Es wurde lagenweise, in Schichten, die in etwa einer Steinlage (25 - 40 cm) solide durchgemauert. Im Laufe der Zeit änderten sich nur die Steinbearbeitungstechniken. Beim Bau der frühen Kirchen (12. und 13. Jahrhundert) wurden die Feldsteine gespalten und die Ansichts- und Seitenflächen quaderförmig behauen. (Bild 5) Die innere Seite blieb unbearbeitet. Das Fugennetz entsprach der tatsächlichen Fuge. Später (14. und 15. Jahrhundert) ging man dazu über, die Steine nur noch zu spalten. Das Fugennetz wurde willkürlich über das Mauerwerk aufgebracht.

Das Bauwerk wurde hochgemauert und anschließend (vermutlich beim Abbau der Rüstung) verfugt. Die These, daß in einem Arbeitsgang gemauert und das überschüssige Quetschfugenmaterial auf den Stein gestrichen wurde, widerlegen mikroskopisch nachgewiesene Gefügeverdichtungen zwischen Mauer- und Putzmörtel. (Bild 6, Figur 2)

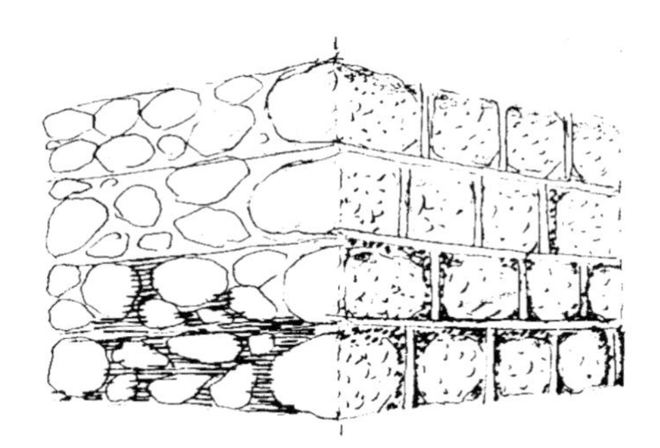

Bild 5: Steinbearbeitungstechniken mittelalterlicher Feldsteindorfkirchen (H. BURGER 1998)

An einigen Beispielen konnten Putz- bzw. Fugenmörtel mit dem Mauermörtel verglichen werden. Es zeigte sich keine einheitliche, regionalspezifische Vorgehensweise beim Bau mittelalterlicher Dorfkirchen. Die Annahme, daß Mauermörtel bindemittelärmer als Putz- bzw. Fugenmörtel sind, konnte generell nicht bestätigt werden.

Diagramm 4: Vergleich des Kalkgehaltes mittelalterliche Mauer- und Fugenmörtel

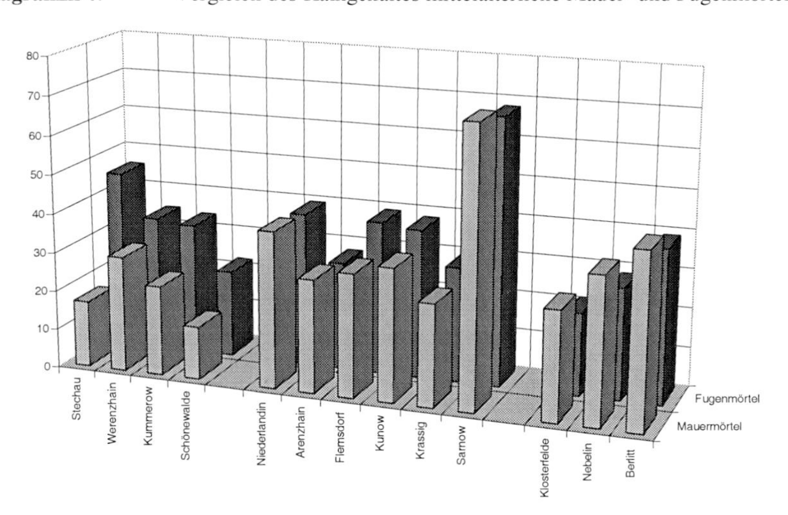

Bindemittelärmere Mauermörtel besitzen zwar auf einige der untersuchten Kirchen wie Schönewalde, Stechau und Werenzhain, Ldk. Elbe-Elster, Kummerow, Ldk. Uckermark und Sarnow, Ldk. Prignitz zu, ebenso wurden zum Mauern und Putzen der gleiche Mörtel verwendet (Niederlandin, Flemsdorf und Kunow, Ldk. Uckermark; Arenzhain und Krassig, Ldk. Elbe-Elster) und es gibt Beispiele (Nebelin und Berlitt, Ldk. Prignitz; Klosterfelde, Ldk. Barnim) bei denen der Mauermörtel bindemittelreicher ist. (Bild 6 und Diagramm 4)

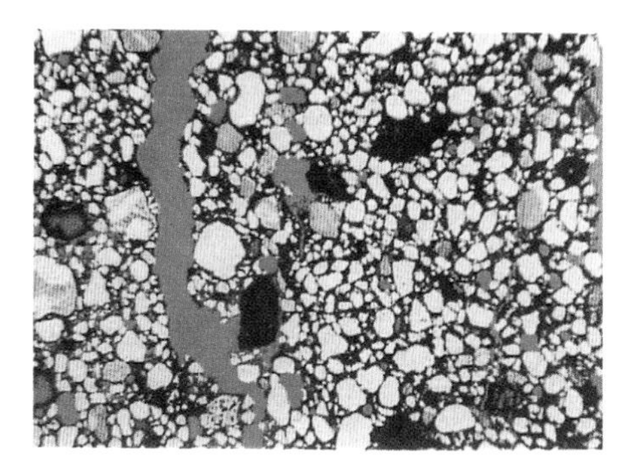

Figur 1: Dorfkirche Kunow (Kun 2/5)
Fugen- und Mauermörtel haben die gleiche Zusammensetzung. Die im Bild sichtbare Trennfläche (hier bereits gerissen) ist Folge des Kellenstriches. Die verwitterte Außenseite befindet sich an der oberen Bildkante. Vergrößerung 8x, II Polarisatoren. Die kurze Bildkante entspricht 12 mm.

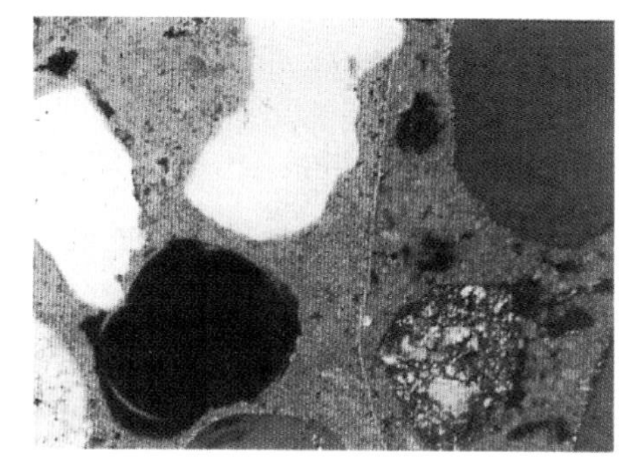

Figur 2: Dorfkirche Kunow, Detail von Kun 2/5
Der Mauermörtel ist stärker verdichtet. Der Mauermörtel befindet sich im unteren Teil des Bildes. Vergrößerung 100x, # Polllarisatoren. Die kurze Bildkante entspricht 0,9 mm.

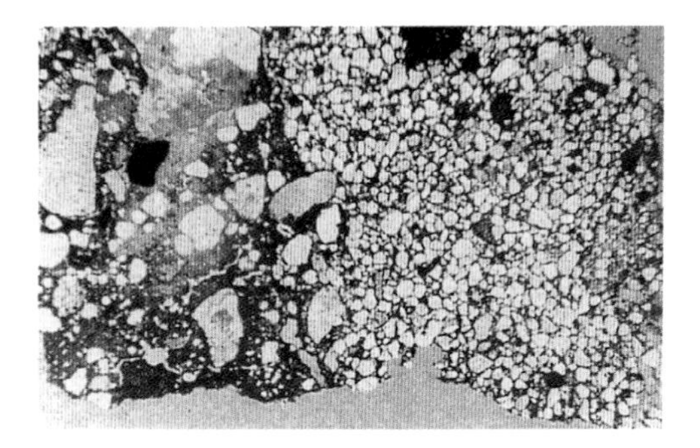

Figur 3: Dorfkirche Nebelin (Neb1/3)
Der Mauermörtel ist grobkörniger und bindemittelreicher. Die verwitterte Oberfläche befindet sich an der oberen Bildkante. Vergrößerung 8x, II Polarisatoren. Die kurze Bildkante entspricht 12 mm

Figur 4: Dorfkirche Sarnow (Sar1/3)
Der Mauermörtel ist bindemittelärmer (untere Bildteil). Die verwitterte Oberfläche befindet sich an der oberen Bildkante. Vergrößerung 8x, II Polarisatoren. Die kurze Bildkante entspricht 12 mm.

Bild 6: Vergleich mittelalterlicher Mauer- und Fugenmörtel an der Dorfkirche Kunow, Ldk Uckermark (H.-H. NEUMANN, MPA Bremen), Stereomikroskopische Aufnahmen mit Durchlichttisch, Einbettung in blaues Kunstharz

5 Barocke Mörtel

Typische regionalbedingte Unterschiede zwischen barocken und mittelalterlichen Mörteln konnten nicht nachgewiesen werden. Objektspezifisch weichen jedoch barocke Mörtel in ihrer Zusammensetzung deutlich von früheren Phasen ab. Das betrifft sowohl den im Bindemittelgehalt als auch die Sieblinie. (Diagramm 5) Diese Erkenntnis erlaubt, bei Datierungsfragen Mörtelanalysen hinzuzuziehen.

Diagramm 5: Sieblinienvergleich des barocken (Kum 1/2) und mittelalterlichen (Kum 1/1) Mörtels der Dorfkirche Kummerow, Ldk. Uckermark

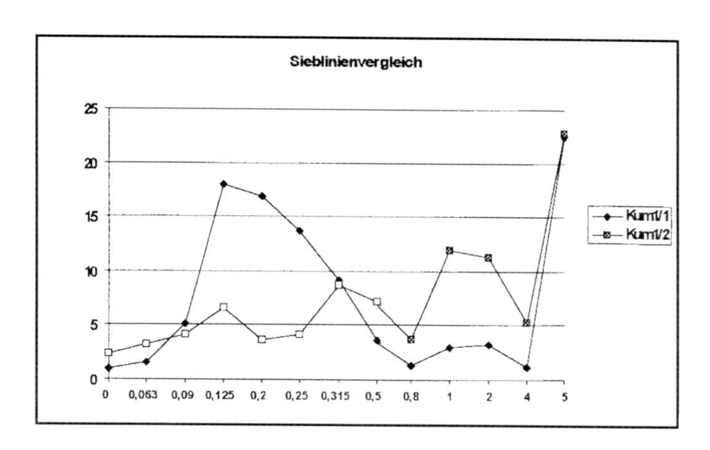

6 Schlußfolgerungen für Restaurierungen

Die Erkenntnis, daß mittelalterliche Mörtel in Brandenburg Kalkmörtel sind und ursprünglich keine gipshaltigen Baustoffe enthielten, ist aus denkmalpflegerischer Sicht sehr wichtig. Sie erlaubt bei Sanierungsvorbereitungen von mittelalterlichen Stadtmauern, Kirchen u.ä., wo es primär um Ausbesserungen und Neuverfugungen/-putzungen von Teilbereichen geht, eine vereinfachte Herangehensweise. Im Ergebnis der durchgeführten Untersuchungen müßte die denkmalpflegerische Forderung daher lauten: Verwendung eines Luftkalkmörtels, der in seiner Farbigkeit und Sieblinie dem originalen Mörtel angepaßt ist.

Für baugeschichtliche Forschungen können am Einzelobjekt Fragestellungen zu Bauphasenzuordnungen geklärt werden. Geht man davon aus, daß in unterschiedlichen Bauphasen Sande mit unterschiedlicher Zusammensetzung und Korngrößenverteilung verwendet wurden, gibt die Ermittlung der Sieblinie Hinweise auf unterschiedliche Bauphasen. Die Mörtel- und Bindemittelzusammensetzung sollte ergänzend bestimmt werden. Hierzu gehört unbedingt eine mikroskopische Bestimmung der Zuschläge, um salzsäurelösliche Bestandteile bei der Bewertung der chemischen Analyse und der Sieblinie zu berücksichtigen. Allerdings sollten diese naturwissenschaftlichen Mörteluntersuchungen immer im Zusammenhang mit der restauratorischen Ermittlung der Putzphasenfolge und der kunsthistorischen Betrachtung stehen.

Danksagung

Die Arbeit wurde aus Mitteln der Deutschen Bundestiftung Umwelt gefördert.

Verzeichnis der verwendeten Abkürzungen für Ortschaften

Landkreis Elbe-Elster		Wh	Werenzhain	Landkreis Uckermark	
Ah	Arenzhain	Wi	Wiederau	Bri	Briest
Gm	Goßmar			Fl	Flemsdorf
Kr	Krassig	Landkreis Prignitz		Ku	Kummerow
Li	Lindena	Be	Berlitt	Kun	Kunow
Lu	Lugau	Bo	Boberow	Ni	Niederlandin
Sw	Schönewalde	Ma	Mankmuß		
	bei Brenitz	Ne	Nebelin	Landkreis Barnim	
St	Stechau	Sar	Sarnow	Kf	Klosterfelde

Literatur

Arbeitsheft 9: *„Mittelalterliche Putze und Mörtel im Land Brandenburg“*, Brandenburgisches Landesamt für Denkmalpflege, Potsdamer Verlagsbuchhandlung 1998

Modellversuche zum Trocknungsverhalten sanierputzbeschichteter Ziegel

H. Venzmer, N. Lesnych und L. Kots
Dahlberg - Institut für Diagnostik und Instandsetzung historischer Bausubstanz e.V.
im Forschungszentrum der Hansestadt Wismar

Zusammenfassung

Sanierputze werden häufig auf feuchten Mauerwerken appliziert. Immer wieder wird davon gesprochen, daß durch die Sanierputze hindurch eine uneingeschränkte Verdunstung möglich ist. Um das Trocknungsverhalten von Mauerwerken durch Sanierputzschichten analysieren zu können, wurden einige Versuchsreihen durchgeführt. Dieses ist notwendig, weil die physikalischen Eigenschaften von Sanierputzen noch nicht vollständig bekannt sind.
Das Trocknungsverhalten von Sanierputzen kann mit Hilfe von zweiparametrigen Weibull-Funktionen modelliert werden, aus denen sich eine Trocknungs - Halbwertszeit herleiten läßt. Die geschätzten und die experimentell ermittelten Trocknungs - Halbwertszeiten stimmen gut miteinander überein. Sanierputze schränken die Trocknungsvorgänge gravierend ein, sie behindern diese regelrecht. Um gleiche Verdunstungsleistungen erreichen zu können, sind Zeiten erforderlich, die um den Faktor 10 gestreckt sind gegenüber der freien Ziegeloberfläche. Um in gleichen Zeiten gleiche Feuchtigkeitsmengen abgeben zu können, ist eine zehnfache Vergrößerung der Verdunstungsfläche erforderlich. Die Modellfunktionen des Trocknungsprozesses erlauben Prognosen zur Gestaltung einer optimalen Putzstruktur und Putzdicke hinsichtlich der physikalischen Eigenschaften der Trocknung.

1 Problemstellung

Wenn heute feuchte und salzbelastete Mauerwerke instandzusetzen sind, wird von den Planern häufiger auf Sanierputze zurückgegriffen. Die Anwendung dieser Sanierputze ist als eine begleitende Instandsetzungsmaßnahme anzusehen. In der Regel werden technische Maßnahmen eingesetzt, die den weiteren Feuchtenachtransport unterbinden. In der Regel handelt es sich um die Erneuerung der horizontalen Bauwerksabdichtung durch folgende technische Möglichkeiten. (Tabelle 1) Gegenwärtig gibt es kritische Bemerkungen zur Existenz der „aufsteigenden Feuchtigkeit" an sich. (Hierzu siehe Bemerkungen von Künzel (sen) [3,4]). Es wird völlig zu Recht darauf verwiesen, daß insbesondere an historischen Bauwerken die Feuchteaufnahme aus der Luft gegenüber der aus dem Untergrund des Bauwerks überwiegt, weil hohe Konzentrationen löslicher Salze eine dominierende Rolle spielen. Diese Problematik ist von Wichtigkeit, sie muß weiter diskutiert werden und zwar schon einfach deshalb, damit die Anwendung von Verfahren zur Trocknung durch den nachträglichen Einbau von horizontalen Bauwerksabdichtungen nicht überbewertet wird.

Die Unterbindung des weiteren Feuchtenachschubs muß in der Regel mit der Behandlung höherer Salzbelastungen einhergehen. Mauerwerke müssen entsalzt werden. Dieses geschieht gegenwärtig mit folgenden technischen Möglichkeiten [1]. (Tabelle 2) Gerade hier sind Verfahren genannt, die größtenteils noch sehr in den Kinderschuhen stecken. Diese Verfahren gehören, auch wenn sie funktionieren sollten, ausschließlich in die Hände von Spezialisten. Von einer Breitenanwendung durch das Baugewerbe kann nicht gesprochen werden. Es gibt lediglich eine einzige Ausnahme, nämlich die der Anwendung von Sanierputzen. Der Salzgehalt der Mauerwerke wird nicht beeinflußt. Es kommt zu einer mehr oder wenigen Beschichtung z.B. gemäß WTA - Merkblatt 2-2-1992 [5].

Bezüglich der Sanierputze muß von einer nahezu flächendeckenden Anwendung gesprochen werden. Die Verfasser sind allerdings der Auffassung, daß der Sanierputz zu einer Wunderwaffe stilisiert worden ist, die immer und überall eingesetzt werden kann, und dieses, obwohl die erforderlichen Anwendungsvoraussetzungen gar nicht vorhanden sind [3,4].

Viel zu wenig wurde bislang über die bauphysikalischen Eigenschaften berichtet. Jede Putzbeschichtung eines feuchten Untergrundes führt zu Komplikationen, denn der Trocknungsprozeß unterliegt deutlichen Beeinflussungen. Eine Putzbeschichtung verlangsamt die Trocknung des Untergrundes.

Diese Arbeit soll darüber berichten, wie intensiv diese Beeinflussung bei den verschiedenen Anwendungskonstellationen verläuft. Daher wurden Modellversuche unter Laborbedingungen durchgeführt.

Tabelle 1: Übersicht sinnvoller technischer Möglichkeiten für nachträgliche horizontale Bauwerksabdichtungen

Merkmale	Mechanische Verfahren	Injektionsverfahren
Wirkprinzip	• Kapillargefüge - Unterbrechung	• Kapillargefüge - Unterbrechung • Kapillargefüge - Verfüllung • Kapillargefüge - Hydrophobierung
Umsetzung Des Wirkprinzips	• Sägeverfahren • Einschlagverfahren • Säge – Einpreß - Verfahren	• Druck - Injektion • Drucklose Injektion
Werkstoffe	• Abdichtungsbahnen • Edelstahlbleche	• Kapillargefügefüllende • Hydrophobierende und • Kombinierend wirkende Werkstoffe
Vor- und Nachteile	• hohe Sicherheit der Wirksamkeit nur gegen weiteren aufwärts gerichteten Feuchtenachtransport • kein Schutz vor Feuchteaufnahme aus seitlichen Richtungen (Hygroskopizität) • nur in durchgehenden Lagerfugen einsetzbar	• keine vollflächige Ausbreitung des Injektionsmittels erreichbar • Anwendungsprobleme bei hohen Durchfeuchtungsgraden problematisch • kein Schutz vor Feuchteaufnahme aus seitlichen Richtungen (Hygroskopizität) • auch bei unregelmäßigen Mauerwerken (z. B. ohne durchgehende Lagerfugen) anwendbar

Tabelle 2: Gegenwärtig eingesetzte Spezial - Entsalzungsverfahren nach dem Stand der Literatur [1,2], größtenteils noch im Stadium der Einzelerprobung

Salzentfernung	Salzreduzierung	Salzumwandlung	Salzbeibehaltung
Abriß Austausch	Kompresse Opferputz Vakuum – Fluid Delta – P Injektionskompresse Saugdocht AET, ETB Elektrische Kompresse Kerasan	Chem. Umwandlung Biol. Umwandlung	Sanierputz

2 Vereinfachte Modellierung von Trocknungsverläufen

Zeitliche Verläufe von Trocknungsvorgängen lassen sich mit Hilfe von zweiparametrigen Weibull - Exponentialfunktionen beschreiben,

$$\frac{m(t)}{m_{\max}} = \frac{u(t)}{u_{\max}} = \exp\left[-\left(\frac{t}{a}\right)^b\right] \tag{1}$$

mit m (0) als Anfangsmasse der Materialprobe, mit m (t) als Probenmasse zum Zeitpunkt t des Trocknungsvorganges, mit u_{max} als Anfangsfeuchte und u (t) der Feuchte zum Zeitpunkt t. Die beiden Parameter a und b werden als Zeitkonstante bzw. als Formparameter bezeichnet, sie lassen sich durch einfache Verfahren der Parameterschätzung entweder rechnerisch oder grafisch ermitteln.

Die Weibull - Funktion zeichnet sich durch eine große Flexibilität aus, denn sie beinhaltet eine Reihe anderer Funktionen, die sich unter bestimmten Bedingungen ergeben. Beispielsweise führt der Formparameter b = 1 auf direktem Wege zur einparametrigen Exponentialfunktion.

Zur Kennzeichnung eines Trocknungsvorganges wird auf die Trocknungs - Halbwertzeit zurückgegriffen, die sich unter der Bedingung m (t) = 0, 5 m_{max} ergibt. Demzufolge folgt aus der Gleichung (1):

$$t_{0,5} = \exp\left(\frac{1}{b}\ln\ln 2 + \ln a\right) \tag{2}$$

Mit Hilfe dieser Halbwertszeit $t_{0,5}$ können Trocknungsverläufe, die unter verschiedenen Bedingungen ablaufen, miteinander verglichen und hinreichend genau beschrieben werden. Das Ziel der nachfolgenden Darstellungen wird darin bestehen, den Einfluß unterschiedlicher Sanierputz – Ziegel - Konstellationen auf den Trocknungsprozeß durch diese Trocknungs- Halbwertszeit zum Ausdruck zu bringen

3 Experimentelle Untersuchungen

3.1 Versuchsmaterialien

Ziegel

Die verwendeten Ziegel sind saugfähige Mauer-Vollziegel mit den Größen 240 x 115 x 71 mm. Die physikalischen Eigenschaften sind in der Tabelle 3 dargestellt.

Tabelle 3: Eigenschaften von Mauerziegeln

Eigenschaften	Parameter	DIN
Wasseraufnahmevermögen (bei normalem Luftdruck) in m.-%	9,0 - 13,5	DIN 51 056
Rohdichte in kg/cm^3	1760-1850	DIN 105
Reindichte in kg/cm^3	2500	DIN 51 057
Offene Porosität in Vol.-%	16 - 18	DIN 51 056
Gesamtporosität in Vol.-%	24 - 27	DIN 51 056
Dichtigkeitsgrad	0,742	DIN 51 056

Putze

Bei den verwendeten Putzen handelt sich um Trockenmörtel der Firma Remmers:

- Aisit Spezial-Vorspritzmörtel
- Aisit Porengrundputz - WTA
- Aisit Sanierputz Spezial - WTA

Die Luftporengehalte wurden an den Frischmörteln während der Probenherstellung bestimmt. (DIN 18 555) Sie ergaben die in der Tabelle 2 aufgeführte Ergebnisse.

Tabelle 4: Luftporengehalte in Putzmörtel

Mörtelbezeichnung	Luftporengehalt in Vol.-%
Aisit Porengrundputz - WTA	22,0 - 23,0
Aisit Sanierputz Spezial - WTA	25,0 - 27,0

3.2 Meßprogramm

Auf eine Stirnläche der Ziegelkörper (Bild 1) wurden verschiedene Sanierputzvarianten appliziert. Ziegelproben wurden befeuchtet (Bild 2) und anschließend an fünf Seiten so abgedichtet, daß dort keine Feuchtigkeitsabgabe erfolgen konnte. Durch die beschichtete Oberfläche laufen die Trocknungsprozesse ab. Durch regelmäßige Feststellungen der Massenabnahme der Ziegel-Putz-Probekörper werden die Trocknungsvorgänge quantitativ erfaßt. Mit der Massenabnahme der Probekörper geht eine Abnahme des Feuchtegehalts gemäß Gleichung (1) einher.

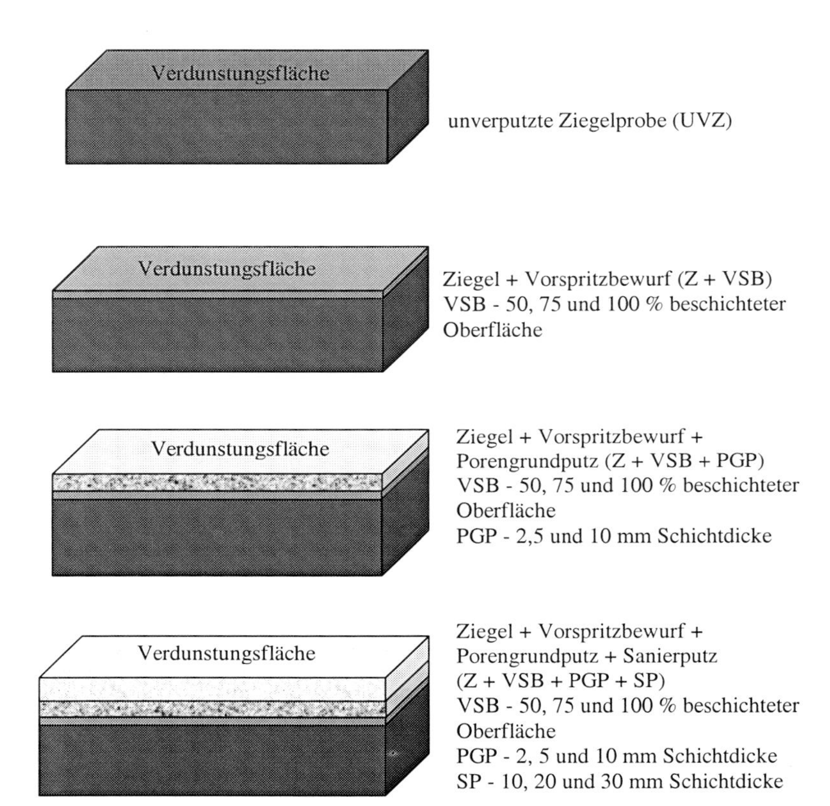

Bild 1: Schematische Darstellung des Probekörperaufbaus

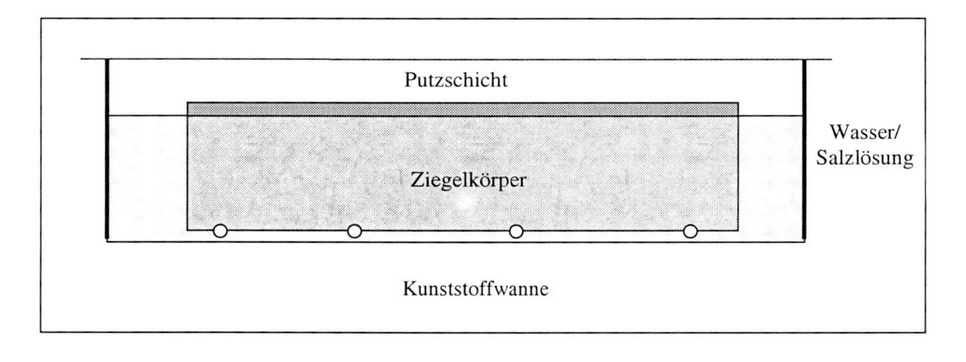

Bild 2: Wasseraufnahme von beschichteten Ziegelprobekörpern

3.3 Versuchsbedingungen und -umfang

Alle Versuchsbedingungen sind in der Tabelle 5 zusammengestellt. Daraus wird deutlich, daß einmal der Vorspritzbewurf, der einen Haftverbund zwischen dem Ziegel und dem Oberputz herstellen soll, mit verschiedenen Deckungsflächen, die zwischen 50 und 100 Prozent liegen, variiert worden ist. Eine Variation der Porengrundputze und der deckenden Sanierputze erfolgte über die Schichtdicken. Im Verlaufe des Versuchsprogramms wurden ca. 90 Probekörper jeweils über einen Zeitraum von ca. 1. 200 Stunden analysiert und bewertet.

Tabelle 5: Variation der Versuchsbedingungen

Raumlufttemperatur	**20 °C**
Raumluftfeuchte	**72 – 78 % r.F.**

Ziegel-Putz-Kombinationen	**Variation des Vorspritzbewurfs** (1. Schicht)	**Variation des Porengrundputzes** (2. Schicht)	**Variation des Sanierputzes** (3. Schicht)
ohne Putz	-	-	-
10 mm Kalkputz	-	-	-
10 mm Kalk-Zementputz	-	-	-
Vorspritzbewurf	50, 75 oder 100 % der Fläche	-	-
Vorspritzbewurf Porengrundputz	50, 75 oder 100 % der Fläche	2 , 5 oder 10 mm Schichtdicke	-
Vorspritzbewurf Porengrundputz Sanierputz	50, 75 oder 100 % der Fläche	2, 5 oder 10 mm Schichtdicke	10, 20 und 30 mm Schichtdicke

3.4 Ergebnisse

A: Die Untersuchungsergebnisse sind in den Bildern 3 bis 5 grafisch dargestellt. Alle experimentell ermittelten Trocknungsverläufe fallen von der relativen Feuchte 1 (Quotient der aktuellen zur maximalen Feuchte) ausgehend mehr oder weniger intensiv hin zu kleineren Werten ab. Diese sinkenden Tendenzen der Trocknung lassen sich jeweils durch Weibull - Funktionen beschreiben. Der Formparameter b , der erste Parameter der Funktion, schwankt stets um den Wert 1. (Tabelle 6)

B: Der zweite Parameter der Funktion ist die Zeitkonstante a . Sie beträgt beim unbeschichteten Ziegel nach einer Parameterschätzung ca. 200 Stunden. Mit der Zunahme der Fläche des Vorspritzbewurfs und der Zunahme der Schichtdicken des Porengrundputzes und des Sanierputzes wachsen die Zeitkonstanten der Funktion deutlich an. Die größte Zeitkonstante wurde bei ca. 1. 800 Stunden festgestellt. (Tabellen 6, 7 und 8)

C: Aus dem Verlauf der Funktionen kann die Trocknungs - Halbwertszeit grafisch entnommen werden. Beim unbeschichteten Ziegel liegt diese bei ca. 120 Stunden, d.h. es handelt sich um diejenige Zeit, nach der 50 Prozent der enthaltenen Feuchtigkeit über die
Verdunstungsfläche verdunstet sind. Nach einer zweiten Trocknungs - Halbwertszeit von dann 240 Stunden wären dann 75 Prozent der enthaltenen Feuchtigkeit verdunstet. (Tabelle 6, 7 und 8)

D: Wenn Ziegelproben betrachtet werden, die mit Kalkputzen oder mit Kalk-Zementputzen beschichtet werden, erhöhen sich die Trocknungs - Halbwertszeiten gegenüber 120 Stunden (beim unbeschichteten Ziegel) auf 200 Stunden (beim Kalkputz) bzw. auf 600 Stunden (beim Kalkzementputz). Während der Kalkputz eine relativ geringe Steigerung zuließ, brachte die Verwendung eines Kalk - Zementputzes eine Steigerung um den Faktor 5.
Hier werden die negativen Seiten eines allzudichten Putzes mit einem Zementanteil sehr deutlich gemacht. (Tabellen 6, 7 und 8)

E: Allein der Einfluß des Vorspritzbewurfs ist gravierend. Dadurch, daß ein flächendeckender Vorspritzbewurf erfolgt, steigert sich die Trocknungs - Halbwertszeit nahezu um den Faktor 4. (Tabellen 6, 7 und 8)

F: Um identische Massestromdichten, also verdunstende Massen pro Zeit- und Flächeneinheit auf kalkputzbeschichteten Ziegeln zu erhalten, sind um den Faktor 1,66 vergrößerte Flächen erforderlich. D.h. 1 m^2 gegenüber 1, 66 m^2 beim kalkputzbeschichteten Ziegel. Werden unbeschichtete Ziegeloberflächen mit Kalkzementputz beschichteten Ziegelflächen verglichen, so zeigt sich hier der Faktor 5. D.h. 1 m^2 freier Ziegeloberfläche weist die gleiche Verdunstungsleistung auf, wie 5 m^2 einer kalkzementputzbeschichteten Oberfläche.

G: Sanierputzbeschichtete Ziegelflächen schränken ebenfalls den Trocknungsprozeß ein. Werden die entsprechenden Trocknungs - Halbwertszeiten mit denen eines unbeschichteten Ziegels verglichen, können Faktoren von bis zu 10 erreicht werden. Wird also demzufolge eine Ziegeloberfläche mit einem Sanierputz beschichtet, so reduziert sich die Verdunstungsleistung um 90 % von ursprünglich 100 % auf nunmehr 10 %. Anders formuliert: Es ist die 10-fache Fläche erforderlich, die die gleiche Menge an Feuchtigkeit per Verdunstung abgeben kann.

Tabelle 6: Experimentelle und geschätzte Trocknungs - Halbwertzeiten von Ziegeln und Ziegeln mit Sanierputzen unter Variation der Versuchsbedingungen (gemäß Tabelle 5)

Ziegel mit und ohne Putz-beschichtung	**Zeitkonstante a / h**	**Formparameter b / -**	**Trocknungs-Halbwertszeit $t_{0,5}$ / h** (Parameterschätzung)	**Trocknungs-Halbwertszeit $t_{0,5\ exp}$ / h** (Experiment)
ohne Putz	200	1, 08	140	120
Vorspritzbewurf (VS)	350 – 700	1, 00 – 1, 05	240 – 480	230 – 460
Vorspritzbewurf (VS) Porengrundputz (PG)	650 – 1. 200	0, 97 – 1, 00	470 – 830	450 – 800
Vorspritzbewurf (VS) Porengrundputz (PG) Sanierputz (SP)	850 – 1. 800	1, 00 – 1, 09	580 – 1. 240	500 – 1. 200

Tabelle 7: Vergleiche von Trocknungs - Halbwertszeiten T in Stunden bei verschiedenen Putzvarianten

Ziegel ohne / mit Putz	**VSB in %**	**PGP in mm**	**$t_{0,5\ exp}$ in h**
ohne Putz	-	-	120
10 mm Kalkputz	-	-	200
10 mm Kalk - Zementputz	-	-	600
Sanierputz SP	50	-	230
		2	430
		5	590
		10	770
	75	-	270
		2	490
		5	530
		10	820
	100	-	450
		2	550
		5	660
		10	600

Anmerkung: VSB... Vorspritzbewurf
PGP ... Porengrundputz
SP ... Sanierputz

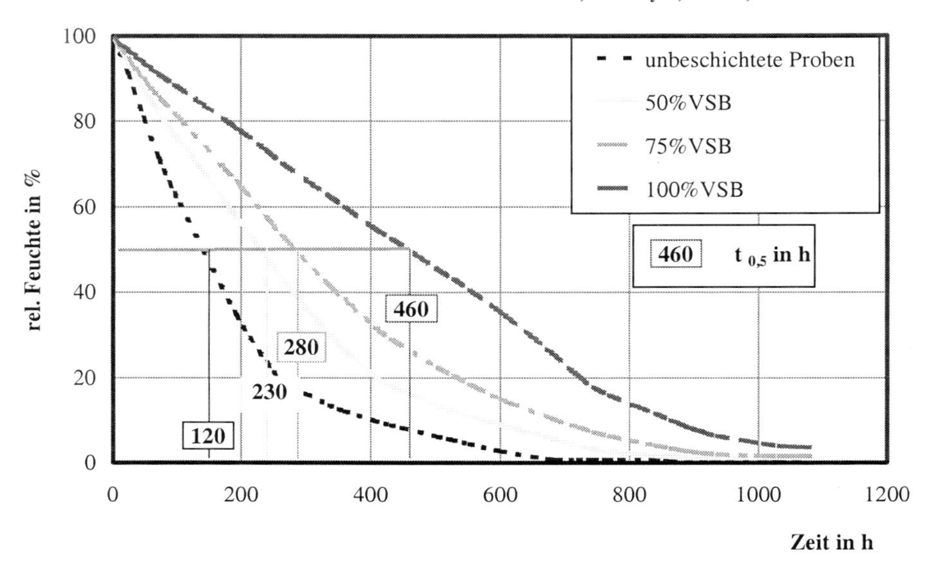

Bild 3: Trocknungsverläufe von unbeschichteten und beschichteten Ziegelproben (Beschichtung:Vorspritzbewurf)

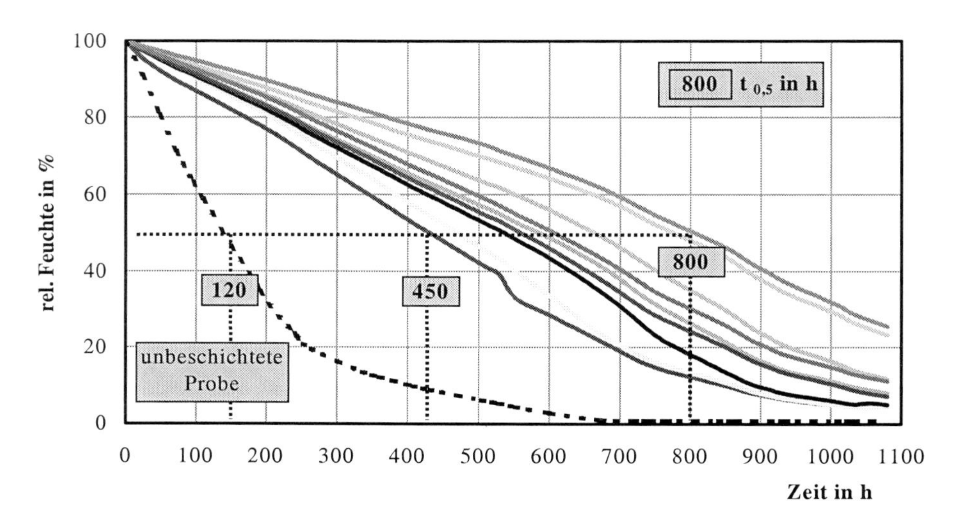

Bild 4: Trocknungsverläufe von unbeschichteten und beschichteten Ziegelproben (Beschichtung: Vorspritzbewurf und Porengrundputz)

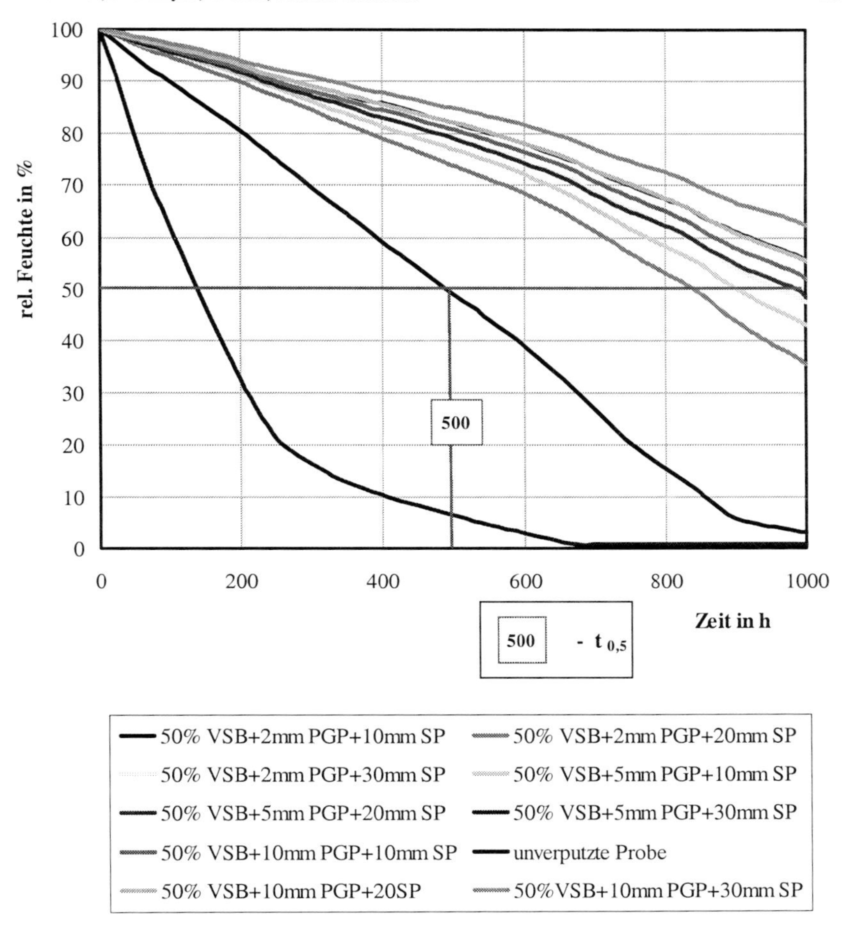

Bild 5: Trocknungsverläife von unbeschichteten und beschichteten Ziegelproben (Beschichtuing: Vorspritzbewurf 50 % Oberfläche, Porengundputz und Sanierputz)

Tabelle 8: Vergleiche von Trocknungs - Halbwertszeiten $\mathbf{t}_{0,5\ exp}$ in Stunden bei verschiedenen Sanierputzvarianten

Ziegel und Putz-schicht	VS in %	PG in mm	SP in mm	$t_{0,5\ exp}$ in h	VS in mm	PG in mm	SP in mm	$t_{0,5\ exp}$ in h
Sanier-putz	50	2	10	480	75	5	30	900
	50	2	20	840	75	10	10	910
	50	2	30	950	75	10	20	910
	50	5	10	900	75	10	30	1050
	50	5	20	940	100	2	10	720
	50	5	30	1150	100	2	20	840
	50	10	10	1030	100	2	30	1000
	50	10	20	1080	100	5	10	570
	50	10	30	1200	100	5	20	870
	75	2	10	570	100	5	30	900
	75	2	20	920	100	10	10	740
	75	2	30	910	100	10	20	840
	75	5	10	750	100	10	30	1030
	75	5	20	900				

Anmerkung: VS ... Vorspritzbewurf

PG ... Porengrundputz

SP ... Sanierputz

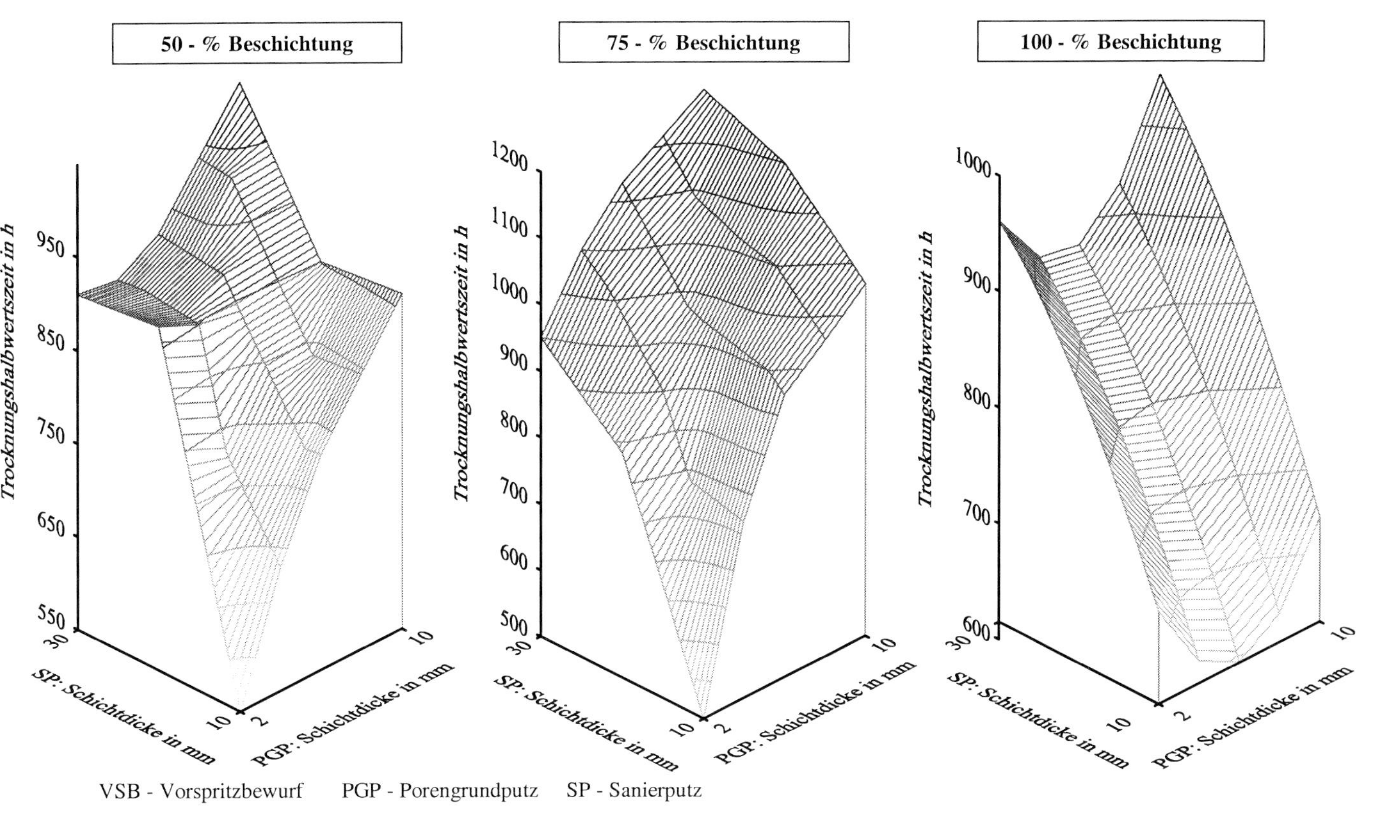

VSB - Vorspritzbewurf PGP - Porengrundputz SP - Sanierputz

Bild 6: Trocknungsverlauf von beschichteten Proben

4 Schlußfolgerungen

Die Ergebnisse des durchgeführten Versuchsprogramms können grafisch veranschaulicht werden. (Bild 8) Die Trocknungs - Halbwertszeit ist hier als Zielfunktion in Abhängigkeit von der Schichtdicke des Porengrund- und des Sanierputzes und einer konstanten Fläche des Vorspritzbewurfs als Parameter dargestellt.

Es besteht damit nun eine Möglichkeit, Schlußfolgerungen für die Optimierung des Putzaufbaus und die optimale Schichtenfolge zu ziehen. Diese Optimierung berücksichtigt aber nur die physikalische Komponente der Beeinflussung der Trocknung. Andere Funktionen, wie die der Salzeinlagerung und andere müssen noch unberücksichtigt bleiben.

Zu warnen ist in jedem Fall vor Anwendungen solcher Putze, wenn die Voraussetzungen dafür nicht gegeben sind. Wenn intensiv durchfeuchtete Mauerwerke mit einem Sanierputz versehen werden, muß davon ausgegangen werden, daß sich der Flächenanteil, über den Verdunstungen ablaufen, deutlich vergrößert, denn die Verdunstungsleistung eines sanierputzbeschichteten Flächenanteils sinkt rapide ab. Bisher wurden Reduzierungen um bis zu 90 % in Modellversuchen beobachtet.

Sanierputze allein können nur etwas in dieser Hinsicht bewirken, wenn sie lediglich als begleitende Maßnahme zu anderen Maßnahmen der Instandsetzung zur Anwendung kommen.

5 Literatur

[1] Venzmer, H.; Lesnych, N.; Wolko, F. *Besonders gegen Salz - Untersuchungen zur Funktion und Effizienz einer Trocknungs- und Entsalzungsanlage am Schnickmannspeicher Rostock* - Teil 1, Fachzeitschrift Bautenschutz und Bausanierung, Müller - Verlag - Köln, 21. Jahrgang (1998), Heft 2, Seiten 40 ff

[2] Venzmer, H.; Lesnych, N.; Wolko, F. siehe [1] - Teil 2, Fachzeitschrift Bautenschutz und Bausanierung, Müller - Verlag - Köln, 21. Jahrgang (1998), Heft 3, Seiten 32 ff

[3] Künzel, H. *Aufsteigende Feuchte, wirkliche oder vermeintliche Schadensursache?* Fachzeitschrift Arconis, Fraunhofer - Informationszentrum Raum und Bau IRB, Stuttgart, 3. Jahrgang (1998) Heft 2, Seiten 22 ff

[4] Künzel, H. *Sanierputze sind mehr als eine begleitende Maßnahme* in: Venzmer, H. (Herausgeber): Bautenschutzmittel, Schriftenreihe Heft 8, Feuchte und Altbausanierung e.V. und Verlag für Bauwesen Berlin - München 1997, Seite 166 ff

[5] o. V. *WTA - Merkblatt 2 - 2 - 92 Sanierputze*, Herausgeber: WTA e.V., Baierbrunn

Untersuchungen zur Restaurierung der Yungang-Grotten in der Provinz Shanxi/China

Lehm-Kalk-Putz und Zementmörtel

M. Sc. Sh. Dai
Changchun Universität für Wissenschaften und Technik, VR China

Prof. Dr. G. Strübel
Justus-Liebig-Universität Gießen, Technische und Angewandte Mineralogie

Zusammenfassung

Die in jurassischen Grauwacke-Sandsteinen angelegten Yungang-Grotten mit über 50.000 aus dem Stein modellierten Buddha-Figuren zählen zu den bedeutendsten Kultstätten Chinas.

Bei zahlreichen, im Zeitraum von 1000 Jahren ausgeführten, Restaurierungs- und Konservierungsmaßnahmen wurden auch unterschiedliche Putz- und Mauermörtel eingesetzt. Das Spektrum reicht von historischen Lehm-Putz-Mörteln bis zu modernen Zementmörteln.

Die Ergebnisse neuerer Untersuchungen über mineralogische und technologische Eigenschaften, Bindemittel-/Zuschlagsverhältnis und bauschädliche Salze werden im Zusammenhang mit den sich daraus ergebenden Schlußfolgerungen zur Entwicklung einer Sanierungskonzeption dargestellt und diskutiert.

1 Einleitung

Die Yungang - Grotten bei Datong, ca. 380 km westlich von Beijing (Bild. 1) wurden zwischen 460 und 495 n. Chr. in dem anstehenden Grauwackensandstein angelegt. Die heute noch erhalten gebliebenen 51531 Figuren und Reliefs finden sich in 53 Grotten, die sich über einen Hangabschnitt der Berge von Wuzhuo über mehr als 1 km lang verteilen [4] . Seit 1961 werden sie als chinesisches Staatseigentum vom Institut für Grottenpflege Yungang betreut.

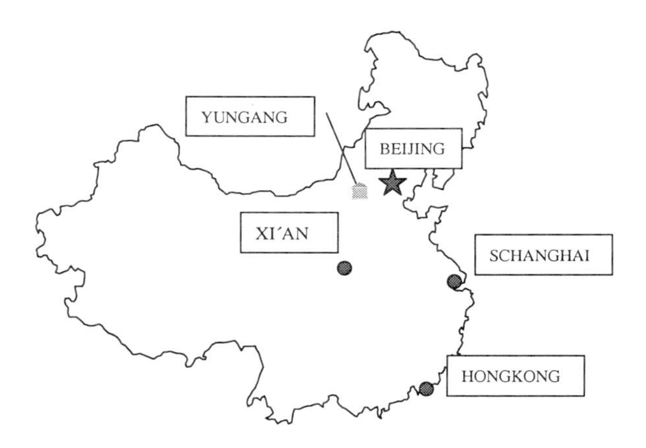

Bild 1: Lokalität der Yungang-Grotten, China

Die Skulpturen in den Grotten sind durch Krusten- und Schalenbildung, Schuppenbildung, Ausbruch durch Klüftung, Auswaschung der Bindemittel, Salzausblühungen, Verschmutzung und Staubablagerung, kavernen- und reliefartige Auswitterungen sowie durch anthropogene Einflüsse in der Vergangenheit stark in Mitleidenschaft gezogen worden. Darüber hinaus gibt es gravierende Schäden durch falsche Sanierungsmaßnahmen [6].

Schon unmittelbar nach der Beendigung der Hauptgrabungsarbeiten und in der Folgezeit wurden die Skulpturen mehrmals restauriert, wobei zahlreiche Putz- und Mauermörtel angewandt wurden. Es handelt sich vor allem um den sog. historischen Lehmputz, der zwischen 1651-1696 n. Chr., zur Zeit der Ming-Dynastie, vermutlich sogar früher zwischen 1049-1060 n.Chr., zur Zeit der Liao-Dynastie, aufgebracht wurde. „Die zersetzten wurden restauriert, die umgefallenen wieder eingesetzt, die Figuren vergoldet, ..., alle Grotten glänzen wie neu.“ (zitiert: Protokolle zur Restaurierung der Yungang-Tempel, 1698, 1769, u. 1873) [9]. Darüber hinaus wurden zahlreiche Figuren aus Lehm und Kalk überwiegend in den Schutzhallen vor den Grotten 5 u. 6 errichtet. (Bild 2) Seit langem glaubte man jedoch in China, daß durch diese Maßnahmen mit Lehmputz die Kunstwerke mehr zerstört als konserviert wurden. Teilweise (z. B. in der Grotte 3) wurde der Lehmputz sogar bei den Restaurierungsmaßnahmen in den 60er Jahren entfernt. Dieser Lehmputz ist in den meistens kritischen Bereichen, z. B. im Sockelbereich geschädigt, übriggeblieben sind nur noch die Löcher, die man zum Einbringen des Lehmputzes gebohrt hat. Er ist aber teilweise insbesondere im Innenbereich sehr gut erhalten. (Bild 3)

Im Rahmen des chinesisch-deutschen BMFT-Forschungsprojekts " Erhaltung des Grottentempels des Großen Buddhas (Dafosi) " wurden der historische Lehm, der zur der Oberflächengestaltung der Figuren in der Grottentempelanlage von Dafosi in der Provinz Shaanxi um 1333 n. Chr. konzipiert wurde sowie die Technik beschrieben [2]. Zur Stabilisierung der Figuren wurde vor wenigen Jahren (1994-1995) bei den Restaurierungsmaßnahmen eine Mischung aus Lehm, Kalk und Stroh verwendet. Zur Zusammensetzung und Versalzung sowie zu den technologischen Eigenschaften liegen aber keine Untersuchungsergebnisse vor.

Die Bestimmung der Art des Bindemittels und der Zuschläge, der hydraulischen Anteile, des Bindemittel/Zuschlag-Verhältnisses, der Sieblinie sowie der Salzbelastung des Lehmputztes ist jedoch für künftige Sanierungsmaßnahmen jedoch von größtem Interesse.

Seit ca. 1960 wurden in den Grotten von Yungang zementhaltige Rezepturen als Putz- und Mauermörtel eingesetzt, die jedoch schon kurz nach ihrer Anwendung gravierende Schäden in Form von Ablösungen und Rißbildungen aufwiesen. Da die Eigenschaften dieser Mörtel zur Beurteilung und zur Empfehlung künftiger Sanierungskonzepte wichtig sind, wurden sie, wie auch Kalkmörtel aus dem Tempel in Datong und Reparatur-Kalkputze aus der verbotenen Stadt in Bejing in unsere Untersuchungen mit einbezogen.

Die Putzstruktur ist hier deutlich zu erkennen. (s. auch Bild 2)

2 Eigenschaften des Putzuntergrundes

Die Höhlen sind direkt in den Südhang der Wuzhuo-Berge eingehauen. Daher sind sie nicht von der geologischen Umgebung getrennt, so daß sie durch Schichtwasser, Sickerwasser, Grundwasser und Kondenswasser bedroht sind, da der Untergrund oft naß und salzbelastet ist.

Polarisationsmikroskopische und planimetrische Untersuchungen zeigen, daß es sich dabei um Sedementgesteine handelt, die nach dem Klassifikationsschema von PETTIJOHN et al. [5] überwiegend als Feldspat- teilweise auch Gesteinsbruchstück-führende Grauwacken bezeichnet werden (Tabelle 1). Sandige Schiefer kommen teilweise als Einlagerungen vor [1].

Schäden sind Krustenbildung, Schuppenbildung mit Gipskrusten, Salzausblühungen (Epsomit und

Bild 2: Später errichtete Figur aus Lehm und Kalk (um 1651 n. Chr.)

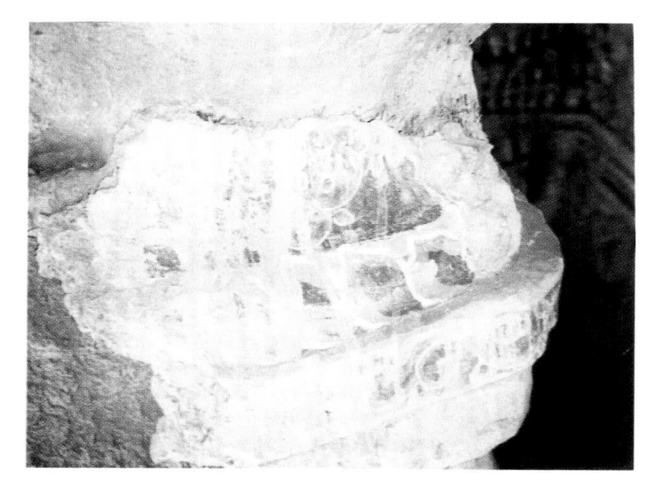

Bild 3: Erhaltener historischer Lehmputz (ca. 17. Jh.)

Tabelle 1: Mineralogische und chemische Zusammensetzung des Grauwackensandsteins von Yungang

Hauptgemengteile	Quarz, Mikroklin (Feldspäte), Gesteinsfragmente
Nebengemengteile	Calcit, Glimmer, Kaolinit, Illit (ca. 5-10 %), Kohlenpartikel, Matrix: überwiegend Tonminerale und Carbonate(ca. 3-6,5%)
Akzessorien	Pyrit, Markasit, Limonit
Chemische Zusammensetzung	SiO_2 64-75 % CaO 0,8-5,0% Al_2O_3 11-14 % Na_2O 0,2-0,4% Fe_2O_3 0,5-1,5% K_2O 2,3-3,0% FeO 0,8-2,0% H_2O^+ 3,3-4,9% MgO 0,6-2,0% los 5-10%

Gips), Riß- und Reliefbildungen, Staubablagerungen, Auswaschung der Bindemittel, etc. Wasserlöslichen Salze sind SO_4^-(1,7-2,8 MA%), NO_3^- (0,1-0,8 MA%) und Cl^-(0,03-0,04MA%). Die technologischen Eigenschaften des Grauwackensandsteines sind in der nachstehenden Tabelle 2 zusammengefasst.

Tabelle 2: Technologische Eigenschaften des Grauwackensandsteines

Porosität	5-12 %
Wasseraufnahme-koeffizient	0,2-1,0 kg/m²•√h
Wasseraufnahme unter Atmosphärendruck	1,4-3,3 MA%
Wasseraufnahme unter Vakuum (<80 mbar)	1,6-4,1 MA%
Wasseraufnahme unter Druck (150N/mm²)	2,4-4,2 MA%
Hygrische Dilatation	0,2 bis 1,6 mm/m
In situ Ausblühung	in ca. 24 Tage Gipsbildung durch Oxidation von Sulfiden (überwiegend FeS_2) im Grauwackengestein
Druckfestigkeit	26-31 N/mm²
Biegezugfestigkeit	7,5-8,4 N/mm²
Dyn. E-Modul	17-19 kN/mm²
Festigkeitsprofil	„V“-artiges Profil, Kruste 1-2 cm stark

Aus den Meßwerten wird deutlich, daß die Grauwackensandsteine sehr dicht und fest sind. Sie verhalten sich wasserhemmend, teilweise sogar wasserabweisend. Festigungs- und Hydrophobierungsversuche mit Konservierungsmitteln auf der Basis von Kieselsäureestern sind im Labor und vor Ort vorgesehen.

3 Historischer Lehm-Kalk-Putz

Aufgrund der archäologischen Befunde [9] ist die Technik des historischen Putzsystems wie in der Bild 2 schematisch darzustellen: In die zersetzten Oberflächen wurden Löcher gebohrt und Holzstücke in die Löcher „eingedübelt". Zwischen den Holzdübeln wurde eine Putzbewehrung aus Stroh und Schnur gebracht. Darauf wurde anschließend verputzt (Lehm-Kalk-Putz als Unterputz, Kalkputz als Oberputz) und bemalt, teilweise vergoldet. (s. auch Bilder 2 u. 3)

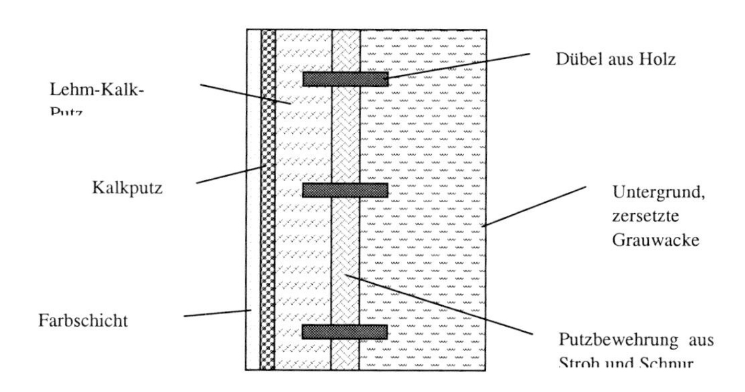

Bild 4: Schematische Darstellung zum Aufbau des Lehm-Kalk-Mörtels

3.1 Zusammensetzungen der Mörtel

Die Analysen wurden in Anlehnung an Wisser und Knöfel [8] durchgeführt. Die Ergebnisse (Bindemittelgehalt, Bindemittel/Zuschlag-Verhältnis und hydraulische Anteile) der Lehmputzmörtel und Zementmörtel von Yungang sowie der Kalkmörtel der Tempel in Datong und in der verbotenen Stadt in Beijing sind in der nachstehenden Tabelle 3 zusammengefaßt.

Sie macht deutlich, daß es sich bei dem Lehmputz um eine Mischung aus Lehm und Kalk handelt. Das Mischungsverhältnis beträgt 1: 7,3 (in Massenanteilen), während es sich bei den Mörteln in der verbotenen Stadt und aus dem Hua-Yan-Tempel in Datong ausschließlich um einen reinen Kalk mit Stroh handelt.

Tabelle 3: Zusammensetzung der Mörtelproben von Yungang und anderen Bauwerken

Probe-Nr.	P8	P6	P7	M30	M40
Material	Lehm-putz Yungang	alter Zement-putz	neuer Zement-mauermörtel	Kalkmörtel, Tempel in Datong	Reparaturkalkputz, Verbotene Stadt / Beijing,
Datierung	17. Jh.	um 1960 (s. Bild 5)	1995 (s. Bild 4)	um 1049	verm. um 1900
Heutiger Bindemittelgehalt (gemessen, MA%)	15	36,5	23,1	94,0	93,7
Ursprünglicher Bindemittelgehalt (berechnet, MA%)	12	29,9	18,2	92,1	91,7
Heutiges Bindemittel/ Zuschlag-Verhältnis (in Massenanteilen)	1:5,4	1:1,7	1:3,3	1:0,1	1:0,1
Ursprüngliches Bindemittel/ Zuschlag-Verhältnis (in Massenanteilen)	1:7,3	1:2,3	1:4,5	1:0,1	1:0,1
Säureaufschließbares SiO_2 (bezogen auf den Mörtel, MA%)	1,4	4,8	3,0	1,7	4,3
Säureaufschließbares SiO_2 (bezogen auf d. Bindemittel, MA%)	9,1	13,3	12,9	1,8	4,6

Makroskopische Untersuchungen an bruchfrischen Mörtelproben zeigen, daß der Lehmmörtel neben feinkörnigen Tonen und Stroh noch grobkörnige Zuschläge und vereinzelte weiße Kalk-Aggregate ($\Phi \approx 1$-5mm, wie Kalkspatzen) enthält. In der Fraktion <63µm wurden neben Calcit, Quarz und Feldspat (Albit) röntgendiffraktometrisch die Tonminerale Illit sowie Kaolinit und Smektit nachgewiesen.

Polarisationsmikroskopische Untersuchungen (Bild 5) zeigen, daß Calcit einerseits als Bindemittel im Mörtel verteilt, andererseits als vereinzelte Kalkspatzen im Mörtel auftritt. Es ist daher auszuschließen, daß Carbonate Nebengemengteile des Lehms sind.

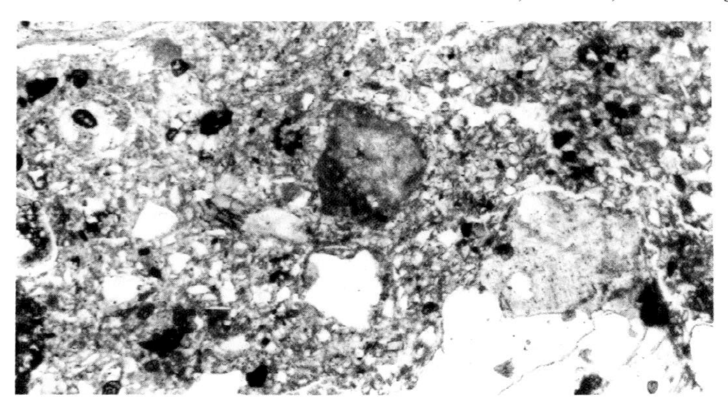

Bild 5: Polarisationsmikroskopische Aufnahme eines historischen Lehm-Kalk-Putzes In der Mitte ein Carbonat-Aggregat (Kalkspatz), rechts unten grobkörnige Gesteinspartikel, rechts und links oben Stroh (mit polarisiertem Durchlicht, ca. 20fache Vergrößerung)

3.2 Kornverteilungsverhältnisse

Aus Siebanalysen ergibt sich, daß der abschlämmbare Anteil (< 0,063 mm) ca. 34 MA % beträgt, der Feinkornanteil (< 0,25 mm) ca. 68 MA %. Darüber hinaus enthält der Mörtel beträchtliche Anteile an Überkorn (> 10 mm) ca.20 MA %. (Bild 3)

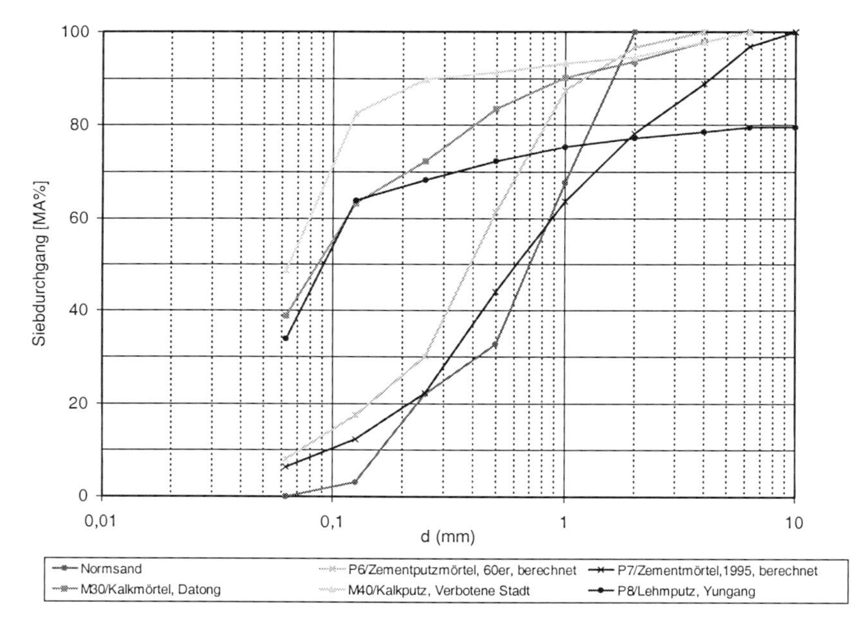

Bild 6: Sieblinien der HCl-unlöslichen Zuschläge einiger Mörtel im Vergleich mit Normsand

Bei dem HCl-unlöslichen Zuschlag des Lehm-Kalk-Putzes handelt es sich um Tonminerale und Quarz. Durch seinen hohen Über- und Unterkornanteil unterscheidet sich der Mörtel deutlich von modernen Mörteln mit Zuschlägen aus Industriesanden.

Zusammengefaßt setzt sich der Lehm-Kalk-Putz wie folgt zusammen (Tabelle 4):

Tabelle 4: Zusammensetzung der Lehm-Kalk-Putze

Calcit	Ca. 15 MA%
Ton (Illit, Kaolinit-Smektit)	Ca. 30 MA%
Quarz	Ca. 30 MA%
Feldspäte	Ca. 5 MA%
Gesteinsfragmente	Ca. 15 MA%
Stroh und Weizenkörner	Ca. 5 MA%.

3.3 Bauschädliche Salze

Die Salzbelastung der Mörtel wurde durch die Bestimmung der wasserlöslichen Ionen gem. DIN 38414-04 untersucht. (Tabelle 5) Die hohen Gehalte an Chlorid und Nitrat in den Lehmputzen lassen auf eine starke Salzbelastung schließen und wegen der Ähnlichkeit der Gehalte in frisch abgelagerten Stäuben, die ebenfalls untersucht wurden, auf einen Zusammenhang mit diesen.

Tabelle 5: Wasserlösliche Ionen der Mörtelproben(mg/kg)

Probe-Nr.	Material	SO_4^{--}	NO_3^-	Cl^-	F^-	Ca^{++}	Mg^{++}	Na^+	K^+	NH_4^+	Σ MA%
P8	Lehmputz	7273	6357	4723	n.n.*	2705	991	1236	688	50	2,40
P7	Zement-Mauer-mörtel	1332	10	29	<10	540	n.n.	1330	330	n.n.	0,36
P6	Zement-putzmörtel	710	<10	18	<10	107	10	818	292	n.n.	0,20
frische unbelastete Grauwacke		420	506	131	n.n.	1326	95	80	48	n.n.	0,26
zersetzte Grauwacke		16850	8580	393	n.n.	3770	2080	28	6470	<10	3,82
Staubablagerung		46190	4490	1370	48	1326	410	107	285	285	5,45

n.n. = nicht nachweisbar

Es ist naheliegend, daß der Lehmputz die aus der Luft eingetragenen Schadstoffe aufnimmt und damit als Opferputz eine Schutzwirkung für den Naturstein hat.

4 Zementmörtel

Die untersuchten Zementmörtel wurden in jüngster Zeit als Putz- und Fugenmörtel in weiten Bereichen bei der Restaurierung der Yungang-Grotten eingesetzt. (Bild 7 u. 8)

Bild 7: Restaurierungsmaßnahmen (Verankern, Verfugen, Betonieren und Vermauern) im Jahr 1995

Bild 8: Ablösung und Rißbildung des alten Zementputzes (um 1960)

Aus den Untersuchungsergebnissen (Tabelle 3) wird deutlich, daß sich die neueren Zementmörtel von den älteren, die um 1960 eingesetzt wurden, deutlich unterscheiden. Bei den ersteren handelt es sich um relativ bindemittelreiche Rezepturen. Der gemessene heutige Bindemittel-Anteil liegt bei 36 MA %, das berechnete ursprüngliche B/Z-Verhältnis beträgt 1 : 2,3. Unter Berücksichtigung der HCl-unlöslichen Anteile kann für das ursprüngliche B/Z-Verhältnis 1:2 bezogen auf die Massenanteile angenommen werden.

Polarisationsmikroskopische Untersuchungen im Grenzbereich zwischen dem dichten Zementmörtel und dem schuppenförmig zersetzten Naturstein zeigen zwar eine gute Haftung zum Untergrund, jedoch eine schuppige Ablösung des Zementputzes mit Grauwacke-Sandstein-Partikeln. (Bild 9)

Bild 9: Mikroskopische Aufnahme eines abgelösten Zementpartikels im verputzten Bereich von Bild 5 Rechts: schuppenförmig zersetzter Naturstein, die Risse sind durch blau gefärbtes Harz gekennzeichnet. Links: dichter Zementputzmörtel, der sich nicht mit Harz durchdringen läßt.(mit polarisiertem Durchlicht, ca. 30fache Vergrößerung)

Bei den neueren zementhaltigen Mauermörteln und Putzen (Bild 7) handelt es sich dagegen um eine relativ magere Rezeptur. Beim Versetzen mit HCl entwickelt dieser Mörtel H_2S, was auf sulfidhaltige Beimengungen Anteil hinweist, bzw. auf eine Beimischung von sulfidhaltigen

Schlackenmehlen. Da die sulfidischen Verbindungen im Zementmörtel nur gering wasserlöslich sind, wird ihr Gehalt bei der Eluat-Analyse nicht erfaßt. Sie führen jedoch langfristig unter den oberflächennahen Verwitterungsbedingungen und dem Einfluß der Atmosphärilien über die Bildung von H_2S zu Sulfaten, die mit den Alkalien und Erdalkalien im Zement oder im Stein zur Bildung bauschädlicher Salz, wie Thenardit, Mirabilit, Kainit, Epsomit und Gips führen können.
Der gemessene heutige Bindemittel-Anteil des neuen Zementmörtels liegt bei 23 MA %, das ursprüngliche BZ-Verhältnis bei 1:4,5, was unter Berücksichtigung der ungelösten Anteile ein ursprüngliches Bindemittel/Zuschlagsverhältnis von 1:4 bezogen auf die Massenanteile schließen lässt.
Die Sieblinien (Bild 5) zeigen, daß die Korngrößenverhältnisse im Bereich 0-4 mm bei den alten Zementmörteln sich deutlich von dem grobkörnigeren Zuschlag der neuen Zementmörtel unterscheiden, bei denen die Korngrößen im Bereich von 0-10 mm liegen.

5 Zusammenfassung und Diskussion

Die Anwendung von Kalkmörteln bei historischen Bauten ist in China seit über 2000 Jahren bekannt u.a. von der Großen Mauer. In den Yungang-Grotten wurden erstmals untersuchte Mörtelrezepturen eingesetzt, die aus einer Mischung von Lehm und Kalk bestehen. Die Zumischung von Kalk bewirkt vor allem eine höhere Festigkeit und eine bessere Verarbeitbarkeit des Lehmmörtels.
Zementmörtel, die in jüngster Zeit bei Sanierungsmaßnahmen der Yungang-Grotten eingesetzt wurden, haben sich als unzweckmäßig erwiesen, zumal sie mit Sulfidanteilen belastet zur Bildung bauschädlicher Salze beitragen. Nachteile sind auch ihre hohe Festigkeit und ihre geringe Wasserdampfdurchlässigkeit.
Aufgrund der vorliegenden Ergebnisse, die noch durch weitere, vor allem technologische Untersuchungen an Lehm-Kalk-Mörteln ergänzt werden sollen, können die Mörtel nachgestellt und nach ihrer Erprobung an Musterflächen für zukünftige Sanierungskonzepte eingesetzt werden. Auch sollen Konzepte auf der Basis von hydraulischen Kalken bei den Restaurierungsmaßnahmen der Yungang-Grotten weiter verfolgt werden.

6 Literatur

[1] Sh. Dai, *Untersuchungen zu den Ursachen der Schäden und zur Konservierung der buddhistischen Yungang-Grotten bei Datong, VR China*, OHG, 1998, Heft Nr. 59 (im Druck)

[2] E. Emmerling, J. Fan, R. Karbacher, L. He & Ch. Thieme, *Gestaltung, Bemahlung und Sicherung der Figuren im Höhlentempel des Großen Buddha von Dafosi; On the Formation, Paited decoration and Stabilzation of the Figures in the Cave Temple of the Great Buddha of Dafosi*, in M. Petzet (Hrsg.) "Der Große Buddha", 1996, Arbeitshefte des Bayerischen Landesamtes für Denkmalpflege, S. 248-279

[3] T. Gödicke-Dettmering u. G. Strübel, *Mineralogische und technologische Eigenschaften von hydraulischen Kalken als Bindemittel für Restaurierungsmörtel in der Denkmalpflege*, Gießener Geologische Schriften, 1996, Heft 56, S. 131-154

[4] K. Z. Huang u. T. F. Xie, *Verwitterung und Konservierung der Yungang-Grotten,* in PANG & HUANG (Hrsg.) "Umweltgeologie und Denkmalschutz", Verlag der Universität für Geowissenschaften Beijing, 1992, S. 19-33 (in chinesisch)

[5] F. J. Pettijohn et al., *Sand and Sandstone*, Second Edition, Springer-Verlag, 1987, S. 139-155 u. S. 163-175

[6] G. Strübel, A. Wang u. Sh. Dai, *Zerfall und Konservierung der Yungang-Grotten: Ursachenforschung und Problemlösungen in einem deutsch-chinesischem Projekt*, Spiegel der Forschung, 1996, 13. Jg./Nr. 1, S. 2-6

[7] G. Strübel u. Sh. Dai, *Putzmörtel mit hydraulischen Kalken im Bereich der Denkmalplege--Erhärtungsverhalten, Carbonatisierung und Schadenvermeidung*, 1998, FAS-Schriftenreihe, (im Druck)

[8] S. Wisser u. D. Knöfel, *Untersuchungen an historischen Putz- und Mauermörteln, Teil 1: Analysengang*, Bautenschutz + Bausanierung, 1987, 11, S. 163-171

[9] T. F. Xie u. J. H. Yuan, *Wissenschaftliche Tätigkeit zur Konservierung der Yungang-Grotten*, in „ Stadt Datong“, 1992, Verlag Datong, S. 113-118 (in chinesisch)

7 Danksagung

Unser Dank gilt Herrn M.Sc. Huang vom Staatlichen Institut für Grottenpflege, Yungang, VR China, für die freundliche Zusammenarbeit.

Einsatzmöglichkeiten des Computersimulationsprogramms WUFI bei Putzen

Dipl. Phys. A. Holm
Fraunhofer-Institut für Bauphysik, Holzkirchen
(Leitung: Prof. Dr. Dr. h.c. mult. Dr. E.h. mult. Karl Gertis)

Dipl. Phys. A. Worch
Universität Dortmund, Lehrstuhl Bauphysik

Zusammenfassung

An Hand einer Parameterstudie für die Anforderungen von Außenputzen soll gezeigt werden, welche Möglichkeiten für die Bauteilentwicklung und -optimierung moderne Berechnungsverfahren in der Bauphysik eröffnen. Was früher in einer Vielzahl von kostspieligen, komplexen und oft sehr zeitaufwendigen Versuchen an Erkenntnissen gewonnen wurde, erreicht man heute mit Hilfe modernster Computertechnik innerhalb kürzester Zeit. Vor allem durch die Kombination von Meßtechnik und Computersimulation eröffnen sich dem Entwickler und Planer ungeahnte Horizonte. So können zum Beispiel mit Hilfe von WUFI die Austrocknungszeiten von verschiedenen Bauteilaufbauten in unterschiedlicher Orientierung oder den Einfluß von Klimawirkungen, vor allem Schlagregenbeanspruchung, auf Außenbauteilen studiert werden. Ebenfalls eignen sich Feuchteberechnungsverfahren zur Beurteilung der Tauwassergefahr in Bauteilen oder der Auswirkung von Umbau- oder Sanierungsmaßnahmen. Vor allem aber können solche Berechnungsverfahren ein besonders nützliches Werkzeug bei der Entwicklung und Optimierung von Baustoffen und Bauteilen sein.

1 Einleitung

Dem hygrothermischenVerhalten von Bauteilen kommt aufgrund der Wettereinwirkung, dem Wasser im Boden und der zunehmend winddichten Bauart infolge der neuen Wärmeschutzverordnung große Bedeutung zu. Bislang stehen dem Planer hier die Wärmeschutzverordnung, das Glaserverfahren und die normalen Regeln, welche in der DIN 4108, [1] angegeben sind, zur Verfügung.

Das Glaserverfahren beruht auf der quasi-stationären Berechnung des Temperatur- und Dampfdruckgradienten im Bauteil und bietet die Möglichkeit der Tauwasserabschätzung durch graphische Darstellung der Bauteilschichten gegen den s_d-Wert. Dieses Verfahren weist jedoch wesentliche Beschränkungen und Näherungen auf:

1. Es sind nur Berechnungen mit stationären Randbedingen möglich.
2. Es werden nur Wassertransporte infolge Wasserdampfdiffusion berücksichtigt.
3. Sämtliche Speichervorgänge und Weiterverteilungseffekte werden nicht erfasst.

Die neuen computertechnischen Entwicklungen bieten nun Möglichkeiten auf Grundlage numerischer Simulationen das hygrische und das thermischeVerhalten auch bei instationären Randbedingungen zu berechnen. Dies ermöglicht wesentlich genauere Analysen. Im folgenden soll am Beispiel des Computerprogramms **WUFI** (**W**ärme **U**nd **F**euchte **I**nstationär) [2], entwickelt vom Fraunhofer-Institut für Bauphysik, das Programm selber sowie das prinzipielle Vorgehen der computergestützten Simulation erläutert werden. Dazu dienen Beispiele aus der Anwendung von Putzen an Wänden.

2 Allgemeine Grundlagen von Simulationsberechnungen

Die Basis der computergestützten Simulation ist jeweils die direkte Anwendung des fundamentalen Erhaltungssatzs [2 bis 5], der besagt, daß die zeitliche Änderung einer Zustandsgröße gleich dem Fluß durch die Oberfläche eines Volumenelementes unter Beachtung von Quellen bzw. Senken innerhalb dieses Volumens ist:

$$\frac{\partial}{\partial t} A = -\nabla a + \alpha_{Quelle, Senke} \tag{1}$$

mit

A = Zustandsgröße

a = treibendes Potential

α = Quellterm

Bezugnehmend auf den gekoppelten Wärme- und Feuchtetransports bedeuted dies die jeweilige Formulierung der Bilanzgleichung mit im Prinzip frei wählbaren Zustandsgrößen in Abhängigkeit von den treibenden Potentialen. Die Kopplung der Transportprozesse erfolgt durch die Abhängigkeit der jeweiligen Transportkoeffizenten von den anderen Größen. Am Beispiel der Diffusionsprozesse würde man sinnvollerweise den Wassergehalt u als Zustandsgröße wählen und das treibende Potential in Form des Wasserdampfpartialdruckgefälles oder die Differenz der rel. Feuchte, die jeweils temperaturabhängig sind.

3 Mathematische Grundlagen des Computerprogramms WUFI

Im folgenden soll die Formulierung im Simulationsprogramm Wufi für den Wärme- und Feuchtetransport vorgestellt werden. Es handelt sich um die explizite Anwendung des oben vorgestellten fundamentalen Erhaltungssatzes (Formel 1) auf die Erhaltungsgrößen Wärmemenge Q und Wassergehalt u, für die nun der jeweilige Fluß (d.h. Transportmechanismus) und Quellen bzw. Senken definiert werden müssen.

3.1 Berechnung des Wärmetransports

Die Berechnung der Temperaturverteilung innerhalb eines Bauteils erfolgt bei Wufi auf der Basis der Enthalpie H. Bei konstantem Druck entspricht die Enthalpie der Wärmemenge Q, jedoch läßt dieser Ansatz die Berücksichtigung der Verdunstungskälte von Wasser bzw. der Wärmefreisetzung beim Kondensationsvorgang von Wasserdampf zu, die einen deutlichen Einfluß auf das thermische Verhalten haben. Dieser Ansatz ist hier ohne weiteres möglich, da Wufi auf die Berücksichtigung von Transporteffekten aufgrund von Strömungen infolge Luftdruckdifferenzen verzichtet.
Die Grundlage zur Berechnung der Temperaturverteilung bildet die Definition der Wärmemenge Q. Sie ist bestimmt durch das Produkt aus Dichte, spez. Wärmekapazität und absoluter Temperatur. Das Computerprogramm Wufi berücksichtigt zusätzlich den Einfluß des enthaltenden Wassers, so daß die gesamte Wärmemenge (bzw. Enthalpie) definiert ist durch die Summe der Wärmemenge des betreffenden Baustoffes und der Wärmemenge des im Baustoff befindlichen Wassers.
Die Wärmeleitung wird mittels des bekannten Wärmeleitkoeffizienten λ beschrieben. Zusätzlich kann die mit steigendem Wassergehalt verbesserte Wärmeleitfähigkeit berücksichtigt werden. Treibendes Potential ist hier der Temperaturgradient. Die Verdunstung bzw. das Kondensieren von Wasser führt zu einem beachtlichen Temperatur-

einfluß. Bei dem Phasenübergang von dampfförmigen Wasser zu flüssigem Wasser wird eine Energie von etwa 2500 kJ/kg freigesetzt. Im entsprechenden Volumen des Bauteils läßt sich dieser Wärmegewinn als eine Wärmequelle auffassen. Analoges gilt für den umgekehrten Prozeß (Senke).
Die Beschreibung der Wärmetransporte auf Grundlage der Enthalpie ermöglicht es, diese Gewinne und Verluste aufgrund von Phasenübergängen des Wassers zu berücksichtigen. Da bei diesen Prozessen maßgeblich Wasserdampf beteiligt ist, genügt es hier, die Wasserdampfdiffusion zu berücksichtigen und den Flüssigwassertransport hinsichtlich der Phasenübergänge zu vernachlässigen. Das bedeutet, daß thermische Quellen und Senken proportional dem Wasserdampfstrom sind.

3.2 Berechnung der Feuchtetransporte

Bei der Berechnung der Feuchtetransporte durch ein Bauteil ist das komplexe Verhalten des Wassergehaltes in Baustoffen zu berücksichtigen. Zusätzlich kommen hier in Abhängigkeit vom Phasenzustand des Wassers verschiedene Transportmechanismen zum Tragen. Die entsprechende Formulierung dieser Zusammenhänge soll im Folgenden kurz vorgestellt werden.
Die in einem Baustoff enthaltenen Wassergehalte lassen sich wie bekannt in drei Gruppen einteilen:

1. Sorptionswasserbereich (u_0 - u_{95})
2. Kapillarwasserbereich (u_{95} - $u_{freiwillig}$)
3. Sättigungsbereich ($u_{freiwillig}$ - u_{max})

Der sorptive Wassergehalt ist direkt proportional zur relativen Luftfeuchte. Die tatsächlich vorhandene, geringe Abhängigkeit von der Temperatur kann im Rahmen der erzielbaren Genauigkeit vernachlässigt werden. Für den Kapillarwasserbereich kann über die „Kelvin-Thomson-Gleichung“ eine eindeutige Zuordnung zwischen Wassergehalt und relativer Luftfeuchte formuliert werden. Der maximale Wassergehalt wird durch die Porosität des Baustoffs bestimmt. Der dargestellte enge Zusammenhang zwischen dem Wassergehalt u und der relativen Feuchte φ legt es nahe, den Wassergehalt in Abhängigkeit von der relativen Feuchte zu beschreiben. Hier ist in Analogie zur Temperatur bei dem Wärmetransport eine Zustandsvariable gefunden, mit der es möglich ist die sich einstellenden Wassergehalte im gesamten Feuchtebereich zu berechnen. Dieser mathematisch elegante Ansatz macht jedoch die Berücksichtigung von Hystereseeffekten unmöglich.

Die Berechnung der Wasserdampfdiffusionsströme erfolgt auch im Programm auf Basis des Fick'-schen Diffusionsansatzes mit der Kenngröße Wasserdampfdiffusionswiderstandszahl μ. Die feuchtebedingte Widerstanderniedrigung wird jedoch beim Flüssigwassertransport berücksichtigt, so daß über den gesamten Feuchtebereich mit der im sogenannten „Dry-Cup“-Bereich [6] bestimmten Widerstandszahl gerechnet wird. Treibendes Potential ist die Differenz der Wasserdampfpartialdrücke, die durch den temperaturabhängigen Sattdampfdruck p_s und der relativen Luftfeuchte ausgedrückt werden kann.

Der Flüssigwassertransport wird auf Basis der im Wasserbau verwendeten Strömungsmodelle durch einen Flüssigleitkoeffizenten D_φ in Abhängigkeit von der Differenz des Wassergehalts im Baustoff beschrieben. Das hierbei verwendete Modell läßt eine rechnerische Bestimmung des Koeffizienten aus der Feuchtespeicherfunktion und dem Kapillartransportkoeffizient (= kapillarer Wasseraufnahmekoeffizient nach [7]) zu. Der Flüssigwassertransport setzt in dem in Wufi verwendten Modell schon wesentlich unterhalb von 95 % r.F. ein, um auf diese Weise die Feuchteabhängigkeit des Wasserdampdiffusionswiderstands zu berücksichtigen. Gleichzeitig bietet dieser Ansatz die Möglichkeit den Übergang zwischen dampfförmigen und flüssigen Wassertransport stetig zu definieren. Flüssigkeitstransporte im übersättigten Bereich können vernachlässigt werden. Der schon oben beschriebene Zusammenhang zwischen Wassergehalt und relativer Feuchte läßt auch hier eine Beschreibung des treibenden Potentials mit Hilfe der relativen Luftfeuchte zu.

Im Prinzip wäre in Analogie zum Wärmetransport ein sogenannter Quellterm zu definieren. Es gibt jedoch keinen physikalisch sinnvollen Grund - außer ungewöhnliche Ereignisse, wie z.B. ein Wasserrohrbruch innerhalb eines Bauteils - solche Wasserquellen bzw. -senken zu berücksichtigen, so daß dieser Term unberücksichtigt bleibt.

3.3 Gleichungssystem

Das Ergebnis der vorherigen Überlegungen ist ein miteinander gekoppeltes Differentialgleichungssystem, welches nur numerisch bei vorgegebenen Randbedingungen lösbar ist. Die Kopplung erfolgt über die Wassergehaltsabhängigkeit der Wärmeleitfähigkeit, der Temperaturabhängigkeit der relativen Feuchte und vor allem durch die Berücksichtigung der Energietransporte durch Wasserdampfdiffusion.

Die Verwendung der Größen Temperatur- und Luftfeuchtegradient zur Beschreibung der treibenden Potentiale der verschiedenen Transporteffekt, ermöglicht es ohne Stetigkeitsprobleme auch über Baustoffgrenzschichten die Temperatur- und Wassergehaltsverteilung zu berechnen.

Für die numerische Berechnung des Gleichungssystems ist die Angabe von Randbedingungen unerläßlich:

1. Bauteilaufbau
2. Angabe des Ausgangspunktes
3. Angabe des Außenklimas und des Innenklimas
4. Übergangswiderstände des untersuchten Bauteils
5. Numerische Parameter: Rechenschritte und Genauigkeit

Die freie Wahl der klimatischen Parameter, z.B. Temperatur, relative Luftfeuchte, Sonneneinstrahlung, Regenbelastung u.s.w., ermöglicht erst die Berechnung von instationären Vorgängen.

Auf Grundlage der eingegebenen Kenndaten wird dieses resultierende System eines dem sogenannten Crank-Nicolson-Verfahren ähnlichem Matrixsystem gelöst. Nach vorgegebener räumlicher und zeitlicher Diskretisierung erfolgt iterativ die Berechnung des sich neu einstellenden Temperatur- und Wassergehaltverlaufs, bevor der nächste Zeitschritt berechnet wird.

4 Notwendige Kenndaten (Eingaben)

Das Simulationsprogramm WUFI ist ein menügesteuertes Windows-Programm mit dem alle für die Berechnung notwendigen Kennwerte und Randbedingungen über diverse Fenster eingegeben werden können. Die einzelnen Schichten des zu untersuchenden Bauteils werden mit ihren Dicken in eine Tabelle eingetragen. Über das ganze Bauteil wird ein numerisches Gitter gelegt, dessen Feinheit an die örtlich zu erwartenden Temperatur- und Feuchteschwankungen anzupassen ist. Die hygrothermischen Kennwerte jeder Materialschicht können entweder aus der WUFI-Datenbank übernommen oder individuell eingegeben werden. WUFI benötigt als Mindestangaben die Rohdichte, die Porosität, die spezifische Wärmekapazität, die Wärmeleitfähigkeit (trocken) und die Diffusionswiderstandszahl (trocken). Je nach Gegenstand und Zweck der Rechnung können zusätzliche Daten eingegeben werden: die Feuchtespeicherfunktion, die Flüssigtransportkoeffizienten

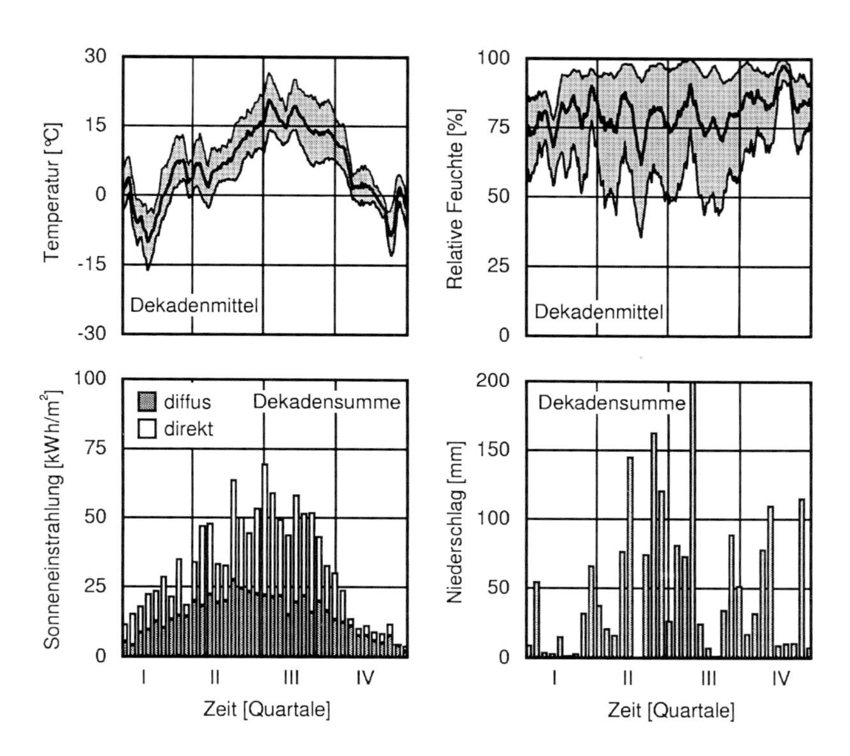

Bild 2: Klimatische Randbedingungen für eine nach Westen orientierte Wand auf der Basis gemessener Stundenmittelwerte eines für den Standort Holzkirchen (Alpenvorland) typischen Jahres. Die Außenlufttemperatur und -feuchte sind als gleitende Dekadenmittel mit Angabe des täglichen Schwankungsbereichs dargestellt; die kurzwellige Strahlung und der Schlagregen sind als Dekadensummen angegeben

für Saugen und Weiterverteilen, sowie gegebenenfalls die feuchteabhängige Wärmeleitfähigkeit oder die feuchteabhängige Diffusionswiderstandszahl.

Die Feuchtespeicherfunktion kann messtechnisch zusammengesetzt werden aus Sorptionsisothermen (bis ~0.9 r.F.) und Saugspannungsmessungen (über 0.95 r.F.) [8]. Die Hysterese zwischen Absorptions- und Desorptionsisothermen ist meistens so gering ausgeprägt, dass die Verwendung der Absorptionsisotherme ausreichend ist. Gegebenenfalls kann eine mittlere Sorptionsisotherme verwendet werden. Die freie Sättigung gehört zu den Standardstoffkennwerten und ist für die meisten Materialien bekannt. Ebenfalls zu den Standardstoffkennwerten gehört die Ausgleichsfeuchte bei einer relativen Feuchte von

80 %. WUFI bietet die Möglichkeit aus diesen Kennwerten die Feuchtespeicherfunktion abzuschätzen.

Der Flüssigtransportkoeffizient für das Saugen beschreibt die kapillare Wasseraufnahme bei vollständiger Benetzung der Bauteiloberfläche. Dies entspricht in der Praxis der Beregnung des Bauteils oder einem Wasseraufnahmeversuch. Der Saugvorgang wird von den größeren Kapillaren bestimmt, da sie zwar eine geringere Saugkraft als die kleinen Kapillaren besitzen, aber auch einen noch stärker verminderten Strömungswiderstand. Der Flüssigtransportkoeffizient für das Weiterverteilen beschreibt die Umverteilung des aufgesaugten Wassers, wenn nach Beendigung der Benetzung kein neues Wasser mehr eindringt und das vorhandene Wasser sich zu verteilen beginnt. Im Bauteil entspricht dies beispielsweise der Feuchtewanderung nach einem Regenereignis. Das Weiterverteilen wird von den kleineren Kapillaren bestimmt, da sie mit ihrer größeren Saugkraft die großen Kapillaren leersaugen. Da das Weiterverteilen langsamer abläuft, ist der zugeordnete Flüssigtransportkoeffizient in der Regel deutlich kleiner als für das Saugen. Beide Koeffizienten können entweder aus Feuchteprofilen, gemessen z.B. mit Hilfe der kernmagnetischen Resonanz (NMR), oder durch Approximation aus dem w-Wert und dem Trocknungsverlauf [9,10] bestimmt werden.

Tabelle 1: Hygrothermische Stoffkennwerte der untersuchten Materialien

	Außenputz	Porenbeton	Kalksandstein	Gipsputz
Rohdichte [kg/m³]	1100	600	1900	850
Wärmekapazität [kg/kgK]	0,85	0,85	0,85	0,85
Wärmeleitfähigkeit [w/mK]	0,7	0,14	1	0,2
Porosität [Vol.-%]	12	72	29	65
freie Sättigung [Vol.-%]	10	34	25	40
Diffusionswiderstandszahl [-]	*)	8	28	8,3
w-Wert [kg/m²√h]	*)	4,6	2,7	12
Bezugsfeuchte [Vol.-%]	1	1,7	2,5	6,3

*) variiert je nach untersuchtem Fall (siehe Bild 2)

Als klimatische Randbedingungen, die auf das zu untersuchende Bauteil einwirken, benötigt WUFI die Temperatur und die relative Feuchte der Innen- und der Außenluft sowie die Regenlast und den Strahlungseintrag in Abhängigkeit von der Neigung und Orientierung des Bauteils. Diese Angaben können aus gemessenen Wetterdaten oder Testreferenzjahren abgeleitet werden. Bild 1 zeigt die Jahresverläufe von Außentemperatur und -feuchte als gleitende Dekadenmittel mit Angabe der Tagesschwankungsbereiche. Im gleichen Bild sind auch die Dekadensummen der kurzwelligen Strahlung und des Schlagregens auf eine nach Westen orientierte Fassade dargestellt. Das Raumklima variiert sinusförmig zwischen 20 °C, 40 % relative Feuchte im Winter und 22 °C und 60 % relative Feuchte im Sommer. Diese Werte entsprechen einer normalen Nutzung als Wohngebäude [11].

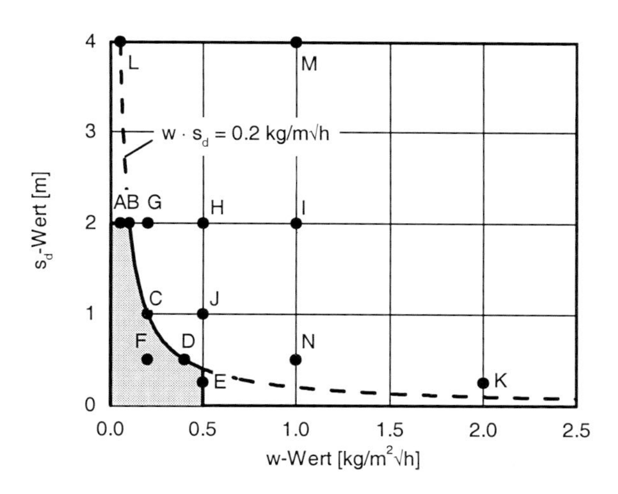

Bild 2: Variation des kapillaren Wasseraufnahmekoeffizienten und der diffusionsäquivalenten Luftschichtdicke des Außenputzes. Die untersuchten Fälle A bis M sind als Punkte eingezeichnet. Der grau hinterlegte Bereich stellt die Bedingung für wasserabweisende Außenputze dar

5 Beispiele

Als Beispiel für die Einsatzmöglichkeit von Berechnungsverfahren im Rahmen der Putzinstandsetzung soll die Beurteilung des Regenschutzes dienen. Dieser wird so realisiert, daß ein Material gewählt wird, das die Wasseraufnahme der Wand hemmt und gleichzeitig aber eine ausreichende Trocknung ermöglicht. Diese Forderung wird durch den kapillaren

Wasseraufnahmekoeffizienten w und die diffusionsäquivalente Luftschichtdicke s_d erfüllt. Dabei geht man in erster Näherung davon aus, daß die Wasseraufnahme der Wand durch den w-Wert des Putzes und die Trocknung durch dessen s_d-Wert bestimmt wird. Nach DIN 18 558, Teil 1 müssen demnach Außenputze folgende Bedingung erfüllen:

$$w \cdot s_d \leq 0{,}2\ kg/m\sqrt{h}$$

mit den Zusatzbedingungen

$$w \leq 0{,}5\ kg/m^2\sqrt{h}$$

$$s_d \leq 2\ m$$

Zur Überprüfung dieser von Künzel [12] aufgestellten Bedingung soll folgender, nach Westen orientierter Wandaufbau rechnerisch untersucht werden. Auf eine 20 cm dicke Porenbetonwand wird ein 20 mm dicker Außenputz aufgebracht. Die Innenseite wird mit ca. 15 mm Gipsputz verputzt. Die für die Rechnung für das jeweilige Material benötigten Stoffkennwerte stammen aus der WUFI-Datenbank und sind Tabelle 1 zu entnehmen. Variiert wird dabei nur die diffusionsäquivalente Luftschichtdicke und der kapillare Wasseraufnahmekoeffizient (bzw. die Kapillartransportkoeffizienten D_w) des Außenputzes. In Bild 2 sind die verschiedenen w- und s_d-Werte-Kombinationen des untersuchten Außenputzes als Punkte eingezeichnet. Der mit grau unterlegte Teil repräsentiert den Anforderungsbereich für wasserabweisende Putze gemäß der oben genannten Bedingung. Die Hyperbel $w \cdot s_d = 0{,}2\ kg/m\sqrt{h}$ ist als gestrichelte Linie dargestellt. Für alle Materialien wird eine Anfangsfeuchte entsprechend der Ausgleichsfeuchte bei 80 % r.F. angenommen. Als Berechnungsbeginn wird der 1. Januar gewählt. Die klimatischen Randbedingungen sind Bild 1 zu entnehmen. Der Wärmeübergangskoeffizient beträgt auf der Außenseite 17 W/m²K, auf der Innenseite 8 W/m²K. Die kurzwellige Strahlungsabsorption des Außenputzes liegt bei 0,4. Das entspricht einer normal hellen Wand. Für die Regenwasserabsorptionszahl wird 0,7 angenommen. Beobachtet wird der Verlauf des Wassergehalts des Porenbetonwandbildners über einen Zeitraum von 5 Jahren.

Um einen Putz auf seine Tauglichkeit hin für die Anwendung im Außenbereich beurteilen zu können, ist u.a. der Verlauf des mittleren Wassergehaltes im Wandbildner von Bedeutung. Bild 3 zeigt den mittleren Jahreswassergehalt in Abhängigkeit des Verhältnisses $w \cdot s_d$ während des letzten Jahres. Es zeigt sich, daß für alle Fälle, bei denen die oben genannte Bedingung eingehalten wird, dieser im Bereich der Ausgleichsfeuchte bei 80 % r.F. liegt. Aber auch der Fall L und G mit $w \cdot s_d = 0{,}2$ bzw. $0{,}4\ kg/m\sqrt{h}$ können als unkritisch angesehen werden. Aber schon die Fälle N und K mit $w \cdot s_d = 0{,}5$ führen zu fast doppelt so hohen mittleren Jahreswassergehalten als die "erlaubten" Kombinationen. Ein noch größeres Verhältnis von $w \cdot s_d$ bedeutet aber keinesfalls einen deutlich höheren Wassergehalt. Die Fälle I, H, J und G führen im Durchschnitt zu einem niedrigeren Wassergehalt als K und N. Damit wird deutlich, daß alleine das Verhältnis von $w \cdot s_d$ ohne die beiden Zusatzbedingungen nicht zur Beurteilung der Tauglichkeit von Außenputzen herangezogen werden kann. Vor allem die Beschränkung auf w-Werte $\leq$ 0,5 kg/m²√h scheint sinnvoll, denn sobald das Verhältnis $w \cdot s_d > 0{,}2$ ist, wird der sich einstellende Wassergehalt hauptsächlich von der Fähigkeit der kapillaren Wasseraufnahme geprägt. Den Einfluß des w-Wertes bei gleichbleibendem s_d-Wert zeigt auch Bild 4. Hier erkennt man, daß eine Zunahme des w-Wertes zu einer Zunahme des Wassergehaltes führt. Obwohl beim Fall N der s_d-Wert nur 0,5 beträgt und somit zu einem guten Trocknungspotential führen müßte, ist der Verlauf des Wassergehaltes fast identisch wie bei Fall I (s_d-Wert = 2 m).

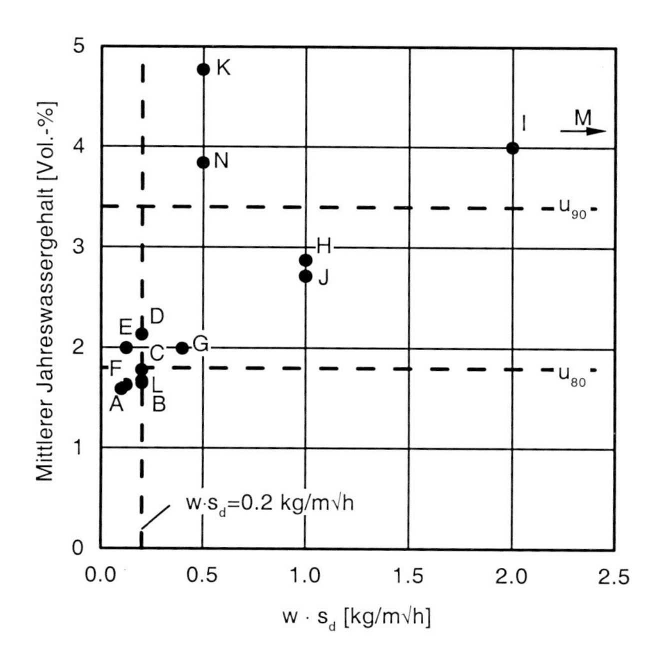

Bild 3: Mittlerer Jahreswassergehalt in Abhängigkeit des Verhältnisses $w \cdot s_d$ im eingeschwungenen Zustand

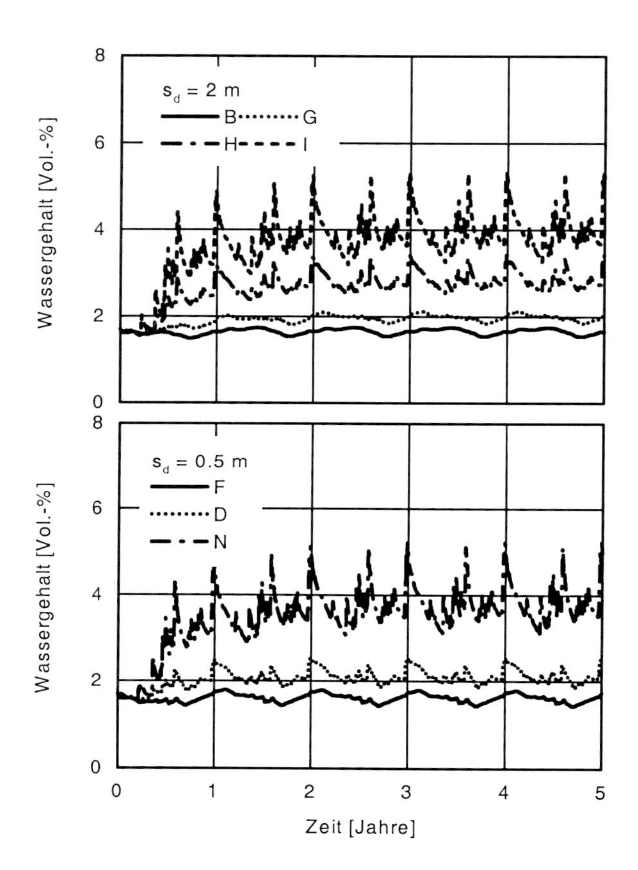

Bild 4: Verlauf des Wassergehaltes im Porenbetonwandbildner bei konstantem s_d-Wert und variablem w-Wert

Von großer Bedeutung ist aber neben dem Verhalten im eingeschwungenen Zustand auch der Einfluß des Verhältnisses von w und s_d-Wert auf das Austrocknen eines baufeuchten Mauerwerkes. In Bild 5 ist der Trocknungsverlauf für die Fälle B und E dargestellt. Hierbei wird von einer Ausgangsfeuchte von 20 Vol.-% im Porenbeton ausgegangen. Es zeigt sich, daß der höhere s_d-Wert im Fall B und die höheren Kapillartransportkoeffizienten für das Trocknen im Fall E zu einem deutlich schnelleren Austrocknen führen. Praxisbeobachtungen haben gezeigt [13], daß gerade Risse im Außenputz dazu führen können, daß der Feuchtegehalt im Bauteil nach einiger Zeit wieder rapide ansteigt. Bild 6 zeigt den gemessenen Zeitverlauf einer mit Kunstharzputz verputzten Porenbetonwand.

Nach dem anfänglichen Trocknen trat wieder eine deutliche Feuchtezunahme auf. Diese ist auf inzwischen entstandene Versprödungsrisse zurückzuführen mit der Folge, daß das ursprünglich intakte Verhältnis $w \cdot s_d$ gestört ist. Bei der Simulation sind solche Veränderungen der Materialkennwerte zu berücksichtigen. Allerdings gestattet WUFI es nicht, zeitlich kontinuierlich veränderliche Kennwerte einzugeben, aber durch eine stufenweise Anpassung kann dieses Verhalten angenähert werden. Der Einfluß der Risse führt zu einer Erhöhung der Transportkoeffizienten für den kapillaren Saugvorgang. Bei den Berechnungen in Bild 7 werden die Risse so simuliert, als ob sich der w-Wert im Fall B innerhalb von 5 Jahren von 0,1 auf 1 $kg/m^2\sqrt{h}$ erhöht hätte. Die Transportkoeffizienten für die Weiterverteilung bleiben unverändert. Da für die Messungen aus Bild 6 keine ausreichenden Materialkennwerte und Randbedingungen vorhanden sind, wird hier ein hypothetischer Fall simuliert. Die Ergebnisse aus der Berechnung zeigen, daß nach zwei Jahren die Risse einen solchen Einfluß auf den Wassergehalt haben, daß das Bauteil nicht weiter austrocknet, sondern sich langsam wieder aufschaukelt und feuchter wird. Durch die Rißbildung wird das ursprünglich intakte Feuchtegleichgewicht zwischen Befeuchten und Austrocknen gestört und es kann zu einer Schädigung des Bauteils kommen.

6 Ausblick

Das Beispiel der Parameterstudie für die Anforderungen von Außenputzen hat gezeigt, welche Möglichkeiten für die Bauteilentwicklung und -optimierung moderne Berechnungsverfahren in der Bauphysik eröffnen. Was früher in einer Vielzahl von kostspieligen, komplexen und oft sehr zeitaufwendigen Versuchen an Erkenntnissen gewonnen wurde, erreicht man heute mit Hilfe modernster Computertechnik innerhalb kürzester Zeit. Vor allem durch die Kombination von Meßtechnik und Computersimulation eröffnen sich dem Entwickler und Planer ungeahnte Horizonte. So können zum Beispiel mit Hilfe von WUFI die Austrocknungszeiten von verschiedenen Bauteilaufbauten in unterschiedlicher Orientierung oder den Einfluß von Klimawirkungen, vor allem Schlagregenbeanspruchung, auf Außenbauteilen studiert werden. Ebenfalls eignen sich Feuchteberechnungsverfahren zur Beurteilung der Tauwassergefahr in Bauteilen oder der Auswirkung von Umbau- oder Sanierungsmaßnahmen. Vor allem aber können solche Berechnungsverfahren ein besonders nützliches Werkzeug bei der Entwicklung und

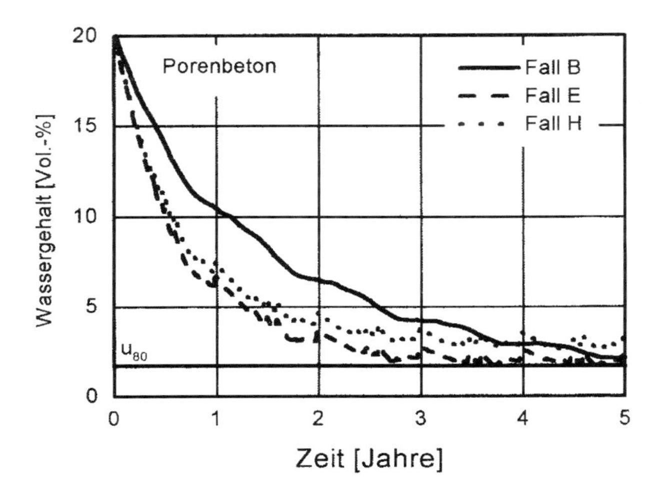

Bild 5: Trocknungsverlauf des Porenbetonwandbildners für drei verschiedene $w \cdot s_d$-Kombinationen. Die Anfangsfeuchte beträgt 20 Vol.-%.

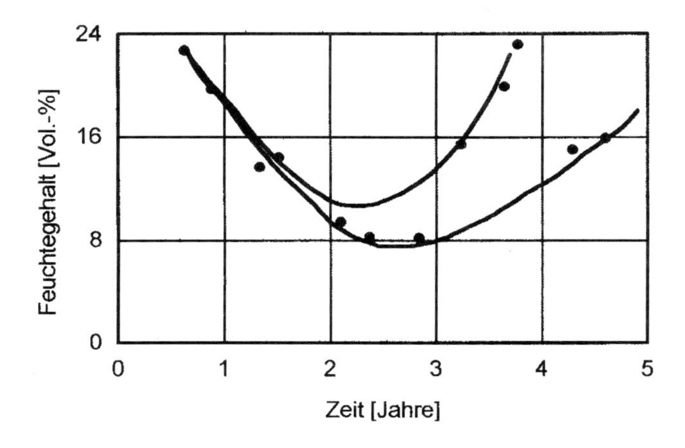

Bild 6: Gemessener Zeitverlauf des Feuchtegehalts einer mit einem Kunstharzputz verputzten Porenbetonwand.

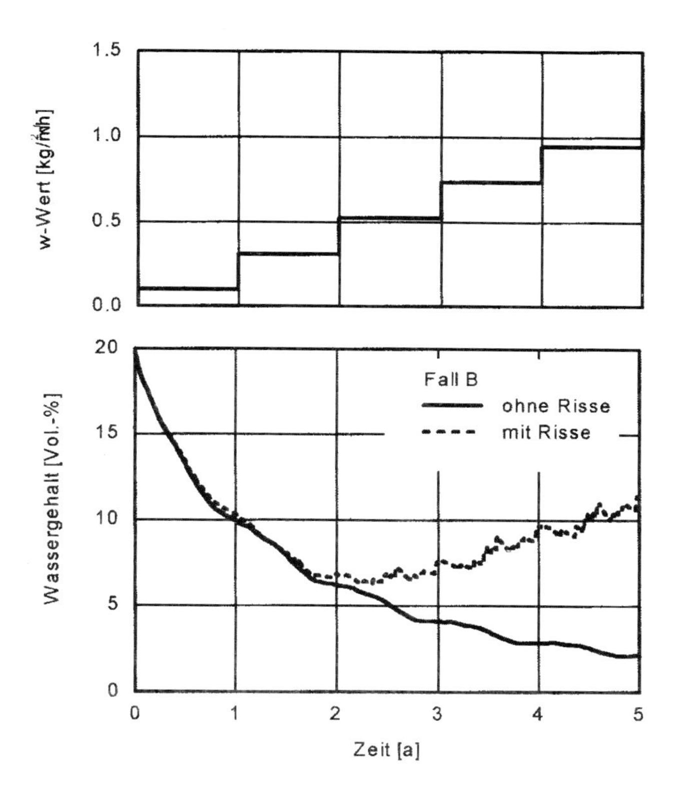

Bild 7: Einfluß von Rissen im Außenputz auf den Austrocknungsverlauf.
Oben: Hypothetischer Verlauf des w-Wertes während des Beobachtungszeitraumes.
Unten: Verlauf des Wassergehaltes im Porenbeton

Optimierung von Baustoffen und Bauteilen sein. Dabei ist vor allem die einfache Durchführung von Parameterstudien, bei denen der Einfluß verschiedener Stoffkenngrößen untersucht werden kann, ein erheblicher Vorteil.

7 Literatur

[1] DIN 4108: Wärmeschutz im Hochbau, August 1981.

[2] Künzel, H.M.: *Verfahren zur ein- und zweidimensionalen Berechnung des gekoppelten Wärme- und Feuchtetransports in Bauteilen mit einfachen Kennwerten.* Dissertation, Fakultät Bauingenieur- und Vermessungswesen, Universität Stuttgart 1994.

[3] Kießl, K.: *Kapillarer und dampfförmiger Feuchtetransport in mehrschichtigen Bauteilen - Rechnerische Erfassung und bauphysikalische Anwendung.* Dissertation, Universität-Gesamthochschule Essen 1983.

[4] Garrecht, H.: *Porenstrukturmodelle für den Feuchtehaushalt von Baustoffen mit und ohne Salzbefrachtung und rechnerische Anwendung auf das Mauerwerk.* Schriftenreihe des Instituts für Massivbau und Baustofftechnologie, Universität Karlsruhe, H. 15 (1992).

[5] Grunewald, J.: *Diffuser und konvektiver Stoff- und Energietransport in kapillarporösen Baustoffen.* Dissertation, Fakultät Bauingenieurwesen, Technische Universität Dresden 1997.

[6] DIN 52615: *Bestimmung der Wasserdampfdurchlässigkeit von Bau- und Dämmstoffen.* November 1987.

[7] DIN 52617: *Bestimmung des Wasseraufnahmekoeffizienten von Baustoffen.* Mai 1987.

[8] Krus, M.: *Feuchtetransport- und Speicherkoeffizienten poröser mineralischer Baustoffe.* Theoretische Grundlagen und neue Meßtechniken. Dissertation Universität Stuttgart 1995.

[9] Krus, M., Holm, A., Schmidt, Th.: *Ermittlung der Kapillartransportkoeffizienten minealischer Baustoffe aus dem w-Wert.* Bauinstandsetzen 3 (1997), H. 1, S. 219-234.

[10] Holm, A., Krus, M.: *Bestimmung des Transportkoeffizienten für die Weiterverteilung aus einfachen Trocknungsversuchen und rechnerischer Anpassung.* Bauinstandsetzen 4 (1998), H. 1, S. 33-52.

[12] Künzel, H.: *Gasbeton - Wärme- und Feuchteschutz.* Bericht 11 des Bundesverbandes der Porenbetonindustrie, 1989.

[13] Gösele, Schüle, Künzel: *Schall - Wärme - Feuchte - Grundlagen, neue Erkenntnisse und Ausführungshinweise für den Hochbau.* Bauverlag Wiesbaden und Berlin, 10. Auflage 1997.

Putze in der Denkmalpflege

Dipl. Ing. E. Alexakis
Österreichisches Institut für Bauwerksdiagnostik, Graz

Der Kalk war seit über 2000 Jahren das, das Baugeschehen beherrschende, Bindemittel. Unter Kalk verstehen wir selbstverständlich nicht nur den Luftkalk sondern auch den hydraulischen Kalk. Das ist ein Luftkalk, der hydraulisch abbindende Komponenten beinhaltet. Auch nach der Erfindung des Zements in der 2. Hälfte des vorigen Jahrhunderts behielt der Kalk seine primäre Rolle als Bindemittel zum Mauern und Putzen. Nach dem 2. Weltkrieg beginnt der Einsatz von Maschinen für den Transport und Applikation des Putzmörtels. Gleichzeitig, unter dem Druck des rationalisieren Müssen erscheinen auf dem Markt auch die ersten industriell vorgefertigten Fertigputze, denen man auf der Baustelle nur mehr das Wasser beimengen mußte. Dies hat insofern sehr viele Vorteile mit sich gebracht, daß neben der Rationalisierung auch die Qualität des Putzmaterials ständig verbessert wurde. Es kam zu keinen Baustellen-Mischfehlern mehr. Man konnte auch im Werk die Qualität der Bindemittel und Zuschlagstoffe besser kontrollieren. Qualitätsschwankungen blieben dann aus, da sowohl die gleichbleibende Qualität der Rohstoffe, als auch das Mischungsverhältnis konstant, aber auch kontrollierbar waren.

Die einzige Einschränkung war, daß man anstelle des Sumpfkalkes nur mehr Kalkhydratpulver verwenden konnte. Der Unterschied zwischen diesen zwei Produkten ist, daß beim Löschen des gebrannten Kalkes unterschiedlich viel Wasser beigegeben wird, um den gelöschten Kalk, also das Kalkhydrat zu erhalten.

Für die Herstellung des Sumpfkalkes wird nämlich in einem Trog der gebrannte Kalk mit Wasser vermischt und intensiv gerührt. Unter hoher Wärmeentwicklung reagiert der gebrannte Kalk, CaO, mit dem Wasser und daraus entsteht das Kalkhydrat, $Ca(OH)_2$, welches mit dem überschüssigen Wasser einen Brei bildet. Dieser kommt in eine „Kalkgrube", wo er längere Zeit, oft Jahre lang, gelagert bzw. eingesumpft wird, bis er dann zur Herstellung von Mörtel auf die Baustelle kommt.

Die Herstellung des Kalkhydratpulvers erfolgt maschinell. Auf den gebrannten Kalk wird soviel Wasser gesprüht, als für die Reaktion notwendig ist. Der gebrannte Kalk zerfällt dann in Kalkhydrat in Pulverform, da kein überschüssiges Wasser zur Bildung eines Breies vorhanden ist. Der Transport auf die Baustelle oder ins Fertigputzwerk erfolgt in Säcken oder im Silo.

Chemisch gesehen sind die Produkte Sumpfkalk und Kalkhydrat-Pulver ident. Ersteres hat nur überschüssiges Wasser. In der Verarbeitung aber auch beim Abbindeverhalten ist der Sumpfkalk, je nach Lagerung, eindeutig überlegen.

Die ersten Probleme, die man bei der Herstellung von Fertigmörtel zu lösen hatte waren die Verarbeitbarkeit bzw. die Pumpbarkeit, also der Transport des Frischmörtels von der Putzmaschine zur Applikationsstelle. Somit hat man wieder mit Beimengungen von Zusatzmitteln angefangen (Plastifizierer). Zusatzmittel hat man auch in der Vergangenheit bei der Herstellung von Baustellenmörtel verwendet, hauptsächlich jedoch für das Erreichen von besonderen qualitativen Eigenschaften.

In den 60er und 70er Jahren kommt es zu einer Weiterentwicklung der Fertigmörtel, die nicht nur die Verarbeitbarkeit, sondern auch verschiedene qualitative und wirtschaftliche Merkmale betreffen. Auf einmal gibt es Werktrockenmörtel mit besonderen Eigenschaften wie Wärmedämmung, wasserabweisende Wirkung, Einfärbung, Schallschluckung, aber auch Spezialputze für die Altbausanierung sowie für feuchtes Mauerwerk (Entfeuchtungsputze) und für feuchtes und salzhaltiges Mauerwerk (Sanierputze).

Die neuen Putztechnologien, aber auch die Einführung der Gipsputze hat auch die handwerkliche Technik der Verputzer entscheidend verändert. Die neuen Verputzergenerationen kennen fast nur die Werktrockenmörtel und sie können nicht mehr mit den traditionellen Techniken umgehen. Der traditionelle Kalkputz ist, abgesehen von einigen ländlichen Gegenden, vom Markt völlig verdrängt. Zur gleichen Zeit setzt ein verstecktes Interesse an der Denkmalpflege ein. Auf einmal wird vermehrt verlangt, alte Denkmäler originalgetreu zu sanieren. Es wird auf einmal verlangt, beschädigte historische Putze zu erhalten und nach den alten Techniken zu ergänzen bzw. zu restaurieren, aber auch Fassaden, die zur Gänze verloren gegangen sind, sollen wie ursprünglich mit einem Baustellenkalkmörtel neu verputzt werden. Logische Folge dieses Zustandes ist die entflammte Diskussion zwischen Industrie und Denkmalpflege. Die Denkmalpflege wünscht bei der Sanierung oder der Neuherstellung von historischen Fassaden, daß der Originalzustand wieder hergestellt wird. Darunter versteht man sowohl die damals verwendeten Materialien, als auch die gleiche Handwerkstechnik für die Applikation des Putzmörtels.

Die Industrie sieht in diesen Wünschen einen Rückschritt und eine Infragestellung der Innovation in der Putztechnologie der letzten Jahrzehnte.

Dieser Workshop soll ein Forum der freien Meinungsäußerung sein. Es wäre wünschenswert, wenn es zu einer konstruktiven Diskussion zwischen Befürwortern und Gegnern des historischen Kalkputzes kommt.

Vor allem wäre es im Rahmen dieser Diskussion sehr wichtig zu erfahren, warum bei der traditionellen Putzweise heute so viele Schadensfälle vorkommen.
Liegt die Ursache am Handwerk? Ist die Ausbildung der Verputzer einseitig geworden und auf die Verarbeitung von Werktrockenmörtel abgestimmt? Muß man für die Neuherstellung von Altfassaden spezialisierte Restauratoren einsetzen oder soll das immer noch das Metier des normalen Verputzergewerbes sein? Ist der Bedarf an tradionellen Putzen so hoch, daß es sich lohnt, die Handwerker bei ihrer Grundausbildung einschlägig vorzubereiten?
Liegt die Ursache der vielen Schäden vielleicht an den Rohstoffen? Wie wirken sich die modernen Herstellmethoden auf die Qualität des Kalkes aus? Kann das Kalkhydratpuler ein Esatz für den Sumpfkalk sein? Bekommt man heute noch Sande, die für die Herstellung von historischen Putzen geeignet sind, oder gibt es nur mehr Sande, die spezial für Werktrockenmörtel aufbereitet sind. Wie sieht es mit den Zusatzmitteln aus? Gibt es noch „zurückgebliebene" Gebiete, wo man noch Zusatzmittel beimengt und wir daraus etwas erfahren könnten?
Welche Rolle kommt der Industrie zu und welche Rolle wäre ihr zumutbar? Bei einer einseitigen Betrachtung des Problems ist für die Industrie der traditionelle Kalkputz geschäftsstörend. Man kann eigentlich nur mehr auf Prestige aufbauen.
Welche Zugeständnis wäre die Denkmalpflege bereit zu machen? Wäre sie bereit moderne Zusatzstoffe zu akzeptieren oder besteht sie darauf, wenn Zusatzstoffe, dann nur die alten.
Was könnte man von der Forschung erwarten? Wer könnte diese Forschung finanzieren, wenn wir von der Annahme ausgehen, daß die Industrie als Geldgeber ausfällt? Wie könnte man die Ergebnisse der Forschung, die Denkmalämter betreiben, breiteren Kreisen des Gewerbes zugänglich machen und nicht nur den Restauratoren vorbehalten bleiben?
Dieser Fragebogen könnte beliebig erweitert werden. Die erschöpfende Behandlung aller dieser Fragen würde nicht nur den Rahmen dieses Workshop's sprengen, sondern die gesamten Sanierungstage. Es sollen jedoch Wege gefunden werden, wie man zu einem konstruktiven „Dialog zwischen allen Beteiligten kommt. Es wäre wünschenswert, wenn dieser Workshop zu einer ständigen Einrichtung der Hanseatischen Sanierungstage werden könnte, wo man emotionslos und pragmatisch alle diese Fragen behandelt.

Zementgebundene Mörtel zur Innenbeschichtung von Trinkwasserbehältern

Dr. H. Kollmann
Fa. epasit GmbH, Ammerbuch

Zusammenfassung

Wasserkammern in Trinkwasserbehältern aus Beton werden mit zementgebundenen Mörteln beschichtet. In einigen dieser Wasserkammern wurden lokale, gelbe bis rotbraune Verfärbungen und zum Teil auch Zermürbungen des Mörtels beobachtet. Untersuchungen haben ergeben, daß die befallenen Punkte mit Mikroorganismen besiedelt sind und sich die ursprüngliche Zusammensetzung verändert hat. Als mögliche Ursachen werden Bestandteile der Baustoffe, saure Reinigungsmittel und elektrische Felder in Betracht gezogen. Um solche Schäden in Zukunft zu vermeiden werden heute Mörtelsysteme mit geringer Porosität und höherer Schichtstärke angeboten.

1 Ausgangssituation

Wasserkammern in Trinkwasserbehältern aus Beton werden mit mineralischen, zementgebundenen Mörteln beschichtet, was sich seit über 30 Jahren bewährt hat. Dies geschieht, um eine hygienisch einwandfreie, reinigungsfreundliche und ästhetisch ansprechende Oberfläche zu schaffen. (siehe Bild 1)

Bild 1: Mit weißem, zementgebundenem Mörtel beschichteter Trinkwasserbehälter

In einigen dieser Wasserkammern wurden seit etwa 1985 lokale, gelbe bis rotbraune Verfärbungen beobachtet, die zum Teil auch zermürbt sind. Untersuchungen haben ergeben, daß die befallenen Punkte intensiv mit Mikroorganismen besiedelt sind. Zur Ermittlung der Ursache wurden bisher zahlreiche Untersuchungen durchgeführt, die jedoch keine befriedigende Erklärung dieses Phänomens lieferten. Als mögliche Ursachen wurden Bestandteile der Baustoffe, saure Reinigungsmittel oder elektrische Felder genannt.

2 Beschichtungsmaterialien

Mörtel zur Innenbeschichtung von Trinkwasserbehältern bestehen aus einem Gemisch von Zement und Quarzsand einer genau bemessenen Kornabstufung. Zur Erzielung besonderer Eigenschaften können bestimmte Zusatzmittel beigegeben sein.

Früher wurden zur Innenbeschichtung von Trinkwasserbehälter sogenannte "Dichtungsschlämmen" eingesetzt. Dies geschah hauptsächlich unter dem Gesichtspunkt, daß viele Behälter undicht waren. Heute liegt die Hauptaufgabe der Innenbeschichtung in einem Schutz der Bausubstanz. In der Tabelle 1 sind die Unterschiede zwischen den Dichtungsschlämmen und den heute eingesetzten Mörteln für die Innenbeschichtung von Trinkwasserbehältern zusammengefaßt.

Tabelle 1: Unterschiede zwischen Dichtungsschlämmen und zementgebundenen Mörteln für die Innenbeschichtung von Trinkwasserbehältern

	Dichtungsschlämmen	**Innenbeschichtungen**
Einsatz	Bauwerksabdichtung	Innenbeschichtung von Trinkwasserkammern
Hauptforderung	wasserdicht	hygienisch unbedenklich
Hauptkriterien	Wasserundurchlässigkeit	keine Abgabe schädlicher Stoffe, keine Besiedlung durch Mikroorganismen.
Konstruktive Anordnung	meist zwischen zwei Lagen eingebettet	offenliegend
Oberfläche	rauh für gute Haftung weiterer Schichten	glatt, reinigungsfreundlich
Reinigung	Keine	regelmäßig

3 Beobachtungen

Die fleckigen Veränderungen beginnen meist punktförmig, oft ausgehend von Poren in der Beschichtung, entwickeln sich kreisförmig weiter und können flächig zusammenwachsen. Sie sind teils unregelmäßig gestreut, teils aber auch linienförmig aufgereiht. (s. Bild 2) Die Beschichtung scheint, abgesehen von der Verfärbung, oberflächlich intakt. Wird örtlich konzentriert gereinigt oder werden die befallenen Stellen mechanisch bearbeitet, so läßt sich die Beschichtung hier bis zum Untergrund herauslösen.

Das Erscheinungsbild ist immer gleich, unabhängig vom Hersteller und der Verarbeitung. Es sind hauptsächlich weiße Beschichtungsmaterialien betroffen. Gemeinsam ist diesen Mängeln, daß sie nur

Bild 2: In senkrechten Streifen angeordnete, fleckenförmige Veränderungen an der zementgebundenen Innenbeschichtung eines Trinkwasserbehälters

im wasserberührenden Bereich vorkommen. Sie konzentrieren sich auf den Sohlenflächen und bis ca. 3 m an den aufgehenden Wänden; der Bereich darüber und die Decken sind nie betroffen. Ihr Auftreten häuft sich im süddeutschen Raum, jedoch ohne örtliche Schwerpunkte. Auch eine Zuordnung zu oberflächennahen oder tiefer gelegenen Trinkwasservorkommen ist nicht gegeben.

Eine weitergehende Systematik des Erscheinungsbildes ist nicht zu erkennen. Oft treten diese Flecken nur in einer von mehreren Kammer eines Wasserbehälters auf, obwohl alle Kammern mit dem gleichen Material nach dem gleichen Verfahren beschichtet wurden und das gleiche Wasser eingefüllt

wird. Bei einigen Behältern konnten die ersten Veränderungen bereits nach wenigen Monaten beobachtet werden, bei anderen erst nach einem Betrieb von über zehn Jahren.

Die zermürbten Stellen lassen sich leicht bis auf den Betonuntergrund mechanisch entfernen, im Gegensatz zu den bekannten rotbraunen Eisen- und Manganablagerungen, die sich als feste Verkrustung auf der Oberfläche befinden. Bläulichgrünliche Verfärbungen von Beschichtungsmörteln haben ihre Ursache im Betonuntergrund und stehen in keinem Zusammenhang mit den hier beschriebenen Farbveränderungen. Schwarzbraune, punktförmige Einschlüsse, die streifenförmig "ausbluten" können, stammen aus Verunreinigungen des Zuschlags und haben ebenfalls nichts mit den hier behandelten Flecken zu tun.

Untersuchungen haben ergeben, daß in den geschädigten Bereichen der pH-Wert niedriger als in der umgebenden, ungeschädigten Beschichtung ist. Dies ist leicht vor Ort mit einer Indikatorlösung nachzuweisen, wie aus Bild 3 zu ersehen ist. Vergleicht man die Zusammensetzung des verfestigten Beschichtungsmaterials mit der der aufgeweichten Stellen, so stellt man einen Abbau von $Ca(OH)_2$ und eine Anreicherung von $CaCO_3$ und amorphem SiO_2 fest. Darüber hinaus sind die Flecken stark mit Mikroorganismen besiedelt.

4 Untersuchungen über mögliche Schadensursachen

4.1 Bestandteile der Baustoffe

Das Beschichtungsmaterial ist in den befallenen Punkten mürbe. Eine intensive Besiedlung mit Mikroorganismen wurde festgestellt. Erste Untersuchungen legten die Vermutung nahe, daß diese Mikroorganismen das Material durch ihre Säureproduktion aufweichen. Darüber hinaus scheiden sie Eisen- und Mangan-Verbindungen aus, was die Braunfärbung bewirkt. Es müssen also Bedingungen eingetreten sein, die das Wachstum der Mikroorganismen ermöglichten. Welche Bedingungen das sind, ist trotz intensiver Forschungen noch unklar. Erst in jüngster Zeit scheint es *Schoenen* [1] gelungen zu sein, diese Erscheinungen experimentell nachzuvollziehen.

Um die Wachstumsbedingungen für die Mikroorganismen zu erforschen, hat man sich zunächst den möglichen Nahrungsquellen zugewandt. Untersuchungen von *Labitzky* und *Gierig* [2] deuteten auf Huminstoffe hin, die als Verunreinigung in den Rohstoffen des Beschichtungsmaterials enthalten oder durch unsauberes Anmachwasser eingebracht worden sind. Als weitere Möglichkeit wurde die Verwendung sulfidhaltiger Weißpigmente angesprochen, die als Nahrung für Thiobakterien dienen könnten. Arbeiten an der TU München zeigten, daß organische Zusatzmittel im Beton oder den Beschichtungsmörteln als Nahrungsgrundlage für diese Mikroorganismen dienen können. Das Hauptaugenmerk der Untersuchungen von *Flemming* [3] und *Herb* [4] richtete sich dabei auf Methylcellulose, die in geringen Mengen in mineralischen Mörteln enthalten ist, um die Verarbeitbarkeit zu
verbessern und das Wasserrückhaltevermögen zu regulieren.

Um diese Theorie zu untermauern, wurden Betonplatten mit Schlämmen beschichtet, denen unterschiedliche Mengen an Methylcellulose beigemischt worden waren. Auch die Betonplatten enthielten teilweise Zusatzmittel. Einige der Platten wurden mit einem sauren Reiniger behandelt.

Diese Proben wurden in mehrere bereits geschädigte Trinkwasserbehälter gegeben und in regelmäßigen Zeitabständen beurteilt. Beginn der Versuchsreihe war im Herbst 1994. An einigen Platten konnten Schädigungen beobachtet werden, doch ist auch hier bisher noch keine eindeutige

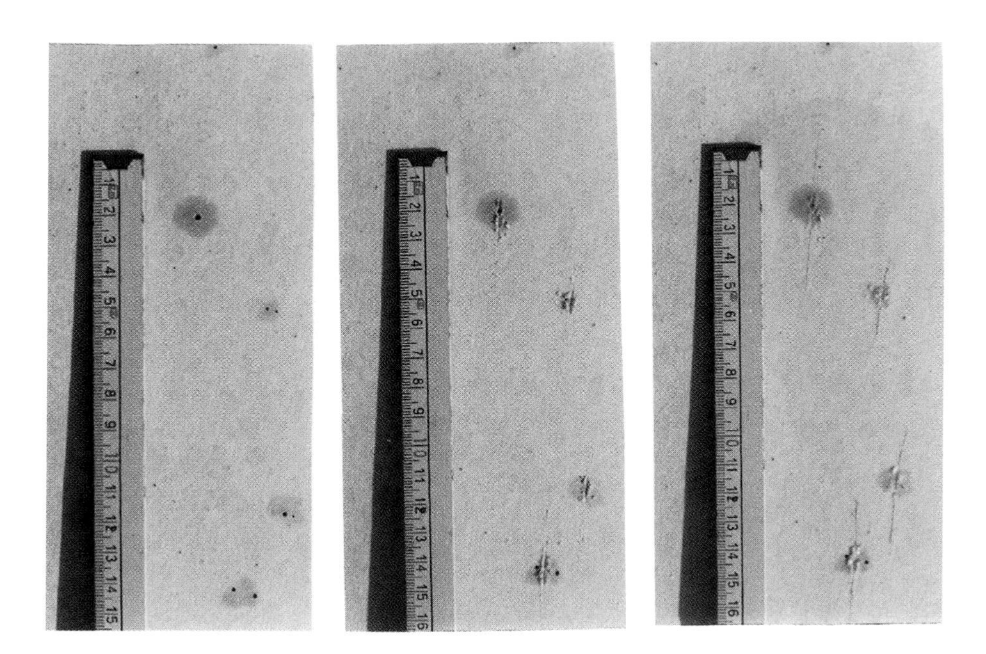

Bild 3: Abfall des pH-Wertes im Bereich der Schädigung. Nachweis mit Phenolphthalein

Systematik zu erkennen. Erste Ergebnisse wurden von *Flemming*, *Herb* und *Merkl* [5] veröffentlicht. In der Bild 4 sind die in einem Wasserbehälter eingelagerten Probekörper zu sehen.

4.2 Saure Reinigungsmittel

Enthalten Reinigungsmittel auch organische Anteile, so können sie als Nahrung für Mikroorganismen dienen. *Schoenen* [6] benannte aufgrund seiner Untersuchungen am Hygieneinstitut der Universität Bonn saure Reinigungsmittel als Verursacher. So wurde in einem Behälter ein auffälliges Muster von Flecken gefunden. Sie lagen genau in einer Reihe senkrecht unter einem Rohr, mußten also von einer Flüssigkeit ausgelöst worden sein, die von diesem Rohr herabgetropft ist. Da so etwas nur in einer entleerten Wasserkammer möglich ist, lag die Vermutung nahe, es könne sich bei dieser Flüssigkeit um ein saures Reinigungsmittel handeln, das die Beschichtung auflöst.

Bild 4: In einem geschädigten Trinkwasserbehälter eingelagerte Versuchsplatten mit unterschiedlichen Beschichtungsmaterialien. Deutlich sind die fleckenförmigen Schäden am Boden zu erkennen

4.3 Elektrische Felder

Elektrische Ströme wandern durch die Bewehrung des Betons. Dadurch bauen sich verschiedene Potentiale auf, die Eisen- und Calcium-Ionen freisetzen und sie so für Mikroorganismen verfügbar machen. Von *Müller* und *Tanner* [7] wurden entsprechende Messungen durchgeführt. Der korrosive Abbau zementgebundener Werkstoffe unter dem Einfluß elektrischer Ausgleichsströme ist seit langem bekannt. Er wurde auch experimentell nachgewiesen. Bei Untersuchungen in Trinkwasserbehältern zeigte sich, daß im Bereich der Beschädigungen andere Potentiale als an unbeschädigten Flächen auftraten.

Auch *Gerdes* und *Wittmann* [8] beschäftigen sich mit diesem Thema. Sie entwickelten ein Modell für den Schadensmechanismus. Durch ein elektrisches Feld soll es zu einem Ionentransport vom Wasser in die Beschichtung kommen, wodurch die Beschichtung vollständig carbonatisiert und das mineralische Bindemittel abgebaut wird.

4.4 Weitere Möglichkeiten

Bei der Diskussion der möglichen Schadensursachen werden auch andere Möglichkeiten diskutiert.

So könnten beispielsweise Stoffe aus dem Beton, wie Schalölreste oder Zusatzmittel, in die Beschichtung einwandern und sie verändern. Auch Inhaltsstoffe des Wassers scheiden als Ursache nicht aus. Hierzu wurden jedoch noch keine gezielten Untersuchungen durchgeführt.

4.4 Beurteilung der Untersuchungsergebnisse

Einen Überblick über die verschiedenen Theorien zu den Schadensursachen geben die Veröffentlichungen von *Wittmann* und *Gerdes* [9] sowie *Kollmann* und *Wolf* [10].

Nach den Arbeitshypothesen von *Flemming* [3], *Herb* [4] und *Schoenen* [6] kommt es zunächst zu einer Vorschädigung durch Fehlstellen bei der Verarbeitung oder durch äußere Einflüsse (Mikroorganismen, saure Reiniger, elektrische Felder). Die organischen Bestandteile der Beschichtung oder Reste des Reinigungsmittels werden bioverfügbar und bewirken ein verstärktes Biofilmwachstum, wodurch das Beschichtungsmaterial lokal angelöst wird.

Die in dem mineralischen Gefüge der Beschichtungsmörtel fein verteilten und vom Zementleim fest umhüllten, geringen Mengen an organischen Zusatzmitteln können jedoch auf Dauer sicher keine Nahrungsgrundlage für die Mikroorganismen darstellen. Es wurden auch Schäden in Trinkwasserkammern gefunden, die zuvor noch nie gereinigt wurden, so daß hier eine Schädigung durch Reinigungsmittel ausscheidet.

Nach der Arbeitshypothese von *Wittmann* und *Gerdes* [8] verursachen elektrische Felder einen Ionentransport vom Trinkwasser in die Beschichtung. Dadurch ändert sich die Ionenkonzentration, und das Bindemittel wird abgebaut. $CaCO_3$ fällt aus. Mikroorganismen spielen in dieser Hypothese keine Rolle.

Nur wenige der vermuteten Schadensmechanismen lassen sich experimentell nachvollziehen. Für manche Vermutung fehlen noch genauere Beobachtungen oder gesicherte Erkenntnisse.

Die regelmäßigen Untersuchungen der Wasserversorger zeigen, daß die im Zusammenhang mit den fleckigen Farbveränderungen auftretenden Mikroorganismen die Trinkwasserqualität nicht beeinträchtigen. Auch für die Dichtigkeit und Standsicherheit des Behälters bestehen keinerlei Bedenken. Es handelt sich hierbei jedoch nicht nur um einen optischen Mangel. Da sich die Beschichtung lokal auflöst, bietet sie an diesen Stellen keinen Schutz mehr für den Beton.

5 Neue Überlegungen

Die Qualität und die langfristige Funktionsfähigkeit der Innenbeschichtung hängt nicht nur von dem Baustoff selbst ab, sondern auch von zahlreichen anderen Einflußfaktoren, wie Planung, Verarbeitung, Überwachung und Wartung. Seit einigen Jahren arbeiten verschiedene in diesem

Fachgebiet involvierte Fachleute an gemeinsamen Lösungen, um Fehler von vornherein zu vermeiden und somit Schäden zu verhindern. Es zeigte sich, daß fehlende Richtlinien neu erarbeitet und bestehende Richtlinien überarbeitet werden müssen.

5.1 Technische Anforderungen

Die Deutsche Bauchemie hat 1996 eine Projektgruppe ins Leben gerufen, die ein Merkblatt "Zementgebundene Innenbeschichtungen von Trinkwasserbehältern" [11] erarbeitet. In diesem sollen die einzusetzenden Baustoffe geregelt werden. Darüber hinaus wird das Merkblatt auf die Planung, die Verarbeitung der Materialien sowie die Wartung der beschichteten Wasserkammern eingehen. Um dieses Merkblatt zu verwirklichen, arbeiten Rohstoff- und Produkthersteller, Prüfinstitute, Verarbeiter und Betreiber zusammen. Die Anforderungen an die zementgebundenen Beschichtungsmörtel sind in der Tabelle 3 zusammengefaßt. Sie umfassen sowohl Untersuchungen an Laborprüfkörpern als auch Vor-Ort-Prüfungen. Die Porosität dieser Mörtel wird über die kapillare Wasseraufnahme bestimmt.

Tabelle 3 : Technische Anforderungen an zementgebundene Innenbeschichtungen von Trinkwasserbehältern

	Prüfungen	**Anforderungen**
	Trockenmörtel	
1	Schüttdichte [kg/dm³]	Nach Angabe des Herstellers.
2	Kornaufbau	
	Frischmörtel	
3	Erstarrungsbeginn	≥ 1 h
	Festmörtel	
4	Festigkeiten nach 28 Tagen	
5	Schwinden	≤ 2,0 mm/m
6	Porosität (Kapillare Wasseraufnahme)	$\leq 0{,}1\ kg/m^2h^{1/2}$
7	Haftzugfestigkeit	$\geq 1{,}0\ N/mm^2$
8	Hygienische Anforderungen	gemäß DVGW-Arbeitsblatt W 347
	Vor-Ort-Prüfungen	
9	Geschlossene Oberfläche	Keine Poren
10	Verfestigte Oberfläche	Kein Absanden
11	Verbindung zum Untergrund	Keine Hohlstellen
12	Druckfestigkeit	$\geq 1{,}0\ N/mm^2$
13	Haftzugfestigkeit	$\geq 1{,}0\ N/mm^2$
14	Schichtstärke	≥ 10 mm

5.2 Hygienische Anforderungen

Ein Hauptanspruch der zementgebundenen Beschichtungen liegt in der hygienischen Unbedenklichkeit. Bisher wurden die einzusetzenden Produkte nach den sog. KTW-Empfehlungen [12] und den DVGW-Arbeitsblatt W-270 [13] geprüft und für die Verwendung im Trinkwasserbereich zugelassen. Da die KTW-Empfehlungen eigentlich nur für Kunststoffe gelten, wurde ein neues Merkblatt erarbeitet, das sich speziell auf zementgebundene Baustoffe, wie Beton (Behälter, Rohre) und Mörtel (Auskleidungen, Umhüllungen, Fliesenkleber, Fugenmörtel) bezieht. Es trägt die Bezeichnung "DVGW-Arbeitsblatt W 347" [14] (zur Zeit noch Entwurf) und soll die KTW-Empfehlungen ersetzen. Die Prüfungen nach dem DVGW-Arbeitsblatt W 270 wurden unverändert in das Merkblatt W 347 übernommen. In der Tabelle 4 sind die Prüfkriterien nach W 347 zusammengefaßt.

Tabelle 4 : Prüfumfang und Anforderungen an zementgebundene Beschichtungsmörtel gemäß DVGW-Arbeitsblatt W 347 (Entwurf)

Durchzuführende Prüfungen	**Anforderungen**
Migrationsprüfungen	
Äußere Beschaffenheit	Keine Veränderung von Klarheit, Färbung, Geruch, Geschmack und Neigung zur Schaumbildung
TOC-Abgabe	< 10 mg/m^{2}d
Blei-Abgabe	< 0,1 mg/m^{2}d
Chrom-Abgabe	< 0,3 mg/m^{2}d
Mikrobiologische Prüfungen	
Mikrobieller Bewuchs Prüfung nach DVGW-Arbeitsblatt	Beurteilung von Volumen, Koloniezahl und Zusammensetzung im Vergleich mit Negativ- und

5.3 Verarbeitung

Einen sehr großen Einfluß auf die Beständigkeit der Beschichtung hat die Verarbeitungsweise. Bereits in der Vorbereitungsphase können Fehler passieren. Es darf nur Material eingesetzt werden, das für den Trinkwasserbereich zugelassen ist. Beim Transport und der Lagerung des Materials sowie beim Einrichten der Baustelle müssen bereits hygienische Bedingungen herrschen. Die besonders sorgfältige Vorbereitung des Untergrundes ist Grundvoraussetzung für eine einwandfreie Arbeit.

Das Anmachwasser für die Mörtelzubereitung muß Trinkwasserqualität haben. Die verwendeten Geräte müssen sauber und störungsfrei funktionsfähig sein. Von entscheidender Bedeutung ist das Einhalten des vom Hersteller vorgegebenen W/Z-Wertes. Nur dadurch wird gewährleistet, daß die fertige Beschichtung die erforderliche Dichte aufweist und dauerhaft funktionsfähig ist. Ein steigender W/Z-Wert bedingt auch eine steigende Gesamtporosität im erhärteten Mörtel, wobei sich auch größere Poren bilden. Die Gesamtporosität liegt bei praxisgerecht angemachten Dünnschichtmörteln größenordnungsmäßig zwischen 15 und 35 %. Einfluß darauf hat nicht nur die Art und Menge der Zusatzmittel, sondern auch die Intensität des Mischvorgangs. Da auch die Schichtstärke eine entscheidende Rolle spielt, ist eine ständige Kontrolle bei der Verarbeitung unerläßlich. Die einzelnen Lagen müssen in einer genau abgestimmten Zeitabfolge aufgetragen werden.

Inwieweit bestimmte Verarbeitungsweisen (Handauftrag, Maschinenauftrag) einen Einfluß auf die Beständigkeit der Beschichtung haben, ist noch nicht geklärt. Schäden sind hauptsächlich bei gespritzten, aber auch bei gespachtelten Ausführungen aufgetreten.

Im frischen Zustand sind zementgebundene Beschichtungen empfindlich gegen Kondenswasser. Dieses sehr weiche Wasser kann relativ viel lösliche Stoffe aufnehmen. Es greift somit negativ in den Abbindeverlauf des Zementes ein. Ist die Gefahr der Kondenswasserbildung gegeben, so muß mit geeigneten Trocknern dafür gesorgt werden, daß sich kein Wasser auf der frischen Beschichtung abscheidet.

Bei der Aufnahme von Schäden an zementgebundenen Innenbeschichtungen fällt auf, daß die fleckenförmigen Veränderungen an den Wänden senkrecht aufgereiht sind. Sie scheinen den Weg des an den Wänden herunterlaufenden Kondenswassers nachzuzeichnen. Wahrscheinlich bewirkt das Kondenswasser bereits eine Vorschädigung der Oberfläche.

Mitunter wird vorgeschlagen, die fertige Beschichtung mit einer Silikatlösung zu imprägnieren. Beim Abbinden des Zements bildet sich immer sogenannter "freier Kalk". Dieses Calciumhydroxid, das im Laufe der Zeit in Calciumcarbonat übergeht, ist sehr empfindlich gegenüber dem im Wasser gelösten Kohlendioxid. Durch das Alkalisilikat ("Wasserglas") bilden sich schwer lösliche Calciumsilikate, wodurch die Oberfläche der Beschichtung mechanisch und chemisch widerstandsfähiger wird. Nach ausreichender Erhärtung des Beschichtungsmaterials wird die Wasserkammer ausgewaschen und desinfiziert. Dies muß zu einem Zeitpunkt geschehen, zu dem sich die Beschichtung nicht mehrwesentlich verändert. Sie kann anschließend mit Trinkwasser befüllt werden.

5.4 Qualitätskontrolle

Die Innenbeschichtung von Trinkwasserbehältern ist im Prinzip eine Betoninstandsetzung. Dennoch sind einige wichtige Unterschiede zu beachten. Eine gezielte Qualitätskontrolle, insbesondere auch im Hinblick auf die Vermeidung der fleckenförmigen Schäden, ist zur Zeit nur unvollständig möglich. Einheitliche Kontrollkriterien werden zur Zeit erst erarbeitet.

6 Folgerungen

Aufgrund der Untersuchungen und Beobachtungen müssen wahrscheinlich mehrere Faktoren zusammentreffen, um den Schaden auszulösen. Welcher Faktor in welchem Grade dazu beiträgt, ist bisher noch unklar. Gesichert sind nur folgende Tatsachen :

- Die braune Verfärbung hinterläßt ästhetisch keinen guten Eindruck.
- Der Beton ist im Sohlen- und Wandbereich (bis ca. 3 m Höhe) teilweise ungeschützt.
- Das Trinkwasser wird nicht negativ beeinflußt.
- Die Standsicherheit der Bauwerke wird nicht gefährdet.

Da gezielte Maßnahmen zur Verminderung oder Vermeidung der vorgenannten Mängel erst dann getroffen werden können, wenn die Schadensursache eindeutig festliegt, gilt es in der Zwischenzeit, die Phänomene weiterhin zu untersuchen und Materialien einzusetzen, die widerstandsfähig gegen die vermuteten Einflüsse sind.

7 Zusammenfassung

Wasserkammern in Trinkwasserbehältern aus Stahlbeton werden seit über 30 Jahren mit mineralischen Dichtungsschlämmen beschichtet. In einigen dieser Wasserkammern wurden lokale rotbraune Verfärbungen und zum Teil auch Zermürbungen beobachtet. Eine deutliche Systematik des Erscheinungsbildes oder der Verbreitung ist nicht zu erkennen. Untersuchungen haben ergeben, daß die befallenen Punkte intensiv mit Mikroorganismen besiedelt sind, die das Material durch ihre Säureproduktion aufweichen. Um die Wachstumsbedingungen für die Mikroorganismen zu erforschen, hat man sich zunächst den möglichen Nahrungsquellen zugewandt. So wurden Huminstoffe, Weißpigmente oder Methylcellulose, die in den Beschichtungsmaterialien enthalten sein können, untersucht. Auch Reinigungsmittel wurden in die Untersuchungen einbezogen. Eine weitere Möglichkeit ist die elektrische Korrosion des Beschichtungsmaterials. Keine dieser Theorien konnte jedoch alle der beobachteten Phänomene erklären.

Tatsache ist, daß durch die fleckigen Farbveränderungen und ihre Begleiterscheinungen weder die Trinkwasserqualität noch die Dichtigkeit oder Standsicherheit des Behälters beeinträchtigt sind.

Somit besteht kein Grund zum übereilten Handeln und zur Verurteilung der mineralischen Beschichtungsmörtel. Die Forschungen zur Ermittlung der Ursachen müssen weitergehen.
Um den Schäden entgegenzuwirken, werden heute Mörtel bevorzugt, die eine höhere Schichtstärke und eine geringere Porosität als die früher eingesetzten aufweisen. Die entsprechenden Regelwerke werden zur Zeit überarbeitet und den neuen Bedingungen angepaßt.

8 Literatur

[1] D. Schoenen, Persönliche Mitteilung, 04/98

[2] W. Labitzky und M. Gierig, *Mineralische Beschichtungen in Trinkwasserbehältern - Probleme und Lösungsansätze,* Berichte zum 17. Wassertechnischen Seminar, Technische Universität München, Heft 112 [1992], 51 - 68

[3] H.-C. Flemming, *Mechanismen mikrobieller Materialzerstörung,* Begleitheft zum "Workshop Mikrobielle Korrosion bei mineralischen Beschichtungen von Trinkwasserbehältern - Erste Ergebnisse. Arbeitsgemeinschaft Wasserforschung Bayern [1994]

[4] S. Herb, *Ursachen für mikrobielles Massenwachstum auf mineralischen Beschichtungen,* Begleitheft zum "Workshop Mikrobielle Korrosion bei mineralischen Beschichtungen von Trinkwasserbehältern - Erste Ergebnisse. Arbeitsgemeinschaft Wasserforschung Bayern [1994]

[5] H.-C. Flemming, S. Herb und G. Merkl, *Mikrobiologische Beanspruchung mineralischer Innenbeschichtungen von Trinkwasserbehältern - Ursachen, Anforderungen, Ausführungshinweise und Instandhaltung. Teil I : Dokumentation und Zusammenfassung des derzeitigen Wissensstandes über den Schädigungsmechanismus,* Berichte zum 20. Wassertechnischen Seminar, Technische Universität München, Heft 124 [1995], 197 - 224

[6] D. Schoenen, *Fleckige Farbveränderungen und Zerstörungen von weißen Zementmörtelauskleidungen in Trinkwasserbehältern,* GWF Wasser-Abwasser 135, 12 [1994], 669 - 676

[7] R.O. Müller und F.E. Tanner, *Betonschäden in Trinkwasserreservoirs - Sind Ausgleichsströme von Makroelementen die Ursache ?* Gas, Wasser, Abwasser (gwa), 73, 10 [1993], 795 - 802

[8] A. Gerdes und F.H. Wittmann, *Beständigkeit zementgebundener Beschichtungen unter dem Einfluß elektrischer Felder,* Internationale Zeitschrift für Bauinstandsetzen, 1, 1 [1995], 73 - 86

[9] F.H. Wittmann und A. Gerdes (Herausgeber), *Zementgebundene Beschichtungen in Trinkwasserbehältern,* WTA-Schriftenreihe, Heft 12, Aedificatio-Verlag/Fraunhofer IRB-Verlag, Freiburg/Stuttgart, 1996, ISBN 3-931681-07-6

[10] H. Kollmann und H.-D. Wolf, *Trinkwasserbehälter - Fleckige Farbveränderungen an Innenbeschichtungen*, Bautenschutz Bausanierung 19,2 [1996], 30 - 37

[11] Deutsche Bauchemie u.a., *Merkblatt zementgebundene Innenbeschichtungen von Trinkwasserbehältern,* Zur Zeit noch Entwurf (Stand 05/98)

[12] KTW-Empfehlungen, *Gesundheitliche Beurteilung von Kunststoffen und nichtmetallischen Werkstoffen im Rahmen des Lebensmittel- und Bedarfsgegenständegesetzes für den Trinkwasserbereich,* Bundesgesundheitsblatt, 1. - 6. Mitteilung [1977-1987]

[13] DVGW-Arbeitsblatt W 270, *Vermehrung von Mikroorganismen auf Materialien für den Trinkwasserbereich - Prüfung und Bewertung,* Deutscher Verein des Gas- und Wasserfaches, Eschborn, Ausgabe 1/84

[14] DVGW-Arbeitsblatt W 347, *Hygienische Anforderungen an zementgebundene Werkstoffe im Trinkwasserbereich,* Deutscher Verein des Gas- und Wasserfaches, Eschborn. Zur Zeit noch Entwurf (Stand 04/98)

Gips- und Anhydritputze im Außenbereich - erste Erfahrungen aus dem DBU-Forschungsprojekt „BAUKASTEN"

Dr. F. Rauschenbach & Forschungsgemeinschaft „Baukasten"
maxit Baustoffwerke GmbH Krölpa, Bereich Anwendungstechnik

Zusammenfassung

Im vorliegenden Artikel werden erste Ergebnisse des DBU-Forschungsprojektes „Entwicklung und Piloterprobung der Rekonstruktion umweltgerechter modifizierter historischer Putzmörtel mit Stoffen und Techniken eines System-Baukastens für Werkmörtel mit objektspezifischen Rezeptur-Varianten am Beispiel der national wertvollen Kulturgüter der Orangerie in Weimar und des Schlosses Dornburg" vorgestellt.

Dieses bezieht sich vorallem auf die Entwicklung von gips- und anhydrithaltigen Produkten für Außenbereiche, deren Entwicklung, Verprobung, Anwendung und Objektbegutachtung im mitteldeutschen Raum.

Die Forschungsgemeinschaft des Projektes im Auftrag der „Stiftung Weimarer Klassik", bestehend aus dem „Institut für Bauchemie Leipzig" (Projektleiter Prof. A. Boue´), der Fachhochschule Erfurt (Frau Prof. Ch. Nehring), dem „Finger-Institut" der BAUHAUS-UNIVERSITÄT Weimar (Prof. J. Stark) und der „Universität GH Siegen" (Leiter Prof. D. Knöfel), sowie den maxit-Baustoffwerken als Industriepartner, hatte sich das Ziel gestellt, traditionelle Bindebaustoffe und deren Einsatz bei der Rekonstruktion historischer Bausubstanz mit modernen Technologien der Produktherstellung zu verbinden. Erstmal wurden dabei die umstrittenen, aber zur Baukultur gehörenden Anhydrite und Gipse, sowie hydraulische Kalkkomponenten untersucht.

In dem anderthalbjährigen Forschungszeitraum sind zahlreiche Objekt innerhalb der angedachten Zielstellung mit den entwickelten Produkten saniert worden.

1 Einleitung

Als im November 1994 auf der **1. Denkmals-Messe** in Deutschland (Austragungsort Leipzig) sich Mitarbeiter des **„Thüringschen Landesamtes für Denkmalspflege und IFS Wiesbaden"**, der **„Stiftung Weimarer Klassik"** und des **„Institutes für Bauchemie Leipzig"** sowie des Industriepartners **maxit** an einen gemeinsamen Tisch setzten, ahnte noch keiner, wie und mit welchen Ergebnissen eine gemeinsame Forschung zum Erhalt historisch wertvoller Gebäude in und um Weimar in Verbindung mit Rezepturumsetzung durch einem „klassischen" Werktrockenmörtelhersteller zum Tragen kommen sollte. Ergebnisse und Analysen sanierungsbedürftiger Bausubstanz in Mitteldeutschland vom Nordharz bis Mittelfranken waren zur Genüge vorhanden. Alle basierten auf gleicher oder ähnlicher Bindebaustofgrundlage, nämlich dem Calciumsulfat.

In einem gemeinsamen Forschungsantrag an das Umweltministerium (**DBU**) wurden grundlegende Gedanken über den Vorteil konfektionierte Ware im Zusammenhang mit Altbausanierung eingebracht und eine Ergänzung zum bereits laufenden „Kalk-Thema" [1] beantragt.

Startschuß des gesamten Vorhabens war im März 1996. Bis heute liegen eine Vielzahl von Ergebnissen vor, die im vorliegenden Artikel erwähnt werden.

2 Kurzbeschreibung und Zielstellung

Historische und moderne Mörtel sind gleichermaßen Materialgemische aus den in der Bauchemie und Baustoffkunde allseits bekannten Stoffgruppen, wie Bindemittel, Zuschlagstoffe sowie Zusatzmittel. [2] Grundsätzlich kann man keine stoffliche Trennung dieser Systeme in „alt" und „neu" vollziehen. Trotzdem kommt bei der Altbausanierung immer wieder die Frage der „Originalrezeptur" zur Diskussion, um ein möglichst analoges Erscheinungsbild und die baustofflichen Parameter der Originale zu erreichen. Trotz einer Vielfalt von Baustoffen, die heute auch industriell gefertigt werden können, greift man oft, aus technologischen - aber auch wirtschaftlichen Gründen, auf standardisierte Produkte zurück, die allerdings auch mit handwerklichmanueller Technik sehr wirkungsvoll optische Erscheinungsbilder hervorbringen können.

Ein Hauptanliegen des Vorhabens war und ist es, mit modernen Herstellungs- und Verarbeitungstechniken die Individualität der Putze und die damit verbundene Rezepturen mit einer möglichen Vielfalt regionaler Merkmale bei der Verarbeitung (Kelle, Reisigbesen) zu verbinden.

Die Lösung der angeführten Probleme wurde mit einem neuartigen System-Baukasten angedacht, der nicht nur einzelne Bestandteile als Stoffkomponente beinhaltet, sondern auch methodische Bausteine, wie Diagnose der Putze sowie Anwendungs- bzw. Ausführungstechniken. Schließlich war auch ein prophylaktischer Baustein zur Nachkontrolle und Pflege der Bausubstanz denkbar [3].

3 Arbeitsprogramm

Die Durchführung des Vorhabens erfolgte in folgenden Arbeitsschritten:

A - Statistische Auswertung der in Mitteldeutschland verwendeten historischen Mörtel und ihre Zusätze. Dabei wurde neben den reinen Materialanalysen der gegenwärtige Zustand und Schädigungsformen sowie den Untergründen phänomenologisch untersucht. Parallel dazu erfolgte die Untersuchung der Mauerwerke und Putzuntergründe der beiden Sanierungsobjekte Weimar und Dornburg. [4] Abschließend erfolgte der Entwurf des Baukastens hinsichtlich stofflicher und methodischer Komponenten auf der Basis der vorangegangenen Ergebnisse.

B - In der zweiten Phase wurden technologische Reihenexperimente durchgeführt, um auf Basis von Grundkomponenten die geforderte Baukastensystematik auszuarbeiten. Parallel dazu sind anhand favorisierter Musterrezepturen Verträglichkeitsfragen zum Untergrund geklärt worden. So ging es darum, Dauerhaftigkeitsvorhersagen hinsichtlich der verschiedenen Untergründe und deren unterschiedlichen Anwendungskriterien definieren zu können.

C - Nach erfolgter Annährung der geeigneten Basisrezepturen wurden Entwicklungsarbeiten zur Produktion, umweltgerechter Konfektionierung und Transport geleistet, um wirtschaftlich eine Realisierung der historischen Putzaufbauten durchführen zu können.

D - Seit Anfang diesen Jahres wurde nach der Grundlagenentwicklung die „öffentliche" Musteranwendung in praxisrelevantem Maßstab durchgeführt. Mit der Bemusterung der Originalflächen sollen Workshops für Fachleute, Handwerker, Studenten sowie allgemeine Publikation verbunden werden, die eine Diskussion der neuen Techniken und ihre Praxiseinführung ermöglichen.

4 Durchführung

Mit dem Projektbeginn erfolgte seitens aller Beteiligten eine Koordinierung und Arbeitsteilung der jeweiligen Aufgabenbereiche.

So teilten sich die Beteiligten in folgende Arbeitsgebiete:

FH Erfurt - Gipsprodukte

BAUHAUS-UNI Weimar - Anhydritstrecke

Uni Siegen - Kalkbereich.

Innerhalb kürzester Zeit wurde die Literaturrecherche abgeschlossen. Das Ergebnis deren ist im ersten Zwischenberich dargestellt. [5] Es wird gezeigt, daß sich die Bindemittelzusammensetzung auf alle vier klassischen Systeme beschränkt und man für Stoffzusammensetzungen ein Strahlenmodell verwenden kann.

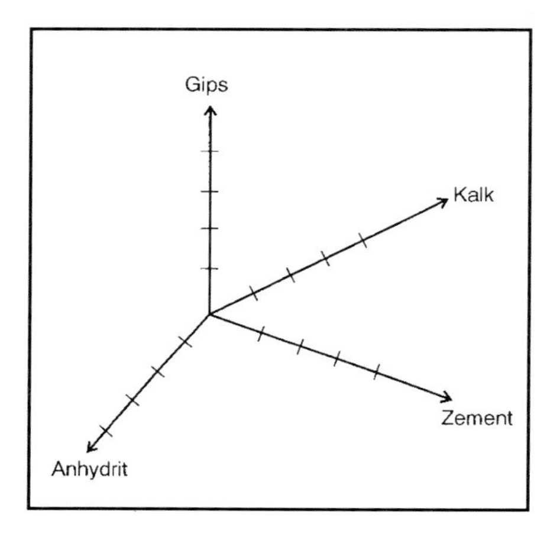

Bild 1: Strahlenmodell der möglichen Baukastenkomponenten

Ausgehend von der Bindemittelbasis wurden die Untersuchungen von Zuschlägen und Zusatzmitteln durchgeführt und folgende Anforderungsprofile historischer Putzmörtel zusammengestellt, die in Tabelle1 aufgeführt sind.
Aus dem Bereich der Zusatzmittel konnten nach alten Literaturangaben [6] Blut, Casein, Weinsäure und Collagen als günstige Varianten herausgefunden werden.

5 Bisherige Ergebnisse

In der bisher fast zweijährigen Forschung wurden zahlreiche Ergebnisse erzielt. [7] Das Bedeutenste ist jedoch die Forschung, Rezeptierung und Anwendung von **Gips- und Anhydritputzen im Außenbereich.** Praktisch nachvollziehbar ist dieser Entwicklungsschritt an den Objekten **Weimar (Orangerie) und Rokokoschloss Dornburg**, bei denen folgende Varianten zur Verprobung kamen. (s. Tabelle 2)
In Bilder 2 und 3 sind erste Ergebnisse der Forschungsarbeiten und deren Praxisumsetzung dokumentiert.

Tabelle 1: Anforderungsprofil Systembaukasten

Parameter	Anhydrit	Gips/Kalk	Kalk	Zement
Bindemittel	Naturanhydrit	Baugips	Kalkhydrat	Weißzemente
Zuschläge	Quarz , AH-Korn	Kalk-Brechsand	Kalksteinbr.-sand	Leichtzuschläge
Korngrößen	0 - 4 mm	0 - 4/8 mm	0 - 8 mm	0 - 16 mm
Festigkeiten	bis 10 N/mm	bis 5 N/mm	bis 3 N/mm	über 10 N/mm
B/Z-Verhältnisse	1 : 3	1 : 4	1 : 3	1 : 5
Verbindung mit	Anreger Kalk	Weißkalkhydrat	Gips	HOZ/Kalk

Bild 2: Putzmustervarianten der einzelnen Systeme an der Gärtnerei Belvedere/Weimar

Tabelle 2: Rezepturvorschläge historischer, u.a. calciumsulfathaltiger, Mörtel [7]

	Anhydritputz	Gips-Kalk-Putz	Kalk-Zement-Strahl
Bindemittel Vol.-%	100 %AH/0,03 % WK	14 % HH/ 6 % WKH	70 % Kalk/30 % HOZ
Zuschläge	Kalkstein 0 - 4	Kalkstein 0 - 4	Erfurter Quarzsand
Zusatzmittel	Cellulose/Verflüssiger	Blut/Weinsäure/Fasern	Collagen/Kälberfasern
Verarbeitbarkeit	manuell/maschinell	manuell/maschinell	manuell/maschinell
Kornerweiterung	möglich	möglich	Möglich
Frost/Tau	bestanden	bestanden	Bestanden
Rohstoffbasis	Krölpaer-Anhydrit	Krölpaer-Gips	DEUNA/Bergmann
Industr.Herstellung	möglich	möglich	Möglich
Anstrichsysteme	Kalk/Casein u. Kalk	Kalk/Silicat/Siliconharz	Kalk/Silicat/Silconharz

Bild 3: Detailaufnahme der Gips/Kalkvariation am äußeren Schloßbereich Dornburg mit Versuch eines Kalk-Casein-Anstriches.

Literaturübersicht

[1] Projekt „*Hydraulischer Kalk als Bindemittel für unter den heutigen Umweltbedingungen dauerhafte Verfug- und Verputzmörtel - benötigt für Restaurierungsmaßnahmen an Baudenk- mälern aus Naturstein*", Institut für Steinkonservierung Wiesbaden.

[2] D. Knöfel, O. Hennig, *Lehrbuch der Bauchemie*, 5. Auflage 1997.

[3] Projektantrag DBU-Baukasten, März 1996.

[4] Untersuchungsbericht „*Rokokoschloss Dornburg*", Atelier Altenburg, Weimar 10/1997.

[5] DBU-Zwischenergebnis, Arbeitsphase A, September 1996.

[6] F. Rauschenbach, *Zur Wirkung und Bestimmung organischer Zusätze in Kalk- und Gipsmörteln*, Verlag Shaker 1994.

[7] DBU-Zwischenbericht, Mai 1998.

Besondere Lösungen mit Wärmedämmputzen

Prof. Dr. Helmut Weber
Wacker-Chemie GmbH - Bayplan

Zusammenfassung

Klassische Putze nach Teil 1 und Teil 2 der DIN 18550 werden immer seltener angewendet. Leichtputze und Wärmedämmputze spielen bei der Instandsetzung von Bauwerken neben Sanierputzen und dünnschichtigen Renovierputzen eine immer größere Rolle. In der folgenden Veröffentlichung werden zwei Beispiele für besondere Problemlösungen mit Wärmedämmputzen nach DIN 18550, Teil 3, vorgestellt.

Wärmedämmputz für einen Kirchturm

Im Jahre 1981 wurde ich beauftragt, ein Konzept für den Neuverputz eines Kirchturmes in Oberbayern auszuarbeiten. Der monumentale Kirchturm mit einer Höhe von 40 Metern ist extremer Bewitterung ausgesetzt, da das Bauwerk hoch über dem Ort auf einer Anhöhe errichtet wurde. Bei der Besichtigung war der Altputz weitestgehend entfernt, so daß das Mauerwerk eingesehen werden konnte. Vom zuständigen Architekten erfuhr ich, daß man seit Jahrzehnten größte Probleme mit diesem Kirchturm hatte und daß es immer wieder kurzfristig nach dem Aufbringen neuer Fassadenputze oder nach Ausbesserungsarbeiten zu erneuten gravierenden Schäden gekommen war. Das Mauerwerk des Kirchturms ist extrem inhomogen, es besteht im unteren Teil des Turmes aus einem relativ frostempfindlichen Nagelfluh. Dabei handelt es sich um ein Konglomeratgestein mit hoher Porosität und hohem Kalkgehalt, wie es im Voralpenland häufig vorkommt und für Bauwerke verwendet worden ist. Zusätzlich waren Sandsteine, Ziegelsteine, oberbayerische Kalktuffe sowie verschiedene Feld- und Kieselsteine beim Bau mitverwendet worden. Der obere Teil des Turmes ist später aufgesetzt worden und besteht im wesentlichen aus oberbayerischem Kalktuff. Die hohe Frostempfindlichkeit der verwendeten Baustoffe hatte dazu geführt, daß der Turm, der sicherlich einst als Sichtmauerwerk erstellt worden war, verputzt werden mußte. Als Putze verwendete man hauptsächlich relativ weiche, überwiegend kalkhydratgebundene Mörtel. Diese mußten, um die Unebenheiten des geschädigten Mauerwerkes zu egalisieren, in erheblicher Schichtdicke aufgetragen werden. Die hohe Wasseraufnahme der Kalkputze führte bei der extremen Bewitterungslage des Objektes zu einer Durchfeuchtung auch im eigentlichen Turmmauerwerk, so daß es zwangsläufig zu den erwähnten Frostschäden kam. Besondere Probleme mit aufsteigender Mauerfeuchtigkeit und Versalzung bestanden aber nicht. Das Mauerwerk ist jedoch relativ mürbe und weich, so daß klar war, daß hier nur mit extrem weichen, elastischen und leichten Putzen gearbeitet werden konnte.

Nach entsprechenden Untersuchungen und Überlegungen wurde folgendes Konzept vorgeschlagen und dann in den Jahren 1982/83 auch ausgeführt.

Zunächst wurden die noch vorhandenen Putzreste gänzlich entfernt. Anschließend erfolgte eine Reinigung mit einem Feuchtsandstrahlverfahren, um lose ansitzende Bestandteile im Bereich der Mauerwerksoberflächen zu entfernen, damit wenigstens eine Mindesttragfähigkeit für den neuen Fassadenputz gegeben war. Nach der Reinigung wurde eine Festigung des gesamten Mauerwerkes durchgeführt, und zwar mit einem Kieselsäureesterpräparat ohne hydrophobierende Zusätze, das in mehreren Arbeitsgängen naß-in-naß aufgeflutet wurde. Der Materialverbrauch lag zwischen 2 und 3 l/m², je nach Saugfähigkeit des Untergrundes. Nach einer Standzeit von etwa zwei bis drei Wochen zeigte sich eine deutlich feststellbare und meßbare Verfestigung im oberflächennahen Bereich - die

Tragfähigkeit des Mauerwerkes für eine neue Putzlage war wieder gegeben. Anschließend wurde ein Wärmedämmputzsystem mit einer Putzmaschine aufgetragen. Dazu wurde zunächst das Mauerwerk vorgenäßt, dann wurde die erste Lage Wärmedämmputz aufgezogen. Sie diente im wesentlichen dazu, das Mauerwerk zu egalisieren. Die Schichtdicken waren relativ unterschiedlich, je nach Unebenheit des Untergrundes. An manchen Stellen betrugen sie bis zu 10 Zentimeter. Nach Erhärten dieser ersten Lage wurde eine zweite Dämmputzlage ebenfalls maschinell aufgezogen. Diese hatte eine einheitliche, gleichmäßige Stärke von etwa 20 Millimetern. In diese frisch aufgebrachte Dämmputzlage wurde ein alkalifest ausgerüstetes Glasfasergewebe eingedrückt, das etwa in der Mitte der Dämmputzlage fixiert wurde. Der Dämmputz wurde ausgewählt, nicht um die Wärmedämmung des Kirchturmes zu verbessern, sondern weil es sich um ein extrem leichtes, spannungs- und schwindfreies Putzsystem handelt, das auf diesem labilen, inhomogenen Mauerwerk ohne Probleme aufgebracht werden konnte. Es konnten auch die Unebenheiten egalisiert und ausgeglichen werden, ohne daß es durch zu hohe Schichtdicken zu Rißbildungen im Putzsystem gekommen wäre. Der Wärmedämmputz, der hier verwendet wurde, entsprach den Richtlinien der DIN 18550, Teil 3, und war wasserhemmend ausgerüstet.

Nach Erhärten der zweiten Dämmputzlage folgte ein Oberputz, der bei diesen Putzsystemen notwendig und üblich ist. Verwendet wurde ein wasserabweisender Edelputz, der als Scheibputz aufgebracht wurde und der aufgrund seiner geringen Festigkeit der Mörtelgruppe PIc zuzuordnen ist. Die höchstzulässigen Druckfestigkeiten für Oberputze auf Wärmedämmputzen liegen ja bekanntlich um 2 N/mm². Dieser geringe Festigkeitswert ist nötig, um Schalen- und Rißbildungen zu vermeiden, da hier eine Umdrehung der klassischen Putzregel vorliegt, nach der die folgenden Putzlagen eine geringere Festigkeit besitzen sollen. Im Falle von Wärmedämmputzsystemen ist diese Regel nicht einzuhalten, da der Wärmedämmputz eine Druckfestigkeit unter 1 N/mm² besitzt und so zwangsläufig mit einem etwas festeren Oberputz beschichtet werden muß. Die Festigkeit dieser Putze ist, wie bereits dargestellt, begrenzt und sollte 2 bis maximal 2,5 N/mm² nicht überschreiten. Der Oberputz wurde in der gewünschten Struktur hergestellt. Risse oder Hohllagen konnten an keiner Stelle festgestellt werden.

Den Abschluß bildete ein wasserabweisendes Anstrichsystem, das dazu dient, die Gesamtwasseraufnahme des Turmes weitestgehend zu verringern. Nur so konnten die am Turm früher immer wieder auftretenden Frostschäden sicher und dauerhaft ausgeschaltet werden. Als Beschichtungssystem war eine Dispersionssilicatfarbe ausgewählt worden, die durch Siliconvergütung einen besonders kleinen w-Wert (etwa 0,2 $kg/m^2h^{0,5}$) besitzt. Die Beschichtung hatte folgenden Aufbau: imprägnierende Grundbeschichtung (wasserabweisend), Zwischenbeschichtung mit wasserabweisend ausgerü-

stetem Dispersionssilicatsystem, Deckbeschichtung (ebenfalls mit dem wasserabweisenden Dispersionssilicatsystem).
Der so sanierte Kirchturm steht nun seit 15 Jahren freibewittert in seiner exponierten Lage und zeigt seither keine erneuten Schäden. Putz und Beschichtung haben sich als besonders dauerhaft erwiesen, und als einzige Maßnahme wird irgendwann eine Neubeschichtung notwendig werden, wie sie im Sinne eines vernünftigen Bauunterhaltes ja an jedem Objekt im Zeitraum von 15 bis 25 Jahren erfolgen sollte. Wärmedämmputze können somit auch im Außenbereich auf besonders labilen Untergründen aufgebracht werden, um eine dauerhafte und rißfreie Putzfassade zu ermöglichen.

Innendämmung mit Putzsystemen an historischen Gebäuden

Derzeit werden besonders in den neuen Ländern zahlreiche Baudenkmäler restauriert, instandgesetzt und umgenutzt. Sehr häufig handelt es sich dabei um Objekte, deren schlechte Wärmedämmung eine angestrebte neue Nutzung erschwert oder verhindert. Es ist aber in der Regel sehr schwierig, im Außenbereich derartiger Bauten Wärmedämmaßnahmen durchzuführen, wie wir sie von Neubauten kennen. So verbleibt nur der Weg einer Innendämmung, die bekanntlich nicht ganz unproblematisch ist und bauphysikalisch immer besondere Maßnahmen erfordert. Ich will hier stellvertretend von einem Objekt berichten, das in den letzten Jahren mit einer Innendämmung versehen worden ist, die sich, nach meiner Erfahrung und Kenntnis, als unproblematisch und doch durchaus wirksam erwies.
Bei dem Gebäude handelt es sich um ein ehemals als Stall genutztes Gebäude mit einem steinsichtigen Mauerwerk aus Naturstein - eine Außendämmung kam also nicht in Frage. Die Umnutzung sah vor, daß in Zukunft in dem Gebäude eine Bibliothek mit besonders hochwertigen Exponaten eingerichtet werden soll. Ich mußte nun ein Konzept erarbeiten, das diese neue Nutzung bei gleichzeitiger Verbesserung des Wärmeschutzes berücksichtigt.
Die Untersuchungen am Objekt ergaben zunächst, daß erhebliche Mengen an löslichen bauschädlichen Salzen im Mauerwerk enthalten sind. Dies wundert nicht weiter, wenn man die frühere Nutzung als Stall in Betracht zieht. Neben der vorgesehenen Wärmedämmung mußte dieser Punkt besonders berücksichtigt werden.
Zunächst wurde für den vorhandenen Mauerwerksaufbau der Wärmedurchlaßwiderstand und der k-Wert im Ist-Zustand berechnet. Der Mauerwerksaufbau kann dabei folgendermaßen, von außen nach innen, beschrieben werden:

- Sandsteinmauerwerk, ungefähr 60 Zentimeter dick
- etwa 1,2 Zentimeter Kalkzementputz

- etwa 0,4 Zentimeter Heißbitumen
- 12 Zentimeter Vollziegel
- 1,5 Zentimeter Zementputz der Mörtelgruppe P III

Der Wärmedurchlaßwiderstand berechnet sich für einen derartigen Wandaufbau zu etwa 0,61 m² · K/W. Der k-Wert für eine derartige Konstruktion beträgt etwa 1,68 W/m² · K. Damit liegt also der Wärmedurchlaßwiderstand im Bereich des nach der DIN 4108, Fassung 1991, gültigen Mindestwärmedurchlaßwiderstands, der dort mit 0,55 m² · K/W angegeben ist. Trotzdem sollte man, wie oben beschrieben, bei diesen relativ ungünstigen Werten eine Verbesserung anstreben, damit eine Tauwasserbildung vermieden wird, die ja bei der vorgesehenen hochwertigen Nutzung katastrophale Folgen hätte. Nach längerem Überlegen und nach der Bewertung verschiedener bauphysikalischer Berechnungen über eine Verbesserung des Wärmedämmwertes wurde dann folgende Lösung vorgeschlagen:
Der als letzte Lage innen aufgebrachte Zementputz ist zu entfernen, die Ziegelvormauerung verbleibt. Auf die Ziegelvormauerung wird dann eine etwa 30 Millimeter dicke Wärmedämmputzschicht aufgebracht und auf diese eine etwa 8 Millimeter dicke Oberputzschicht eines mineralischen Putzes der Mörtelgruppe PIc. Somit ergibt sich folgender Gesamtschichtenaufbau von außen nach innen:

- Sandsteinmauerwerk, 60 Zentimeter dick
- 1,2 Zentimeter Kalkzementputz
- 0,4 Zentimeter Heißbitumenschicht
- 12 Zentimeter Vollziegel
- etwa 3,0 Zentimeter Wärmedämmputz
- etwa 0,8 Zentimeter Oberputz, Mörtelgruppe PIc

Für diesen Wandaufbau errechnet sich dann ein Wärmedurchlaßwiderstand von 1,04 m² · K/W und daraus ein k-Wert von 0,83 W/m² · K. Dies bedeutet, durch den veränderten Wandaufbau wird die Wärmedämmung erhöht und der in der DIN 4108 vorgesehene Mindestwert für den Wärmedurchlaßwiderstand wird deutlich verbessert. Man liegt somit in einem sehr sicheren Bereich.
Zur Absicherung des Konzeptes wurden noch Berechnungen des Sättigungsdampfdruckes und des jeweiligen Partialdruckes nach dem Glaser-Diagramm durchgeführt. Diese zeigen, daß eine Gefährdung der Konstruktion durch Tauwasserbildung nicht gegeben ist. Diese Gefahr kann noch weiter

reduziert werden, indem man innen, also auf den Putz der Mörtelgruppe PIc, einen dispersionsgebundenen Anstrich aufbringt mit möglichst hohem μ-Wert. Auf diese Weise wird eine Einwanderung von Wasserdampf in den Wandbereich weiter reduziert. Zur Beherrschung der oben angesprochenen Versalzung wurde noch vorgeschlagen, innenseitig eine Vertikalbeschichtung auf das Sandsteinmauerwerk aufzubringen. Hierfür ist natürlich im Außenwandbereich die Ziegelvormauerung und die Heißbitumenschicht zu entfernen. Es wird dann auf das Sandsteinmauerwerk eine durchgängige Bitumenkautschukdickbeschichtung aufgespachtelt und eine neue Vormauerung angebracht, auf die dann der Wärmedämmputz mit dem PIc-Mörtel als Oberputz und die dispersionsgebundene Endbeschichtung aufgebracht werden kann. So war es möglich, eine Salz- und Feuchtesanierung, kombiniert mit einer Verbesserung der Wärmedämmung, durchzuführen. Das gleiche Prinzip, wie hier für die Wände beschrieben, wurde auch im Bereich der Gewölbedecken ausgeführt. Da hier die Ziegelvormauerung fehlt, wurde der Wärmedämmputz direkt auf das Ziegelmauerwerk der Gewölbedecken aufgebracht.
Wärmedämmputze stellen, nach meiner Erfahrung, eine hochinteressante Produktgruppe dar, mit der es möglich ist, den Wärmeschutz an historischen Gebäuden durch Aufbringen einer Innendämmung zu verbessern, ohne daß eine besondere Gefahr der Tauwasserbildung besteht, wie dies bei Innendämmungen häufig der Fall ist. Auf zusätzliche Dampfsperren kann in vielen Fällen verzichtet werden, erforderlich ist aber immer eine exakte bauphysikalische Berechnung des Wärmedurchganges und der möglichen Tauwasserbildung. Besonders interessant sind Wärmedämmputze für den Bereich der historischen Mauerwerke auch deswegen, weil man Anschlußprobleme an Gewölberippen, an Fenstereinfassungen und ähnlichem relativ gut und problemlos lösen kann.

Anhang
Berechnungsbeispiel nach dem Glaser-Diagramm

(siehe dazu auch: H. Weber u. a., Fassadenschutz und Bausanierung, 5. Auflage 1994, S. 114 - 141, Expert Verlag, Renningen)

Diffusionstechnische Beurteilung der Sanierungsmaßnahme mit innenseitig anzubringendem Wärmedämmputz:

Bei innenseitiger Wärmedämmung von Außenbauteilen muß grundsätzlich die Möglichkeit von Tauwasseranfall im Inneren der Außenbauteile (z. B. zwischen Wärmedämmung und Mauerwerk) in Erwägung gezogen werden. Um bei der vorgeschlagenen Sanierungsmaßnahme, die das innenseitige Anbringen eines Wärmedämmputzes vorsieht, Schäden durch Tauwasserbildung im Bauteil zu ver-

meiden, muß die Wahl des Materials unter dem Gesichtspunkt erfolgen, daß Tauwasserbildung entweder vermieden oder unter dem zu Schäden führenden Grenzwert gehalten werden muß.
Im folgenden werden am Beispiel der aus wärmeschutztechnischer Sicht derzeit schlechtesten Wand W 9 diffusionstechnische Berechnungen nach dem Glaser-Verfahren durchgeführt. (siehe DIN 4108, Teil 5) Zum besseren Verständnis der Ergebnisse sei vorher kurz die Vorgehensweise aufgezeigt, ohne auf Details einzugehen:

- Ausgangspunkt für die Berechnungen sind nach DIN 4108, Teil 5, festgelegte Randbedingungen (Außen- und Innenklima in der Tauperiode sowie in der Trocknungsperiode, Dauer der Perioden, Wärmeübergangskoeffizienten).
- Weiterhin müssen die Materialdaten (s_d-Wert, μ-Wert, Dicke, Wärmedurchlaßwiderstand) sämtlicher Schichten bekannt sein.
- Bei der diffusionstechnischen Beurteilung eines Bauteils sind zwei Kriterien entscheidend:
  a) Die während der Tauperiode anfallende Tauwassermenge darf bei Wänden den Wert 1,0 kg/m^2 nicht überschreiten.
  b) Das in der Tauperiode anfallende Wasser muß während der Verdunstungsperiode wieder austrocknen können (Tauwassermenge $\leq$ Verdunstungsmenge).

Vor der Durchführung der diffusionstechnischen Berechnungen zunächst zwei Anmerkungen:

- Die wichtigste diffusionstechnische Größe einer Bauteilschicht ist die wasserdampfdiffusionsäquivalente Luftschichtdicke s_d (im folgenden als s_d-Wert bezeichnet), die als Produkt aus der Schichtdicke s und der Wasserdampfdiffusionswiderstandszahl μ (μ-Wert) definiert ist: $s_d = s \cdot \mu$
- Die einzelnen Schichten eines Bauteils sollten möglichst so angeordnet sein, daß deren s_d-Werte von innen nach außen abnehmen und deren Wärmedurchlaßwiderstände von innen nach außen zunehmen.

- Mit der Kenntnis dieser Daten kann ein Diagramm erstellt werden, welches den Verlauf des Wasserdampfteildruckes p in der Außenwand darstellt. Als Ordinatenmaßstab dient nicht die Dicke s, sondern die wasserdampfdiffusionsäquivalente Luftschichtdicke s_d.
- An Stellen, an denen der Wasserdampfteildruck p den Wasserdampfsättigungsdruck p_s erreicht (Berührungspunkte beider Kurven), sammelt sich während der Tauperiode Tauwasser an.
- Das Berechnungsverfahren gestattet die Ermittlung der während der Tauperiode anfallenden Tauwassermenge sowie der während der Trocknungsperiode möglichen Verdunstungsmenge.

Diffusionstechnische Beurteilung der Wand W 9 nach erfolgter Sanierung anhand des Glaser-Verfahrens:

Unten ist das Glaser-Diagramm für die Wand W 9 nach erfolgter Sanierung abgedruckt. Die den Berechnungen zugrunde liegenden Materialdaten können der voranstehenden Tabelle entnommen werden.

Aus dem Glaser-Diagramm geht hervor, daß während der Tauperiode in der Bauteilschicht C (Vollziegel) mit Tauwasserbildung gerechnet werden muß. Die Berechnungen ergeben eine während der Tauperiode anfallende Wassermenge von 0,88 kg/m^2. Die berechnete Verdunstungsmenge während der Trocknungsperiode beträgt 1,30 kg/m^2. Damit sind die beiden oben genannten Kriterien a) und b) erfüllt und die untersuchte Außenwand kann aus diffusionstechnischer Sicht als unbedenklich eingestuft werden.

Berechnung des Wärmedurchlaßwiderstands und des k-Wertes vor und nach dem Aufbringen des Wärmedämmputzes (Dichte des Sandsteins d = 2,1 g/cm³, Wärmeleitfähigkeit λ = 1,6 W/m·K)

Be-Zeich-nung	Derzeit vorhandener Wärmedurch-Laßwiderstand	derzeit vorhandener k-Wert	Sanierungsmaßnahme: Entfernen des innenseitigen Putzes und Anbringen eines Wärmedämmputzes folgender Dicke	Wärmedurchlaßwider-stand nach Ausführung der vorgeschlagenen Sanierung	k-Wert nach Ausführung der vorgeschlagenen Sanierung
	[m²K/W]	[W/m²K]	[cm]	[m²K/W]	[W/m²K]
W 1	0,59	1,32	3	0,99	0,86
W 2	1,06	0,81	3	1,47	0,61
W 3	0,47	1,57	4	1,03	0,84
W 4	0,52	1,45	3	0,93	0,91
W 5	0,55	1,39	3	0,94	0,90
W 6	0,65	1,22	3	1,07	0,81
W 7	0,66	1,21	3	1,07	0,81
W 8	0,51	1,47	4	1,06	0,82
W 9	0,41	1,73	4	0,96	0,89

Materialdaten zur Berechnung des Glaserdiagramms						
Schichtenfolge der Wand W 9 nach der Sanierung von innen nach außen		Dicke s	Wärmeleit-fähigkeit λ	Wärme-durchlaß-widerstand R	Wasserdampf-diffusions-widerstands-zahl μ	wasserdampf-diffusions-äquivalente Luftschicht-dicke s_d
		[m]	[W/mK]	[m^2K/W]	-	[m]
A	Oberputz	0,008	0,70	0,011	20	0,16
B	Wärmedämm-putz	0,040	0,07	0,571	9	0,36
C	Vollziegel	0,220	0,81	0,272	10	2,20
D	Sandstein	0,180	1,60	0,113	25	4,50

Einfluß der Wasserdampfdiffusionswiderstandszahl μ auf die Tauwasserbildung				
Wand W 9	Beispiel 1 (s. obige Tabelle)	Beispiel 2	Beispiel 3	Beispiel 4
μ_{WDP}	9	5	5	5
$\mu_{Oberputz}$	20	10	20	35
Tauwassermenge (kg/m^2)	0,88	1,67	1,29	0,96
Verdunstungsmenge (kg/m^2)	1,30	2,30	1,82	1,40
diffusionstechnische Beurteilung	unbedenklich	bedenklich	bedenklich	unbedenklich

Verhinderung von Bauprozessen durch Vertragsgestaltung und Vertragsdurchführung

G. Budde
Vorsitzender Richter am Landgericht Berlin

1 Einleitung

Bauprozesse gehören zu den „unbeliebten" Prozessen. Daran wird sich auch so schnell nichts ändern, was u.a. daran liegt, daß sich alle Beteiligten auf eine lange Verfahrensdauer einrichten müssen. Hinzu kommt, daß in der Regel komplexe Sachverhalte mit einer Vielzahl von Streitpunkten aufbereitet werden müssen. Das wiederum bedingt umfangreiche Schriftsätze. Da gerade auch in Bauprozessen eine Vielzahl von Punkten streitig ist, kommen langwierige Beweisaufnahme und aufwendige Gutachten hinzu. Das dauert und – nicht zuletzt – es kostet.
Derartige Prozesse entsprechen nicht den Interessen der Parteien, die weder lange Schriftsätze noch lange Urteile lesen wollen. Wichtig ist ihnen eine schnelle Entscheidung, gerade auch in der Herstellungsphase.

2 Prozeßvorbereitung als Prozeßvorsorge

Die richtige Prozeßvorbereitung setzt nicht erst ein, wenn Sie mit Ihren Problemen Ihren Anwalt aufsuchen, nachdem „das Kind bereits in den Brunnen gefallen" ist. Richtig verstanden ist Prozeßvorbereitung Prozeßvorsorge. Diese kann nicht erst in der Bauphase anfangen, sie muß vielmehr bereits bei der Vertragsgestaltung beginnen. Sie sollte sich allerdings bei der Vertragsabwicklung fortsetzen.
Die Vertragsgestaltung muß bereits so eingerichtet werden, daß – wenn dadurch nicht bereits Prozesse vermieden werden können – jedenfalls rechtsnachteilige Tatsachen vermieden, notwendige und günstige Tatsachen geschaffen und – was gerade auch im Hinblick auf Kosten und Dauer wichtig ist – **beweiskräftig** gesichert werden.
Die beste Vertragsgestaltung nützt aber dann nichts, wenn Sie sich im Laufe der Vertragsabwicklung nicht daran halten. So erlebe ich es immer wieder, daß die Parteien zwar die Vertragsgestaltung im einzelnen geregelt haben, im weiteren Verlauf der Abwicklung des Bauvorhabens weitere

Vereinbarungen aber „per Handschlag“ treffen. Daran ist erst einmal überhaupt nichts auszusetzen. Nur später, wenn nichts mehr läuft, fangen die Probleme gerade hier an.

2.1 Einzelheiten

Was heißt das nun konkret ?

Das bedeutete im einzelnen, daß Sie versuchen müssen, folgendes sicherzustellen:

- die Voraussetzungen für die Einbeziehung der VOB/B in den Bauvertrag. Die VOB/B wird nur dann Bestandteil eines Bauvertrages, wenn die Parteien dies vereinbaren. Die Vereinbarung selbst bedarf keiner Form, ein klarer und unmißverständlicher Hinweis auf die VOB reicht in der Regel aus. Das gilt aber nicht gegenüber einem Privatmann, der im Zweifel nur einmal im Leben baut. Wenn der Bauherr dann nicht durch einen Architekten vertreten wird, und zwar beim Vertragsschluß, kann die VOB nicht durch einen bloßen Hinweis auf ihre Geltung einbezogen werden. Dies gilt auch für notarielle Verträge. Der BGH [1] verlangt für diesen Fall, daß der Vertragspartner in die Lage versetzt wird, sich in geeigneter Weise Kenntnis von der VOB/B zu verschaffen. Wenn auch die Übergabe des Textes nicht unbedingt verlangt wird, halte ich dies jedoch für sinnvoll. Allerdings muß dies beweiskräftig geschehen.
- Der Leistungsumfang des Vertrages sollte im einzelnen festgehalten werden. Das gilt insbesondere auch beim Pauschalpreisvertrag. Das Festhalten wird dann besonders wichtig, wenn es zu einer Abrechnung nach § 8 Nr. 3 VOB/B kommt, also bei einem abgebrochenen Bauvorhaben. Gerade auch für die Abrechnung eines gekündigten Pauschalpreisvertrages muß auf den vereinbarten Leistungsumfang zurückgegriffen werden, da anders eine Abrechnung nicht möglich ist. Soweit nämlich zur Bewertung der erbrachten Leistungen Anhaltspunkte aus de Zeit vor Vertragsschluß nicht vorhanden oder nicht ergiebig sind, muß der Unternehmer nach der neuen Rechtsprechung [2] im nachhinein im einzelnen darlegen, wie die erbrachten Leistungen unter Beibehaltung des Preisniveaus der vereinbarten Pauschale zu bewerten sind.
- Erfolge Teil- oder Endabnahmen sollten in einem entsprechenden Protokoll, das von beiden Parteien zu unterschreiben ist, dokumentiert werden.
- Mängelrisiken und Mängelursachen aus anderen Bereichen bedürfen der beweiskräftigen Dokumentation.

2.2 Prüfung und Hinweispflicht nach § 4 Nr. 3 VOB/B [3]

Nach meinen Erfahrungen wird gerade diese Verpflichtung des Werkunternehmers häufig unterschätzt oder nicht ernst genug genommen. Das ist nicht gerechtfertigt.

Grundsätzlich trägt der Auftragnehmer das Risiko der einwandfreien Beschaffenheit seiner Leistung. Er ist aber nach § 13 Nr. 3 VOB/B von der Gewährleistung für solche Mängel frei, die auf den Auftraggeber oder auf andere Unternehmer zurückzuführen sind. Zweck dieser Bestimmung ist es, den Auftragnehmer von der Haftung für solche Mängel freizustellen, die auf Ursachen aus dem Verantwortungsbereich des Auftraggebers beruhen.

Die Haftungsfreistellung erfolgt aber nur, wenn der Auftragnehmer der ihm nach § 4 Nr. 3 VOB/B obliegenden Prüfungs- und Anzeigepflicht nachgekommen ist. Diese Pflicht gilt nicht nur für den VOB-Vertrag, sondern auch für den BGB-Vertrag. Kommt der Unternehmer der ihm obliegenden Pflicht nicht nach und wird dadurch das Gesamtwerk beeinträchtigt, so ist seine Werkleistung mangelhaft, auch wenn der Mangel nur durch die Vorleistung bewirkt worden ist. Die in § 4 Nr. 3 VOB/B niedergelegte Prüfungs- und Hinweispflicht des Werkunternehmers ist eine Konkretisierung des Grundsatzes von Treu und Glauben. Jeder Werkunternehmer, der seine Arbeit in engem Zusammenhang mit der Vorarbeit eines anderen auszuführen hat, muß deshalb prüfen, ob die Vorarbeiten, Stoffe oder Bauteile eine geeignete Grundlage für sein Werk bieten und keine Eigenschaften besitzen, die den Erfolg seiner Arbeit in Frage stellen können. Der Umfang der Prüfungspflicht hängt entscheidend von den Umständen des Einzelfalls ab. Wird die Bauleistung von Fachfirmen mit besonderen Spezialkenntnissen durchgeführt, so verstärkt sich die Prüfungspflicht. Die Pflicht betrifft solche Vorleistungen anderer Unternehmer, die die eigenen Leistungen des anzeigepflichtigen Unternehmers berühren. Es muß ein natürlicher Sachzusammenhang bestehen, dieser reicht aber auch aus [4].

So hat meine Kammer einem Gutachter den Lohn für sein Gutachten absprechen müssen, da er bei einem Temperaturgutachten nur eine Windrichtung zugrunde gelegt hat. Auch wenn das ausdrücklich vereinbart und vom Auftraggeber gewünscht war, hätte er darauf hinweisen müssen, daß das Gutachten dadurch relativ wertlos wird.

Die Sicherung von Beweisen ist auch für folgende Tatsachen wichtig:

- zugesicherte Eigenschaften beim Werkvertrag (z.B. Dimensionierung der Leistungsbeschreibung [5]).
- Mängelvorbehalte bei Abnahme nach § 640 Abs. 2 BGB bzw. für den VOB-Vertrag nach § 12 Nr. 5 Abs. 3 VOB/B.
- Vertragsstrafenvorbehalte
- Mahnungen, Fristsetzungen, Kündigung und – soweit erforderlich – Kündigungsandrohungen.

2.3 Zugang einer Willenserklärung

In diesem Zusammenhang stellt sich nach meinen Erfahrungen häufig die Frage, inwieweit für den **Zugang** einer Erklärung Beweis erbracht werden kann. Nicht die Abgabe oder Absendung einer

Erklärung ist erheblich, sondern der Zugang beim Empfänger. Gerade hier scheitern häufig Klagen. Dabei ist die Mahnung bzw. Fristsetzung mit Ablehnungsandrohung Anspruchsvoraussetzung, z.B. nach § 326 BGB. Auch können Fremdnachbesserungskosten nur verlangt werden, wenn zuvor der Auftrag dem Auftragnehmer nach § 8 Nr. 3 VOB/B entzogen worden ist. Soweit es auf die Rechtzeitigkeit ankommt, muß er auch den Zeitpunkt beweisen.

Der Nachweis der Absendung der Erklärung enthält nach gefestigter Rechtsprechung und einhelliger Auffassung nicht auch den Nachweis, daß die Erklärung dem Empfänger auch zugegangen ist. Es besteht weder für normale Postsendungen noch für Einschreiben ein Beweis des ersten Anscheins, daß eine zur Post gegebene Sendung den Empfänger auch erreicht. Wichtige Erklärungen müssen daher per Einschreiben mit Rückschein übersandt werden, sofern nicht eine Übergabe mit Empfangsbestätigung möglich ist.

Interessant ist in diesem Zusammenhang eine neue Entscheidung des BGH [6]. Was ist, wenn der Empfänger das bei der Post niedergelegte Schreiben nicht abholt. Hier gilt, daß – abgesehen von einem arglistigen Verhindern des Zugangs – ein erneuter Zustellungsversuch unternommen werden muß. Zugegangen ist in diesen Fällen nämlich nur der Benachrichtigungsschein, nicht das Schreiben selbst.

Ob und unter welchen Voraussetzungen die Vorlage des Sendeberichtes den Zugang eines Faxes nachweist, ist streitig. Die Beweiskraft des Sendeprotokolls wird von der Rechtsprechung überwiegend verneint. So kann nach einer neueren Entscheidung des BGH [7] die Absendung nicht den Anscheinsbeweis für den Zugang erbringen. Der „OK-Vermerk" im Sendebericht kommt als Zugangsnachweis nur dann in Frage, wenn nach der technischen Beschaffenheit des Sendegerätes im Einzelfall sowohl eine Verfälschung des Sendeprotokolls als auch eine Störung des Übertragungsnetzes ausgeschlossen werden kann.

Was die Prozeßführung selbst angeht, so liegt die Prozeßleitung in der Hand des Gerichts und kann nur relativ wenig beeinflußt werden. Allerdings bestimmen die Parteien – und nur sie – den Streitstoff, d.h. die Sachverhalte und Rechte, die Gegenstand der richterlichen Beurteilung werden sollen. Das gilt in erster Linie für den Kläger, der mit seiner Klage den Streitgegenstand festlegt. Aber auch die beklagte Partei kann Einfluß auf den Prozeßstoff nehmen, etwa durch Aufrechnungen oder Einreden, ja ihn sogar mittels einer Widerklage erweitern.

Wenn auch die Einflußnahme der Parteien auf den Prozeß selbst gering ist, so gilt gerade für den Bauprozeß, daß sich in der Beschränkung der eigentliche Meister zeigt. Viele Bauprozesse werden nach meinen Erfahrungen mit Detailfragen überfrachtet. Auch das führt zu einem langen Verfahrensablauf. Was die Prozeßtaktik angeht, so sollten Kleinpositionen ohne größere wirtschaftliche Bedeutung aus dem Hauptprozeß von vornherein herausgehalten werden. Am besten wäre wegen dieser Positionen eine gütliche Einigung. In Betracht kommt aber auch ein Anspruchsverzicht. Damit verbundene Nachteile werden in der Regel mehr als aufgewogen durch die Vorteile der Prozeßverkürzung und Kostenreduzierung.

Wenn eine gütliche Einigung nicht möglich ist und auch ein Anspruchsverzicht nicht in Betracht kommt, sollte überlegt werden, die Kleinpositionen in einer eigenen Klage zusammenzufassen, da dann jedenfalls der Prozeßstoff des Hauptprozesses, der ja auch den wirtschaftlichen Schwerpunkt bilden wird, gestrafft wird.

Sie sind allerdings nicht dagegen gefeit, daß das Gericht beide Prozesse verbindet. Um dies zu vermeiden sollte versucht werden, im Einverständnis mit dem Gegner das „Kleinverfahren" ruhen zu lassen, bis der Hauptprozeß entschieden ist.

In jedem Stadium eines Prozesses sollten Vergleichsmöglichkeiten ernsthaft ausgelotet werden. Das gilt besonders für den Bauprozeß, wo die Parteien in eigenem Interesse aufgerufen sind, den Streit möglichst vergleichsweise zu regeln. Häufig wird in einem Urteil nur Schwarz oder Weiß gemalt werden können, ein vernünftiger Interessenausgleich also nicht möglich sein. Ein rechtzeitiger Vergleich erspart auch wesentliche Kosten wie die Gutachtergebühren und hilft, das Kostenrisiko zu reduzieren. Von daher kann selbst ein unbefriedigender Vergleich, der aber beiden Parteien weh tun muß, im Ergebnis die bessere Lösung darstellen gegenüber einem sowohl im Ergebnis als auch in der Verfahrensdauer unsicheren Prozeßverlauf.

3 Kosten eines Zivilprozesses

Bauprozesse sind teuer und dauern. Das liegt nicht allein an den Gerichten, da in der Regel Zeugen vernommen und Gutachten durch Sachverständige erstellt werden müssen. Das schlägt sich naturgemäß in den Kosten und der Verfahrensdauer nieder. Ein Vergleich ist daher besonders zu Prozeßbeginn sinnvoll, da er nicht nur das Prozeßrisiko beseitigt, sondern auch die Kostenlast begrenzt.

Schon ohne Zeugen und Sachverständige fallen in einem normalen Zivilprozeß erhebliche Kosten an.

Folgende Tabelle mag das verdeutlichen:

Streitwert	Gerichtsgebühren	Anwaltsgebühren	Summe	% vom Streitwert
500,00 DM	**150,00 DM**	**400,00 DM**	**550,00 DM**	**110,00%**
1.000,00 DM	**210,00 DM**	**700,00 DM**	**910,00 DM**	**91,00%**
2.500,00 DM	**390,00 DM**	**1.540,00 DM**	**1.930,00 DM**	**77,20%**
5.000,00 DM	**480,00 DM**	**2.280,00 DM**	**2.760,00 DM**	**55,20%**
10.000,00 DM	**705,00 DM**	**4.160,00 DM**	**4.865,00 DM**	**48,65%**
50.000,00 DM	**1.965,00 DM**	**11.760,00 DM**	**13.725,00 DM**	**27,45%**
500.000,00 DM	**10.635,00 DM**	**29.244,50 DM**	**39.879,50 DM**	**7,97%**
5.000.000,00 DM	**53.715,00 DM**	**125.844,50 DM**	**179.559,50 DM**	**3,59%**

Wenn man sich die Kosten und die lange Verfahrensdauer vor Augen hält, gewinnen kurzfristige Streitlösungen eine besondere Bedeutung.

4 Schiedsrichter und Schiedsgutachter

Zu denken ist dabei zunächst an den Einsatz von **Schiedsrichtern und Schiedsgutachtern.**
Ein Schiedsgutachter bietet sich zur außergerichtlichen Klärung technischer Fragen an, hingegen kann die Klärung rechtlicher Fragen einem Schiedsrichter übertragen werden. Beides setzt einen Konsens der Parteien voraus, sich der Entscheidung von Schiedsgutachter und Schiedsrichter zu unterwerfen. Zu beachten ist auch, daß im Unterschied zu einer Schlichtungsvereinbarung die Parteien bei einer echten Schiedsgutachtervereinbarung an die Feststellungen des Schiedsgutachters gebunden sind, soweit diese nicht offenbar unrichtig sind. Bis zu dieser Grenze haben die Parteien das Schiedsgutachten hinzunehmen. Das Gericht kann das Schiedsgutachten nicht auf seine inhaltliche Richtigkeit überprüfen, sondern lediglich auf offenbare Fehler.
Die Einleitung des Schiedsgerichtsverfahren unterbricht nach § 220 BGB die Verjährung gem. § 209 BGB. Wesentlicher Grundpfeiler des heutigen Schiedsgerichtsverfahren ist der Anspruch auf rechtliches Gehör. Schiedsgerichte haben rechtliches Gehör in gleichem Umfang wie staatliche Gerichte zu gewähren. Beruht eine Entscheidung auf der Verletzung rechtlichen Gehörs, ist dem Schiedsspruch die Anerkennung zu versagen [8].
Interessant ist in diesem Zusammenhang die **Schiedsgerichtsordnung für das Bauwesen**. Bei der Vereinbarung einer entsprechenden Schiedsgerichtsklausel kann auf der Basis dieser Ordnung der Streit kurzfristig entschieden werden, wobei die Anrufung der staatlichen Gerichte dann ausgeschlossen ist. Das Schiedsgericht entscheidet entweder durch einen Einzelschiedsrichter oder als Dreier-Schiedsgericht, wobei der Einzelschiedsrichter oder der Obmann (der Vorsitzende des Dreier-Schiedsgerichts) die Befähigung zum Richteramt haben müssen. Der Schiedsspruch hat unter den Parteien die Wirkung eines rechtskräftigen gerichtlichen Urteils. Die Kosten richten sich nach dem Streitwert, die Gebühren werden auf der Grundlage der BRAGO ermittelt. Unter 100.000,-- DM sollte schon aus Kostengründen ein Einzelschiedsrichter benannt werden.

5 Arrest- und Verfügungsverfahren

Eine schnelle, aber nur vorläufige Regelung streitiger Rechtsverhältnisse kann im einstweiligen **Arrest- und Verfügungsverfahren** erreicht werden.
Mit der einstweiligen Verfügung nach § 935 ZPO ist die einstweilige Regelung eines Rechtszustandes möglich, wenn die Besorgnis besteht, daß durch eine Änderung des bestehenden Zustands die Verwirklichung eines Rechts vereitelt oder wesentlich erschwert wird.

Nach meinen Erfahrungen wird von einstweiligen Verfügungen in der Baupraxis noch relativ selten Gebrauch gemacht. Das mag damit zusammenhängen, daß eine einstweilige Regelung wenig im Sinne einer Befriedung der Parteien wirkt, vielmehr häufig bereits den Keim weiteren Streites in sich trägt.

Zahlenmäßig dürfte der Hauptanwendungsbereich des einstweiligen Verfügungsverfahrens in Bausachen die beabsichtigte Eintragung einer Bauhandwerkersicherungshypothek nach § 648 BGB sein.

[Wenn Sie sich aber zu einem derartigen Verfahren entschließen, sollten Sie es sich nicht selbst wieder aus der Hand schlagen. So habe ich es erlebt, daß der Verfügungskläger sich sein eigenes Eilverfahren unschlüssig gemacht hat, indem er sich die gesetzliche Dringlichkeitsvermutung nach § 885 Abs. 1 S. 2 ZPO selbst widerlegt hat. So hat er sich im Berufungsverfahren darüber beklagt, daß das Landgericht über den Eilantrag entschieden hat, ohne das Hauptverfahren abzuwarten, nachdem er bereits vor dem Landgericht erklärt hat, das einstweilige Verfahren sei nicht so eilig [9].*]*

Weiter können Baubeteiligte gegen den Bauherrn wegen der Vornahme oder Unterlassung gewisser Handlungen, die für die Bauausführung von unerläßlicher Wichtigkeit sind, den Erlaß einer einstweiligen Verfügung beantragen (Anlieferung von Baumaterial, Herausgabe einer Urkunde). In diesem Zusammenhang sind die Mitwirkungspflichten des Bauherrn aus § 642 BGB oder § 3 VOB/B zu nennen. Ob allerdings mittels einer einstweiligen Verfügung dem Bauherrn bei Weigerung aufgegeben werden kann, das Betreten seines Grundstücks durch den gerichtlich bestellten Sachverständigen für die Durchführung der gerichtlichen Beweissicherung zu dulden [10] , halte ich für zweifelhaft. Als prozeßrechtliche Konsequenz kommt hier vielmehr das Instrument der Beweisvereitelung in Betracht.

Von Bedeutung gerade in Bausachen ist der einstweilige Rechtsschutz bei **Bankgarantie und Bürgschaft** auf erstes Anfordern. Während bei der selbstschuldnerischen Bürgschaft deren Nichtinanspruchnahme grundsätzlich im Wege der einstweiligen Verfügung nach §§ 935, 940 ZPO durchgesetzt werden kann, ist bei einer echten Bürgschaft auf erstes Anfordern Voraussetzung einer Verbotsverfügung der liquide Nachweis offenbaren Rechtsmißbrauchs. Die Bürgschaft auf erstes Anfordern soll dem Gläubiger sofort liquide Mittel zuführen, so daß der Hauptschuldner die Inanspruchnahme der bürgenden Bank - wenn überhaupt - nur verhindern kann, wenn ein Rechtsmißbrauch für jedermann offensichtlich ist. Ist der Rechtsmißbrauch nicht schon offensichtlich und für jedermann erkennbar, muß er im einstweiligen Verfügungsverfahren durch „liquide Beweismittel“ geführt werden, Glaubhaftmachung, also i.d.R. die eidesstattliche Versicherung, ist nicht ausreichend. Liquide Beweismittel sind solche, die den Rechtsmißbrauch der Inanspruchnahme der Bank

durch den Bauherrn endgültig und zweifelsfrei feststellen (z.B.: gemeinsame Aufmaß- und Abnahmeprotokolle, Sachverständigengutachten).
Die mit der einstweiligen Verfügung getroffene Entscheidung gilt nur „einstweilen" und steht unter dem Vorbehalt der Überprüfung im nachfolgenden Hauptsacheverfahren. Der Grund hierfür liegt in dem summarischen Charakter des ganzen Verfahrens. So reicht für die Beweisführung in der Regel die Glaubhaftmachung (meistens durch eidesstattliche Versicherung statt des Vollbeweises aus. Die Beweisaufnahme beschränkt sich auf präsente Beweismittel, es kann in besonders dringenden Fällen sogar ohne mündliche Verhandlung, also ohne rechtliches Gehör entschieden werden.
Nicht im Wege der einstweiligen Verfügung geltend gemacht werden können Geldforderungen. Es besteht auch kein Rechtsschutzbedürfnis für Nachbesserungsansprüche als Gegenstand eines derartigen Verfahrens. Der Bauherr kann also nicht den Unternehmer im Wege der einstweiligen Verfügung zur Nachbesserung zwingen, da ihm die Möglichkeit der Ersatzvornahme zur Verfügung steht.

Eine Möglichkeit, nicht von einer ohne mündliche Verhandlung ergangenen Verfügung „überfallen" zu werden, ist die **Schutzschrift** als vorbeugendes Verteidigungsmittel gegen einen erwarteten Verfügungsantrag. Die Schutzschrift ist der bei Gericht eingereichte Schriftsatz mit dem Antrag, den Inhalt des Schriftsatzes bei Eingang des erwarteten Verfügungsantrags zu berücksichtigen und aus den in der Schutzschrift dargelegten und glaubhaft gemachten Gründen den Verfügungsantrag zurückzuweisen, mindestens aber nicht ohne mündliche Verhandlung zu entscheiden. In Bausachen bietet sich die Einreichung einer Schutzschrift vor allem in Fällen an, in denen der Gegner ein einstweiliges Verfügungsverfahren androht oder die Einleitung eines solchen Verfahrens zu erwarten ist. Dabei ist besonders an die Abwehr eines Antrags auf Eintragung einer Bauhandwerkersicherungshypothek zu denken.

6 Selbständiges Beweisverfahren

Von der einstweiligen Verfügung völlig verschieden ist das **selbständige Beweisverfahren**, das der Streitvorbereitung dient, damit eventuell auch der Streitvermeidung.
Das selbständige Beweisverfahren kann eingeleitet werden, ohne daß bereits konkret ein Streit zwischen den Parteien besteht oder auch nur droht. Es reicht aus, daß die beantragte Beweiserhebung Grundlage für Ansprüche den Antragstellers gegen den Antragsgegner sein kann oder auch umgekehrt.
Auch im Rahmen eines Schiedsverfahrens können Sie nach der SOBau ein isoliertes Beweisverfahren einleiten.

Im Baubereich dient das selbständige Beweisverfahren vor allem der technischen Zustandsfeststellung und -beschreibung. Das ist wichtig für Mängelfeststellung und -verursachung, ebenso für die Feststellung des Bautenstandes etwa bei einem abgebrochenem oder gekündigten Bauvorhaben. Wichtig ist die verjährungsunterbrechende Wirkung des selbständigen Beweisverfahrens bei Gewährleistungsstreitigkeiten [11]. Diese Unterbrechungswirkung erstreckt sich auf alle Gewährleistungsansprüche einschließlich Schadensersatzansprüche. Zu beachten ist aber, daß die Verjährungsunterbrechung jeweils nur diejenigen Baumängel erfaßt, die Gegenstand des selbständigen Beweisverfahrens waren, auf die sich das Verfahren also bezogen hat [12].

Hauptanwendungsbereich des selbständigen Beweisverfahrens ist der Sachverständigenbeweis. Mit dem Verfahren kann aber auch die Vernehmung eines Zeugen erreicht werden, etwa bei schwerer und lebensgefährlicher Erkrankung oder längerer Auslandsreise. Möglich ist auch der richterliche Augenschein, also sehen, riechen, fühlen. Der Sachverständige wird vom Gericht bestimmt, nicht mehr vom Antragsteller. Dabei hat der Sachverständige alle Möglichkeiten wie sonst auch, kann also Zustand und Wert der Bauleistung feststellen, Mängelbehauptungen auf ihre Richtigkeit überprüfen. Die Parteien können im Rahmen des Verfahrens auch die Mängelursachen und die Mängelbeseitigungskosten klären lassen ebenso wie den technischen Minderwert einer Bauleistung. Somit können die Parteien bereits im Rahmen des selbständigen Beweisverfahrens alle technischen Fragen klären, ohne einen Bauprozeß anstrengen zu müssen. Dem Antragsteller obliegt es dabei lediglich, die Schadstellen und aufgetretenen Schäden zu beschreiben. Damit werden die Schäden selbst zum Gegenstand des Verfahrens gemacht [13].

Selbst wenn es nicht gelingt, einen Bauprozeß zu vermeiden, so kann das Ergebnis der selbständigen Beweiserhebung dann wie eine vor dem Prozeßgericht durchgeführte Beweisaufnahme behandelt werden, § 493 Abs. 1 ZPO.

Der Bauprozeß selbst läßt sich aber nicht vermeiden, wenn nicht lediglich technische Probleme geklärt werden sollen, sondern rechtliche. Im selbständigen Beweisverfahren können Rechtsprobleme wie Verjährungsfragen, rechtliche Voraussetzungen von Ansprüchen oder Wirksamkeit der Kündigung nicht geklärt werden. Das ist dem Prozeß selbst vorbehalten, da das Gericht sich zu den Rechtsfragen im selbständigen Beweisverfahren nicht äußert, selbst wenn die Parteien dazu vortragen oder gar das beantragen. Es besteht in diesen Fällen kein Rechtsschutzbedürfnis für ein selbständiges Beweisverfahren.

So kann der Besteller der Werkleistung zwar die Leistung des Unternehmers im Rahmen des selbständigen Beweisverfahrens auf Mängel untersuchen und etwaige Mängelbeseitigungskosten feststellen lassen. Ob der Unternehmer aber letztlich für die festgestellten Mängel haftet, kann nicht

Gegenstand des selbständigen Beweisverfahrens sein, da dies von einer Reihe nichttechnischer Fragen abhängig ist.

Ungeachtet dessen halte ich das selbständige Beweisverfahren gerade im Baubereich für ein hervorragendes Instrument der Streitvermeidung oder Streitschlichtung. Dabei sind Sie nicht darauf beschränkt, ein derartiges Verfahren über sich ergehen zu lassen. Abgesehen von dem rechtlichen Gehör, das gewährt werden muß, besteht unter Umständen die Möglichkeit, einen eigenen Gegenantrag zu stellen und so Einfluß auf das Verfahren zu nehmen.

Oft stehen im Mittelpunkt eines Bauprozesses nicht rechtliche Fragen, sondern technische Probleme. Gerade diese lassen sich aber im selbständigen Beweisverfahren schneller und billiger klären als im Bauprozeß selbst. In der Praxis hat sich gezeigt, daß sich nur in einem Bruchteil der Fälle an das selbständige Beweisverfahren Hauptsacheverfahren anschließen. Das spricht dafür, daß in einer Vielzahl von Fällen bereits die Klärung technischer Probleme zur Erledigung drohender Streitverfahren führt, insbesondere für die Parteien die Möglichkeit einer vergleichsweisen Beilegung des Streites öffnet.

Die Kosten des selbständigen Beweisverfahrens gehören zu den Kosten der Hauptsache und werden von der dort getroffenen Kostenentscheidung mitumfaßt, wobei allerdings die Parteien und der Streitgegenstand identisch sein müssen [14].

Kommt es allerdings im Anschluß an ein selbständiges Beweisverfahren nicht zu einem Hauptprozeß, kann der Antragsteller die ihm entstandenen Kosten nur im Wege der selbständigen Klage von dem Antragsgegner verlangen. Dazu bedarf es aber eines materiellen Kostenerstattungsanspruches wie Schadensersatz aus Gewährleistung, Verzug, Verschulden bei Vertragsverhandlungen oder positiver Vertragsverletzung.

Um das Instrument des selbständigen Beweisverfahrens sinnvoll nutzen zu können, ist auch hier prozeßtaktisches Geschick der Parteien erforderlich. Auch hier gilt wieder, daß sich in der Beschränkung der wahre Meister zeigt. Sie sollten also das selbständige Beweisverfahren auf das Hauptproblem konzentrieren und nicht mit einer Vielzahl von Fragestellungen überfrachten. Nur so kann das Verfahren ohne erheblichen Zeit- und Kostenaufwand durchgeführt werden.

---

[1] BGHZ 109, 192, 196; NJW-RR 1992, 913, 914

[2] BGH NJW 1996, 3270, 3271

[3] siehe dazu: Werner/Pastor, *Bauprozeß*, 8. Aufl., Rdn 1519 ff

[4] a.a.O., Rdn 1523

[5] BGH NJW-RR 1994, 1134

[6] BGH NJW 1998, 976

[7] BGH NJW 1995, 665; MDR 1995, 953; Pape/Notthoff, NJW 1996, 417

[8] BGHZ 110, 104

[9] KG, OLGR 1994, 105

[10] Werner/Pastor, *Bauprozeß*, 8. Aufl., Rdn 311

[11] BGH NJW 1998, 1305

[12] BGHZ 66, 138 = NJW 1976, 956

[13] BGH NJW-RR 1992, 913

[14] Werner/Pastor, a.a.O., Rdn 123